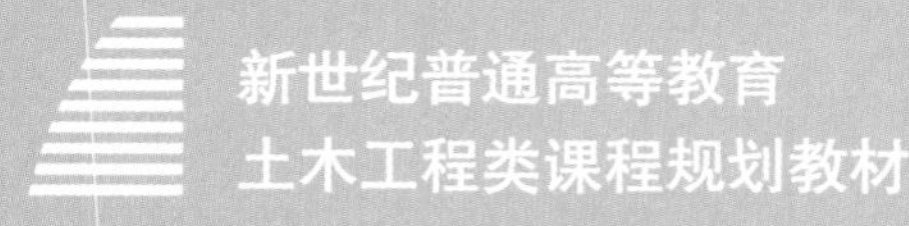

新世纪普通高等教育
土木工程类课程规划教材

工程地质

（第二版）

总主编 李宏男
主　编 张敏江 年廷凯
副主编 尹海云 周林飞 张丽萍
　　　 李培勇 程　健 于　玲
主　审 陈剑平

GONGCHENG DIZHI

大连理工大学出版社

图书在版编目(CIP)数据

工程地质 / 张敏江，年廷凯主编. -- 2 版. -- 大连：大连理工大学出版社，2021.6(2023.1 重印)
新世纪普通高等教育土木工程类课程规划教材
ISBN 978-7-5685-2981-5

Ⅰ. ①工… Ⅱ. ①张… ②年… Ⅲ. ①工程地质一高等学校一教材 Ⅳ. ①P642

中国版本图书馆 CIP 数据核字(2021)第 068075 号

大连理工大学出版社出版
地址:大连市软件园路 80 号　邮政编码:116023
发行:0411-84708842　邮购:0411-84708943　传真:0411-84701466
E-mail:dutp@dutp.cn　URL:https://www.dutp.cn
辽宁星海彩色印刷有限公司印刷　大连理工大学出版社发行

幅面尺寸:185mm×260mm　印张:14.75　字数:359 千字
2015 年 8 月第 1 版　2021 年 6 月第 2 版
2023 年 1 月第 2 次印刷

责任编辑:王晓历　责任校对:张　胜
封面设计:对岸书影

ISBN 978-7-5685-2981-5　定　价:46.80 元

新世纪普通高等教育土木工程类课程规划教材编审委员会

苏振超　厦门大学
李　哲　西安理工大学
李伙穆　闽南理工学院
李素贞　同济大学
李晓克　华北水利水电大学
李帼昌　沈阳建筑大学
何芝仙　安徽工程大学
张　鑫　山东建筑大学
张玉敏　济南大学
张金生　哈尔滨工业大学
陈长冰　合肥学院
陈善群　安徽工程大学
苗吉军　青岛理工大学
周广春　哈尔滨工业大学
周东明　青岛理工大学
赵少飞　华北科技学院
赵亚丁　哈尔滨工业大学
赵俭斌　沈阳建筑大学
郝冬雪　东北电力大学
胡晓军　合肥学院
秦　力　东北电力大学
贾开武　唐山学院
钱　江　同济大学
郭　莹　大连理工大学
唐克东　华北水利水电大学
黄丽华　大连理工大学
康洪震　唐山学院
彭小云　天津武警后勤学院
董仕君　河北建筑工程学院
蒋欢军　同济大学
蒋济同　中国海洋大学

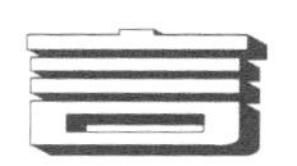

前言

《工程地质》(第二版)是新世纪普通高等教育编审委员会组编的土木工程类课程规划教材之一。

当前,复合型和应用型人才的培养已经成为当今社会的普遍要求,本教材正是在这一大背景下编写而成的。工程地质是土木工程专业和道路桥梁与渡河工程专业的一门重要专业基础课程,其教学的主要目的是使学生掌握或了解工程建设中涉及的地质学的基本知识,并能够正确运用这些知识解决或理解工程建设各个阶段中出现的地质问题。

本教材共3篇17章:绪论;地球概况;矿物与岩石;地质构造;土的形成及工程性质;地下水;滑坡及防治;崩塌及防治;泥石流及防治;岩溶及工程地质问题;风沙及防治;冻土及工程问题;地震及工程防震;岩体结构与岩体稳定性分析;水的地质作用及工程地质问题;工程地质勘察技术和方法;各类工程地质勘察。

在教材修订内容选定方面,编者考虑本科生地质基础知识较为薄弱,在“工程地质基础知识”篇中增加一章“地球概况”的内容;另外考虑土力学为工程地质的后续课程,所以删减了与土力学重复的内容,在第4章重点介绍土形成的地质过程和基本工程性质,对于土的物理性质指标只做简单的描述;同时,考虑目前冻土的工程地质问题日渐突出,在“不良地质现象与常见工程地质问题”篇中的第11章增加了冻土的基本知识介绍。

在本教材的修订过程中,编者主要参照的国家颁布的现行规范有《岩土工程勘察规范》(2009年版)(GB 50021—2001)、《公路工程地质勘察规范》(JTG C20—2011)、《土工试验方法标准》(GB/T 50123—2019)和《公路土工试验规程》(JTG 3430—2020)。

本教材由沈阳建筑大学张敏江和大连理工大学年廷凯任

主编，吉林建筑科技学院尹海云、沈阳农业大学周林飞、吉林建筑科技学院张丽萍、大连交通大学李培勇、青岛理工大学程健、沈阳建筑大学于玲任副主编，青岛理工大学苑田芳、沈阳建筑大学于保阳、辽宁科技大学张铁志、辽宁师范大学郑德凤、河北工业大学肖承志、中国海洋大学张其一和上海大学武亚军参加了编写。具体编写分工如下：张敏江负责编写绪论；年廷凯负责编写第 6 章和第 14 章；尹海云负责编写第 15 章；周林飞负责编写第 1 章和第 2 章；张丽萍负责编写第 3 章；李培勇负责编写第 8 章；程健负责编写第 13 章；于玲编写第 9 章；苑田芳负责编写第 12 章；于保阳负责编写第 7 章；张铁志负责编写第 11 章；郑德凤负责编写第 5 章；肖承志负责编写第 16 章；张其一负责编写第 10 章；武亚军负责编写第 4 章。吉林大学陈剑平教授审阅了书稿并提出了修改意见，在此谨致谢忱。

在编写本教材的过程中，编者参考、引用和改编了国内外出版物中的相关资料以及网络资源，在此表示深深的谢意！相关著作权人看到本教材后，请与出版社联系，出版社将按照相关法律的规定支付稿酬。

限于水平，书中也许仍有疏漏和不妥之处，敬请专家和读者批评指正，以使教材日臻完善。

编 者

2021 年 6 月

所有意见和建议请发往：dutpbk@163.com

欢迎访问高教数字化服务平台：https://www.dutp.cn/hep/

联系电话：0411-84708445　84708462

目　　录

第三篇　工程地质勘察

第0章 绪 论

学习目标

1. 了解工程地质的基本任务；
2. 了解工程地质的研究内容。

0.1 工程地质学及其任务

工程地质学(Engineering Geology)是地质学(Geology)的一个分科。它是调查、研究、解决与兴建各类工程建筑有关的地质问题的科学。

工程地质学的基本任务是阐明工程建设环境内的工程地质条件，发现工程建设中潜在的工程地质问题的理论与方法。工程地质条件是指与工程建设有关的地质因素的综合。这些因素包括岩土的工程地质特征、地质构造、地形地貌、水文地质、不良地质现象和天然建筑材料等。工程地质条件直接影响到工程的安全、经济和正常使用。所以查明建设场地的工程地质条件是兴建任何类型的工程所要完成的首要任务。由于不同地区的地质环境不尽相同，因此影响工程建设的地质因素有主次之分，工程地质工程师应对当地的工程地质条件进行具体分析，明确影响到工程建设的安全、经济和正常使用的主次因素，并进一步指出对工程建设有利和不利的方面。

0.2 工程地质的研究内容及分支学科

在很多情况下，在建筑物的施工和运营当中，即在人类建筑工程活动的影响下，初始条件将发生很大的变化，如地基土的压密、结构和性质的改变、地下水位的上升或下降及新的地质作用的产生等。由人类建筑工程作用而引起的工程地质和水文地质条件的变化，在工程地质学中用“工程地质作用(现象)”这一专门的术语来表述。工程地质作用(现象)势必反过来对建筑物施加影响，而有些影响则是很不利的。因此，预测工程地质作用(现象)的发展趋势及可能危害的程度，提出控制和克服其不良影响的有效措施，也是工程地质学的主要任务之一。

研究人类工程活动与地质环境之间的相互制约关系，以便做到既能使工程建筑安全、经济、稳定，又能合理开发和保护地质环境，这是工程地质学的基本任务。而在大规模地改变自然环境的工程中，如何按地质规律办事，有效地改造地质环境，则是工程地质学将要面临的主要任务。

随着生产力的发展和研究的深入，一些新的分支学科也已形成，如：环境工程地质、海洋工程地质与地震工程地质等。20 年前，工程地质界提出了环境保护及其合理利用，现在已由方向性探讨发展到实质性研究。环境工程地质学开始向工程地质科学各领域渗透。环境工程地质学的基本观念就是人类工程活动可显著地影响环境，既可恶化环境，亦能改善环境。人类工程活动作为环境演化的积极而活动的因素及工程和环境的密切关联性已成为当今研究的重要方向。

由于工程地质条件有明显的区域性分布规律，因而工程地质问题也有区域性分布的特点，研究这些规律和特点的分支学科称为区域工程地质学。而工程地质问题则是指研究地区的工程地质条件由于不能满足某种工程建筑的要求，在建筑物的稳定、经济或正常使用方面常常发生的问题。概括起来，工程地质问题包括两个方面：一是区域（地区）稳定问题；二是地基稳定问题。不同工程对工程地质条件的要求各不一样，即使是同一类型的建筑，其规模不同，要求也不尽相同。当我们谈论工程地质问题时，必须结合具体建筑类型、建筑规模来考虑。例如，工业建筑与民用建筑常遇到的工程地质问题主要是地基稳定问题，包括地基强度和地基变形两个方面，此外，溶岩、土洞等不良地质作用和现象都会影响地基稳定；铁路、公路等工程建筑最常遇到的工程地质问题是边坡稳定和路基稳定问题；水坝（闸）常遇到的是坝（闸）基的稳定问题，其中包括坝基强度、坝基抗滑稳定、坝基和坝肩的渗漏与稳定以及坝肩稳定问题；隧道及地下工程常遇到的工程地质问题是围岩稳定和突然涌水问题等。工程地质问题，除与建筑工程类型有关外，尚与一定的土和岩石的类型有关，如黄土的湿陷问题、软土的强度问题、岩石的风化和构造裂隙的破坏问题等。

0.3 本课程的学习要求

本课程是土木工程、道路桥梁与渡河工程专业的一门技术基础课，它结合我国自然地质条件和公路、桥梁与隧道、房屋建筑工程的特点，为学习专业和开展有关问题的科学研究，提供必要的工程地质学的基础知识；同时，通过一些基本技能的训练，懂得搜集、分析和运用有关的地质资料，并正确运用勘察数据和资料进行设计和施工，对一般的工程地质问题能进行初步评价和采取处理措施。学习本课程最重要的是学会具体问题具体分析。

第1篇

工程地质基础知识

第1章 地球概况

地球概况

学习目标

1. 了解地球的主要物理性质；
2. 掌握地球的圈层构造及地壳的基本特征；
3. 掌握地质作用的概念、能量来源及分类。

1.1 地球特征

在浩瀚的宇宙中，在数以亿计的星系中，有一个普通的旋涡星系，我们称之为银河系。银河系有多大呢？即便是光这种传播速度最快的物质，以光速(约 300 000 km/s)穿越银河系也得花费 10 万年。银河系中约有 3 000 亿颗恒星，其中有一颗不起眼的、有行星环绕的恒星，称为太阳。太阳吸引着太阳系中的天体，其中包括八大行星(图 1-1)、几十颗卫星以及无数的小行星和彗星。1930 年美国天文学家汤博发现冥王星，当时错误地估计了冥王星的质量，认为冥王星比地球还大，因此将其归为大行星。然而，经过近 30 年的深入观测，发现其直径仅为 2 300 km，比月球还要小，等到冥王星的大小被确认，“冥王星是大行星”早已被写入教科书，以后就将错就错了。2006 年 8 月 24 日，国际天文学联合会大会投票通过 5 号决议，冥王星被排除在行星行列之外，降级为“矮行星”。

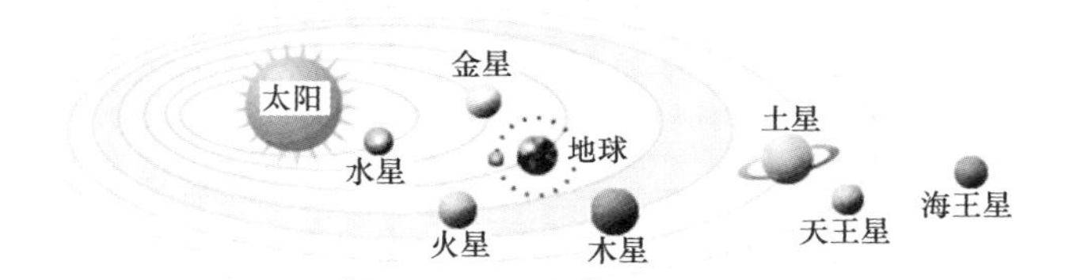

图 1-1 太阳系八大行星的位置图

地球是太阳系的第三颗行星。宇宙中的地球极其渺小，只能用“沧海一粟”来形容。但她孕育了生命，孕育了人类，这在我们已知的宇宙范围内是独一无二的。

1.1.1 地球的形状和大小

地球是一个绕着地轴高速旋转的椭球体，赤道部分略为膨大，两极略微收缩。地球的主要参数如下:赤道半径,6 378.137 km;极半径,6 356.752 km;平均半径,6 371 km;地球扁度,1/298.3;赤道周长,40 076.6 km;表面积,5.1 亿 km^2;质量,5.98×10^{19} t;平均密度,5.517 g/cm^3:体积,1.08×10^{12} km^3。

地球表面海洋面积为 36 100 万 km^2,约占地球总面积的 70.8%,多集中于南半球;陆地总面积为 14 900 万 km^2,仅占地球总面积的 29.2%,多集中于北半球。陆地平均海拔高度是 840 m,海洋平均深度是−3 800 m。地球表面起伏很大,世界最高峰珠穆朗玛峰海拔 8 848.86①,最深的海沟马里亚纳海沟是−11 033 m。地球上的最大高差将近 20 km。

1.1.2 地球的物理性质

地球的物理性质包括地球的密度、压力、重力、磁性、电性、地热、放射性和弹性等。现将主要物理性质简述如下。

1. 地球的密度

地球质量除以地球体积,可得地球的平均密度为 5.517 g/cm^3,实际测出地壳的平均密度为 2.7~2.9 g/cm^3。这说明地壳内部密度必然大于 5.517 g/cm^3,而且是随着深度的增大而增大的,通过对地震资料的分析也证明了这一点。地震资料还表明:在深度 984 km、2 900 km 和 5 125 km 三处,密度飞跃式增大,说明地球内部的物质不均匀,成分可能也发生了变化,地核的物质可能处于高密度状态。

2. 地球内部的压力

地球内部的压力受上覆物质质量的影响,基本规律是随着深度的增大而递增,但这种增大是不均匀的。从地表到地下约 33 km,地球内部的压力随深度的增大而均匀地增大;从地下 33 km 到 984 km,从 $9\,000\times10^5$ Pa 迅速增加到 38.2×10^9 Pa;地下 984 km 之后,随着深度的增大又缓慢地增大,2 900 km 深处可达到 136×10^9 Pa;然后向着地心缓慢地增大,地心压力达到 360×10^9 Pa。

3. 地球的重力

地球上任一物体的重力是指该物体在地面处所受的地心引力和该处的地球自转离心力的合力。地心引力与物体的质量和地球质量的乘积成正比,与距地心距离的平方成反比。地球两极的半径小于赤道的半径,因此地心引力在两极大于赤道;离心力在赤道最大,两极接近于零。但是离心力值在重力值中只占 1/300,比例很小,对重力影响不大,因此地球的重力随纬度增大而增大。把地球看作一个均质球体,根据重力与纬度关系所计算出的各地重力值,叫作正常重力值。实际上组成地壳的物质的成分和构造各地是不同的,用重力仪测定的重力值与正常重力值常不符合,这种现象称为重力异常。比正常重力值大的称正异常,比正常重力值小的称负异常。存在一些密度较大物质(如铁、铜、铅、锌等)的金属矿区,通常表现为正异常;存在一些密度较小物质(如石油、煤、盐类以及大量地下水等)的地区,通常表

① 经国务院批准并授权,国家测绘局于 2005 年 10 月 9 日公布了 2005 年中国珠峰高程测量的结果:珠峰峰顶岩石面海拔高程为 8 844.43 m,精度为±0.21 m,峰顶冰雪深度为 3.50 m。与 1975 年公布的 8 848.13 m 的数据相比,少了 3.70 m。

现为负异常。重力探矿就是利用这个原理，即通过寻找地壳中局部重力异常区域，来了解地质构造和找矿的。因此测定和分析重力，是找矿的一种办法。

4. 地球的磁性

地球好像一个巨大的磁铁，在它的周围形成了地磁场。早在两千多年前，我国汉族劳动人民就已经会利用磁性了，并在长期实践的基础上发明了指南针。据《古矿录》记载，指南针最早出现于战国时期的河北磁山（今河北省邯郸市磁山一带）。到 17 世纪初期，人们又进一步证明这个磁性来自地球，并且发现地磁场的南、北极与地理的南、北极不重合。而且地磁极所处的位置是不断改变的，1970 年测出磁北极在北纬 76°、西经 101°，磁南极在南纬 66°、东经 140°。地磁子午线与地理子午线之间的夹角叫磁偏角；地球某一点所受的磁力大小称为该点的磁场强度；磁针与水平面的夹角称磁倾角，磁针在地磁赤道附近是水平的，越移向磁两级，倾斜程度越大，在磁极区，磁针直立。磁偏角、磁倾角、磁场强度称为地磁三要素。根据地磁的分布规律，计算出某地地磁三要素的正常值（理论值），实测数值与正常值不一致的叫地磁异常。地磁异常一般和地下存在带磁性及反磁性的物体有关。地球物理探矿就是利用这个原理寻找磁力异常区，从而发现磁铁矿等高磁性矿床的。

5. 地球的电性

大地电流是指地球所具有的较弱的自然电流。大地电流是不稳定的，其强度和方向在时间上都有周期性的变化，自低纬度向高纬度，电流强度逐渐增大。电流的主要方向在赤道及两极自东向西，在中纬度与子午线呈 30°～45°。地球上有自然电流分布的区域称为自然电场。自然电场的产生有两个原因：由局部金属矿体同水溶液相互作用而产生，分布范围较小；可能与大气圈的电离作用或电磁场有关。区域性自然电场分布范围较广。大地电流的强度和方向还与地下深处的地质构造有关，当地下有金属矿物时，附近电流强度增大，方向也会出现变化，物探中采用的电法勘探就是以此为依据的。

6. 地热

地壳表层的温度常随外界温度的变化而变化，主要受太阳辐射的影响，温度有日变化和年变化，纬度高低和海陆分布情况使地壳表层温度也有变化。这种温度变化只影响地壳表层不深的地方，平均约为 15 m。再往深处 20～25 m 的地段就是常温层，该层由于太阳辐射影响不到，不受外界影响，因此，保持当地常年平均温度。常温层以下地层温度随深度的增大而有规律地增大，增加情况各地不同。这种增大规律可用地热增温级来表示，即地温每升高 1 ℃而往下增大的深度，单位是 m/℃，如黑龙江大庆为 20 m/℃，北京房山为 50 m/℃。地热增温级一般平均为 33 m/℃。33 m/℃并不适合整个地球内部，温度增大到一定深度时，越往深处升温越慢，据推测地心温度应为 2 000～5 000 ℃。这主要是因为地球深处的物质成分、密度、压力和状态等各不相同。地球是一个庞大的热库，其能量主要是由放射性元素衰变释放而产生的，其次是构造变动的机械能、重力能、化学能、结晶能和地球旋转能等。地热是最廉价的能源之一，也是一种举世瞩目的新能源，对它的开发利用已成为一个新研究领域。地热会在未来发挥巨大的作用。

1.2 地球构造

大约46亿年前，一团由灼热气体和尘埃组成的巨型星云塌缩而形成了太阳系，接着在太阳这颗年轻的恒星附近，行星出现了。大量尘埃聚集在一起，行星体积逐渐增大。有证据显示，在距离太阳1.5亿km的地方至少形成了两颗行星：年轻的地球和一颗被称为忒伊亚德的小行星。后来两者相互撞击，发生融合，产生的碎片便形成了月亮。地球形成之初曾无数次遭受小天体的撞击，使其质量不断增大。地球起初是一颗炽热、熔融状态的行星，后来逐渐冷却，形成外部坚硬的岩石地壳。外围的大气层也形成了，从火山及地球其他地方喷发出的气体，融入大气层中。地球受到太空的影响越来越小，逐渐变得稳定，其内部形成了地幔和地核。天空中大量的水蒸气开始凝结，产生连续的大暴雨，于是海洋形成了。地球为新生命的诞生做好了准备，早在约38亿年前，地球上就已有生命出现。

从以上的论述我们可以看出，地球不是一个均质体，而是一个由不同物质和状态组成的呈若干个同心圈层构造的椭球体。地球的外部圈层包括大气圈、水圈和生物圈；地球的内部圈层包括地壳、地幔和地核。

1.2.1 地球的外部圈层

1.大气圈

美国宇航员乘坐阿波罗号飞上月球。当宇航员站在月球上眺望时，发现其他星球都是黑漆漆的、死气沉沉的，只有人类居住的地球是一个美丽的蓝色星球，充满生机。这是因为我们居住的星球周围有大气圈，阳光透过大气圈时，遇到灰尘，蓝色光被散射回太空的缘故。大气圈是由包围在地球最外面的气态物质所组成的圈层。大气的主要成分为氮、氧、氩、碳、氦和氢等元素。它自下而上可分为：对流层（0～15 km），在对流层中，温度、湿度和压力等分布很不均匀，故大气常发生强烈的对流，产生风、云、雨、雪等，从而调节和促进水圈的循环；平流层（15～50 km），这里的臭氧层保护我们免受宇宙射线的伤害；中间层（50～80 km）；热层（电离层）（80～500 km）；外逸层（500 km以上）。越过大气层的上部边界，便是寒冷黑暗的太空。

大气分布极不均匀，受地球引力作用，约有79%的质量集中在平均厚度11 km范围内的对流层中。大气层与地球大小相比，就如同一层薄薄的膜，但对地面的物理情况和生活环境却有决定性的影响。

2.水圈

在我们目前所知道的整个宇宙中，地球是唯一适合生命生存的地方。水圈对一切生命来说至关重要。地球表面能有液态水存在，是因为地球与太阳之间保持着适当的距离，光从太阳抵达地球需要8分钟。如果再近一些，地球上的河流与海洋就会沸腾蒸发；如果稍远些，地球将会是一片冰天雪地。

水圈是由海洋水和陆地上的水和冰所组成的，其中海洋水占总体积的98.1%，陆地水只占1.9%。水圈覆盖面积广，地球表面的70%被水覆盖，故有“水的行星”之称。水圈质量为1.41×10^{17}吨，体积约为14亿km^3，若地球表面完全没有起伏，全球将被深达2 745 m的海水所覆盖。若地球上的冰川、冰盖全部融化，则海洋水位将升高 70 m。水在太阳辐射热的影响下周而复始地进行循环，在运动过程中不断产生动能的变化，形成了流水的外力地质作用。现代地貌(高山峡谷、广阔平原)主要是由流水地质作用形成的，地面流水是分布最广泛的地质外营力，是塑造大地面貌的"雕塑家"。

3. 生物圈

生物圈是最活跃的圈层。生物圈内有微生物 10 万种，动物 30 万种，植物 100 万种，这样繁多的生物，就构成了生物圈。生物圈的最大厚度为 25 km 左右，包括大气圈下层、岩石圈上层和整个水圈。但由于生命活动受光能、水能、温度、营养元素等各方面条件影响，生物圈的大部分空间里生物稀少，大量生物生存在从地表上 100 m 到水下 100 m 的空间里。它们在活动、新陈代谢及死后遗体分解等过程中，与地表的物质直接或间接地发生各种物理、化学的作用，对地球表面进行改造。

1.2.2　地球的内部结构

地球赤道半径约为 6 378 km。目前世界上最深钻孔不超过 15 km，还不到地球半径的 0.24%。因此，在研究地球内部圈层时，完全采用直接法对其进行研究是困难的，主要是利用地震波(纵波与横波)在地球中的传播情况，来划分地球的内部圈层。纵波比横波传播速度快，纵波能通过固态、液态和气态介质，横波只能通过固态介质，而且横波与纵波的传播速度取决于所通过介质的密度、刚性等。地震波在地球内的传播速度一般是随深度而增加的，并在数处做跳跃式的变化，这种波速发生突然变化的面称不连续面。在这些不连续面中有两个极明显的分界面，称作一级不连续面，分别是莫霍界面和古登堡界面：莫霍界面在大陆部分平均深度为 33 km，海洋部分平均为 7.3 km；古登堡界面深度为 2 900 km，横波到此则完全消失，说明古登堡界面以下至少上部为液态。莫霍界面和古登堡界面将地球划分地壳、地幔和地核，如图 1-2 所示。

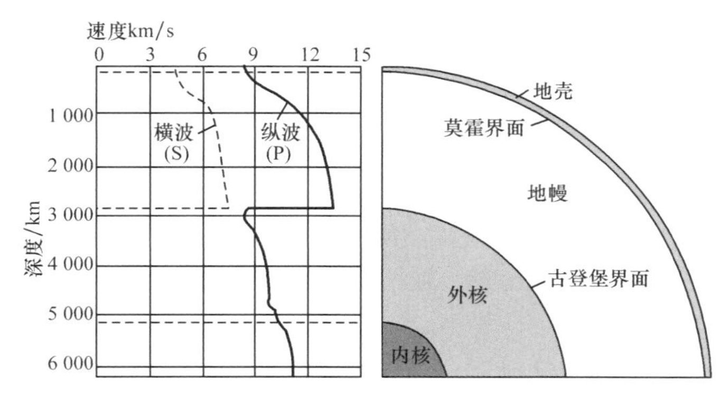

图 1-2　地震波的传播速度与地球内部圈层划分

1. 地壳

(1)地壳的物质构成

国际上把某种元素在地壳中的质量百分比称为克拉克值，又称为元素丰度。地壳的化学成分由对地表岩石的化学分析直接得到。到目前为止共发现地壳中有九十多种化学元素，其中以氧、硅、铝、铁、钙、钠、镁、钾、氢等 9 种元素为主(其克拉克值见表 1-1)，占地壳总质量的 98.13%，其余元素仅占 1.87%。因此，各种元素在地壳中的分布相当不均匀。工业上重要的金属元素除铁、铝外，其他如铜、铅、锌、锡、钼等在地壳中含量很低，但在自然界各种地质作用下，可以在局部地区富集，含量达到工业要求时，就成为矿产。但有的元素如铟、铪、锗、镓等，不容易富集，呈分散状态存在于岩石和矿物中，称为分散元素。

地壳中的化学元素除少数呈单质出现外，绝大部分以各种化合物的形式出现，其中以含氧的化合物最常见。地壳中的各种元素以矿物的形式出现。矿物有规律地组合就成为岩石，即岩浆岩、沉积岩和变质岩，地壳的主要部分是由这三大类岩石构成的。

表 1-1　　地壳中主要化学元素克拉克值

元素	克拉克值/%	元素	克拉克值/%	元素	克拉克值/%
O	49.13	Fe	4.20	Mg	2.35
Si	26.00	Ca	3.25	K	2.35
Al	7.45	Na	2.40	H	1.00

(2)地壳的厚度

地壳厚度与地球半径相比，不过是地球表层很薄的外壳，其体积约为地球体积的 1%，质量约占地球总质量的 1.5%。各种地质作用(如构造运动、岩浆作用、变质作用等)就发生在这里。但是地质作用和矿产的形成在一定程度上还要受地壳以下物质的影响，特别是上地幔的影响。在大陆和大洋不同的区域，各地地壳厚度相差很大。大陆地壳厚度大，平均厚度约为 33 km，越往高处厚度越大，如我国青藏高原最大厚度可达 80 km；大洋地壳厚度小，平均厚度约为 7.3 km，大西洋和印度洋部分为 10～15 km，太平洋地壳平均厚度为 5 km，最薄处在马里亚纳海沟，约为 1 km。整个地壳平均厚度约为 20 km。

(3)地壳的结构与基本类型

地壳中有一个次一级不连续面，叫康德拉面，位于陆地部分地下平均深度 15 km 处。康德拉面将地壳分为上、下两层：上层叫花岗岩质层，又叫硅铝层，平均密度为 2.7 g/cm^3，此层在大洋下基本缺失；下层叫玄武岩质层，又叫硅镁层，平均密度为 2.9 g/cm^3。地壳结构如图 1-3 所示。

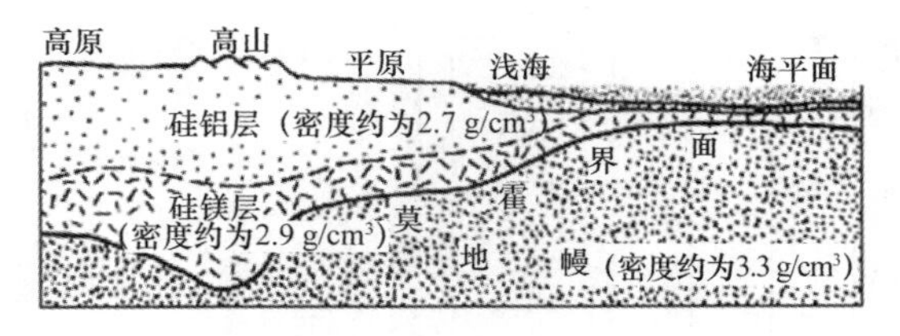

图 1-3　地壳结构

根据地壳的结构，可将地壳分为大陆型地壳(简称陆壳)和大洋型地壳(简称洋壳)两种基本类型。两者的界线不在海岸线而在大陆斜坡的坡脚处。大陆型地壳为双层结构，包括硅铝层和硅镁层；大洋型地壳在硅镁层之上只有很薄或者根本没有花岗岩层，大部分是单层结构。

(4)研究地壳的重要性

地壳是工程地质学研究的重点，因为各种工程都建筑于地壳之上，建筑材料来源于地壳，建设隧道、渠道、运河、地下室等建筑物时，地壳又成为建筑物的一部分。地壳是由各种岩石及土所组成的。岩土无论是作为地上建筑物的地基，还是作为地下建筑物结构的一部分，或者是天然建筑材料，其性质对建筑的安全、稳定与经济均有着重要影响。在水利工程建设中，不论是修建大坝、水库还是兴建各种灌排工程，对组成地壳的各种岩石和土进行勘察和研究都是至关重要的。

2. 地幔

地幔是指莫霍界面和古登堡界面之间的部分。地幔分为上地幔和下地幔。

地震波在上地幔内也并非是匀速传播的。从莫霍界面到50 km深处，地震波传播速度较快，这一带与地壳连接在一起构成地球的岩石圈，是由结晶质固体岩石组成的。50～250 km深处，地震波传播速度较慢，形成一个低速带，可能是大量放射性元素在此聚集，衰变产生大量热能，形成潜柔性的塑性层，或者物质可能呈熔融状，导致地震波传播速度降低，这一低速带称为软流层，可能是岩浆的发源地。250～984 km深处地震波传播速度较快，但变化不均匀。上地幔的平均密度为3.8 g/cm^3，温度为1 200～1 500 ℃，压力达到3.8× 10^{10} Pa。

地震波在上地幔和下地幔中传播的共同特点，是横波和纵波都能通过，而且传播速度明显大于地壳。地震波通过下地幔时速度平缓增加。下地幔平均密度为5.6 g/cm^3，温度为1 500～2 000 ℃，压力可达1.4×10^{11} Pa。

3. 地核

古登堡界面(深2 900 km)至地心就是地核，占地球总质量的32.5%。根据地震波在地核内的传播变化情况，可将地核分为外部地核、过渡层和内部地核三层。地震波传播到古登堡界面，横波突然消失，纵波波速从13.6 km/s下降到8.1 km/s，说明到这里物质的化学成分和物理性质等都发生了非常明显的变化，其深达4 703 km深处，这一带为液态，称为外部地核；外部地核到深5 125 km处，称为过渡层；过渡层到地心为内部地核，是固态。地核物质很致密，物质密度可达9.7～17.9 g/cm^3，温度为2 000～5 000℃，压力最高可达3.6×10^{11} Pa。

1.3 地质作用

1.3.1 地质作用的概念

在漫长的地球发展历史中，地球每时每刻都在发生着变化，地壳在运动，地貌在发展，矿物和岩石也在改变着。《诗经》中就有“百川沸腾，山冢崒崩；高岸为谷，深谷为陵”的记载。《梦溪笔谈》曾记载：“予奉使河北，遵太行而行，山崖之间，往往衔螺蚌壳及石子如鸟卵者，横亘石壁如带。此乃昔之海滨，今东距海已近千里。”说明了海陆之间的变化。

以上这些变化都是由地质作用引起的。引起地壳组成物质、地质构造和地表形态等不断形成和变动的作用称为地质作用。自地壳形成以来地质作用就是一种极为普遍的自然现象。地质作用有慢有快。火山喷发、地震、山崩、泥石流等地质作用速度快，易于被察觉。但更多的地质作用进行得非常缓慢，如沧海化为桑田，高山被夷为平地。地壳升降运动，即使在相当剧烈的地区，每年升高也不过几毫米，但经过漫长的年代，常常使地壳发生巨大的变化。喜马拉雅山脉是世界上最高大的山脉，但在始新世中期(四五千万年前)，那里还是海洋，由于地壳不断抬升，到大约1 200万年前，喜马拉雅山的北坡地带高程约为1 000米，地壳继续抬升，才成为今天世界上最高大的山脉，据大地水准测量现仍以3.3～12.7 mm/a的速度上升。

1.3.2 地质作用的形式

导致地质作用发生的自然力称为地质营力。根据地质营力的能量来源,地质作用分为内动力地质作用(简称内力作用)和外动力地质作用(简称外力作用)。

1. 内动力地质作用

地球的内能来自地球内部的能量,包括放射能、动能、重力能、化学能、结晶能等。以地球的内能作为地质营力的地质作用称为内力作用。内力作用主要作用于地球的内部并最终反映到地壳,促使地壳物质成分、地壳内部结构、地表形态发生改变。内力作用主要包括地壳运动、岩浆作用、变质作用和地震作用,如图 1-4 所示。

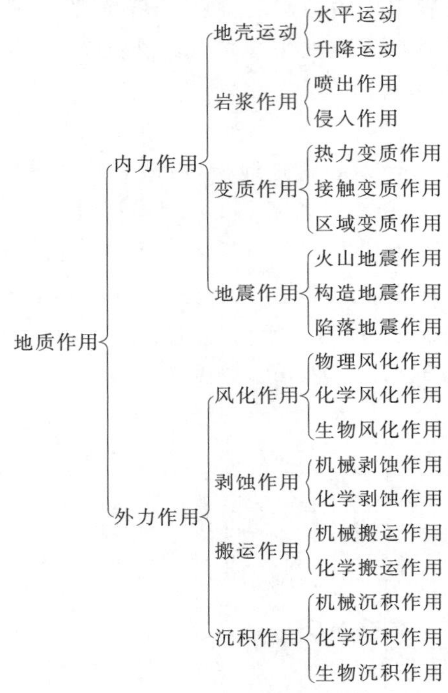

图 1-4 内动力地质作用和外动力地质作用

由地球内能引起的岩石圈块体的机械运动表现为水平运动和垂直运动(上升和下降运动),两者可引起地壳上巨厚岩层的弯曲和破裂,从而改变地壳的面貌,形成高山、裂谷及平原。地下岩体突然破裂,会释放出巨大能量,产生强烈的地震波,地震就发生了。地球内部灼热的岩浆顺着地壳的脆弱地带侵入地壳或喷出地表(火山爆发),就形成各种岩浆岩。地壳运动和岩浆活动可使先形成的岩石发生变质作用,就形成了变质岩。

2. 外动力地质作用

地球的外能来自地球外部的能量,包括太阳辐射能、日月引力能等。由地球的外能引起并且只作用于地壳表层的地质作用,称为外动力地质作用,包括风化作用、剥蚀作用、搬运作用、沉积作用等,如图 1-4 所示。

太阳能是最主要的外能,除了直接作用于地壳岩石和矿物使之发生变化之外,更重要的是它能引起大气圈、水圈、生物圈的不断循环和运动。这些经常不断运动着的物质都对地壳产生影响，促使地表的矿物和岩石发生变化。并且通过搬运作用、沉积作用和成岩作用，最终形成多样的沉积岩，同时地壳外貌也被改变了。

本章小结

本章介绍了地球的形状和构造特征、地质作用的基本概念和地质作用的分类。

思考题

1. 地球有哪些主要的物理性质？
2. 地球的圈层构造包括哪几部分？
3. 地壳结构的主要特点是什么？
4. 地壳的基本类型是什么？它们之间有何差异？
5. 什么是地质作用？如何区分外力作用和内力作用？它们各包括哪些内容？

第2章 矿物与岩石

学习目标

1. 掌握造岩矿物的各种鉴定特征，学会主要造岩矿物的肉眼观察和鉴定；
2. 掌握岩浆岩的岩体产状、矿物成分、结构和构造，以及岩浆岩的分类，学会常见岩浆岩的肉眼观察和鉴定；
3. 掌握沉积岩的矿物成分、结构和构造，以及沉积岩的分类依据，学会主要沉积岩的肉眼观察和鉴定；
4. 掌握变质作用类型及代表岩石，掌握变质岩的矿物成分、结构和构造，以及变质岩的分类依据，学会主要变质岩的肉眼观察和鉴定。

岩石是在各种不同的地质作用下形成的，由一种或多种矿物有规律组合而成的矿物集合体。岩石是组成地壳的主要物质成分，是地壳发展过程中各种地质作用的自然产物。自然界的岩石按成因可分为三大类：岩浆岩（又称火成岩）、沉积岩和变质岩。根据矿物组成，岩石又可分为单矿岩和复矿岩，前者是主要由一种矿物组成的岩石，后者是由两种或两种以上的矿物组成的岩石。

岩石是建造各种工程结构物的地基、环境及天然建筑材料。由于地质作用的性质和所处环境不同，岩石的矿物成分、化学成分、结构和构造等内部特征也有所不同，这些都会对岩石的强度和稳定性产生影响。因此，了解最主要岩石的特征和特性，进而评价岩石的工程地质性质，对工程设计、施工都是十分必要的。而岩石的基本组成单位是矿物，因此必须先了解矿物的相关知识。

2.1 造岩矿物

矿物在自然界中分布极其广泛，它与人类的生产和生活关系十分密切。如点豆腐用的石膏，制铅笔芯用的石墨，中药用的辰砂、雄黄等都是矿物。

矿物是构成地壳岩石的物质基础。目前，在自然界中已经发现的矿物有3 000多种，最常见的有50～60种。常见的组成岩石的矿物仅有20～30种，称为造岩矿物，它们占岩石成分的90%。主要造岩矿物中又以长石、石英、辉石、角闪石、橄榄石、黑云母、方解石、白云石、高岭土最为重要，自然界中的矿物都具有一定的形态和物理性质，可以作为对矿物进行鉴定的依据。认识这些造岩矿物是学好三大类岩石的基础。

2.1.1 矿物的基本概念

1. 矿物的定义

矿物是地壳中的化学元素在各种地质作用下形成的，具有一定的化学成分和物理性质的单质或化合物，是岩石的组成单位。

理解矿物的定义时需要注意，矿物必须是地质作用下天然产物。如食糖是由氧、氢、碳三种化学元素组成的均质体，具有一定的理化性质，如透明、硬度小、有甜味、溶于水等，但它是在工厂里加工提炼得到的，不是地质作用下的天然产物，所以食糖不是矿物。石英是地壳中硅和氧两种化学元素在岩浆作用下形成的，具有一定的理化性质，如透明、硬度大、不溶于水和普通酸类等，岩浆作用属于地质作用，所以石英是一种矿物。随着科学技术的发展出现了许多人造矿物，如人造金刚石、人造水晶，它们是人工制造的，而不是地质作用下的天然产物，因此不属于地质学中矿物的范畴。

矿物的组成有化合物和单质两种。化合物：由两种或两种以上的元素组成的矿物，如岩盐、方解石、石英等。单质：由一种元素组成的矿物，如金、铜、金刚石。自然界中只有少数矿物以单质出现。

矿物在自然界中的存在的形态有固态、液态和气态。绝大多数以固态形式存在，如蛇纹石、石英、黄铁矿、正长石、滑石等；少数以液态（如自然汞）和气态（如天然气、硫化氢）存在。

2. 晶体和非晶质矿物

晶体矿物：质点（原子、离子或分子）按一定规则重复排列而成的一切固体。如金刚石多呈八面体、菱形十二面体及它们的聚形，石英晶体多为六方柱及菱面体的聚形，可以形成规则的几何外形。

非晶质矿物：组成矿物的原子（或离子、离子团）不做规则排列的固体。如蛋白石、天然沥青和火山玻璃等，均没有规则的几何外形。

3. 矿物类型

自然界的矿物按照成因可分为三大类型：原生矿物、次生矿物和变质矿物。

由地壳深处熔融状态的岩浆冷凝固结而形成的矿物称为原生矿物，如石英、长石、云母、辉石、角闪石等。原生矿物经物理、化学风化作用，组成和性质发生化学变化，形成的新矿物称为次生矿物，如方解石、高岭石等。变质矿物是在变质作用过程中形成的矿物，如区域变质的结晶片岩中的蓝晶石和十字石等。

2.1.2 矿物的形态

矿物的形态（或形状），是指矿物的单个晶体外形或集合体的状态。其成因主要由矿物的内部结构和化学成分所决定，同时也受生成环境的影响。每种矿物都有自己的形态，是肉眼鉴定矿物的重要依据。矿物的形态包括单个晶体形态（也叫单体形态）和集合体形态。

1. 矿物的单体形态

矿物常见的晶体包括：立方体，如黄铁矿、岩盐；八面体，如磁铁矿；菱面体，如方解石；菱形十二面体，如石榴子石；纤维状体，如纤维石膏。

2. 矿物的集合体形态

矿物常由许多单体聚集在一起，大多数矿物是以集合体的形式出现的。

(1)粒状集合体:粒状晶体所组成的集合体。如雪花石膏和橄榄石。

(2)片状、纤维状集合体:矿物单独晶体呈片状、鳞片状、纤维状、针状和放射状等,矿物集合体形态也常表现为片状、鳞片状、纤维状、针状和放射状等。如石墨为片状、云母为片状、石棉为纤维状、石膏为针状、菊花石为放射状。

(3)致密块状:由极细粒矿物所组成的集合体形态,肉眼分辨不出颗粒彼此间的界线,表面致密均匀。自然界中大多数的矿物以此形态存在,如石英。

(4)结核和鲕状集合体:多孔或疏松岩石孔洞中可能悬浮着细小的岩屑、有机体碎屑、气泡等中心体,当溶液通过孔洞时,矿物质绕其沉淀下来,填充并形成结核和鲕状集合体。如黄铁矿、白铁矿、磷灰石等结核。

(5)杏仁体和晶腺:岩石空洞是溶液通过和滞留的良好场所,溶液矿物质从空洞四周向中心沉淀,最后填充。直径小于 1 cm 的称为杏仁体,大于 1 cm 的称为晶腺。玛瑙即是如此形成的,所以呈同心圆状。

(6)晶簇:生长于岩石空隙或孔洞壁上的发育完整的结晶合生体,即多个晶体簇生在一起,每个晶体都晶形完好。常见的有水晶晶簇、萤石晶簇、方解石晶簇。

(7)钟乳状和葡萄状:①许多胶体溶液蒸发失水,常在矿物表面围绕凝聚中心形成许多圆形、葡萄状或钟乳状的小突起;②某些溶液因水分蒸发凝固也常形成钟乳状,如钟乳石、石笋、石柱等。

(8)土状体:疏松状或粉末状的集合体,用放大镜不能看出晶体结构,一般无光泽。这种矿物为次生矿物,主要是由矿物或岩石经风化作用形成的,如高岭石、铝土矿等。

2.1.3 矿物的物理性质

矿物的物理性质主要包括颜色、条痕、光泽、透明度、硬度、解理和断口等。矿物的物理性质取决于矿物的内部结构和化学成分,同时也受形成环境的影响。它是对矿物进行肉眼鉴定的主要依据。

1. 颜色

颜色是鉴定矿物的重要特征之一。矿物各有不同的颜色,并可因其特殊颜色而得名,如黄铁矿、黄铜矿、赤铁矿等。不透明矿物的颜色较为稳定,透明矿物可因含杂质而变化。根据矿物呈色的原因,分为自色、他色和假色三种。

自色:矿物本身固有的化学组成中含有某些色素离子而具有的颜色。因为自色比较稳定,是矿物肉眼鉴定的主要指标。如孔雀石(翠绿色)、辰砂(朱红色)。他色:与矿物本身固有化学组成无关,因混入杂质而具有的颜色。因为不稳定,所以不能作为主要鉴定指标。例如,纯净的水晶为无色透明,混入不同的杂质而呈现不同的颜色(紫水晶因含锰质为紫色,蔷薇石英也称芙蓉石,因含氧化铁为玫瑰色,烟水晶因含有机质为褐色)。金刚石含有杂质为黑金刚石。假色:由于某种物理原因或化学原因而产生的颜色。假色只对极少数矿物具有鉴定意义。如锖色即是矿物表面的被膜在光线的照射下形成的薄膜干涉色彩;晕色即是在富有解理的矿物中因光程差所引起的干涉色彩。

2. 条痕

条痕就是矿物粉末的颜色。测试方法:将矿物在未上釉的白色瓷板上进行刻划,留下的粉末痕迹就是条痕，观察其颜色。因为矿物粉末可以消除假色、他色，保留自色，所以条痕色相对固定，是鉴定矿物的较可靠特征。矿物颜色与条痕色可以相同也可以不同。如自然金两者均是金黄色；黄铁矿浅黄铜色，条痕色绿黑色。条痕对透明矿物没有鉴别意义，因为其条痕均为白色。

3. 光泽

光泽是矿物表面对光线反射所呈现的光亮程度。依据光泽的强弱可分为金属光泽、半金属光泽、非金属光泽。造岩矿物一般呈如下非金属光泽：玻璃光泽、金刚光泽、脂肪光泽、土状光泽、丝绢光泽、珍珠光泽等。观察矿物光泽时，注意选择未经风化或污染过的新鲜表面进行观察。

4. 透明度

透明度是指光线透过矿物多少的程度。可分为透明、半透明、不透明三级。透明矿物：矿物碎片边缘可以清晰透见他物，如水晶和冰洲石。半透明矿物：矿物碎片边缘只能模糊地透见他物，如石膏。不透明矿物：矿物碎片边缘根本不能透见他物，如磁铁矿、正长石、黄铁矿。这里的“碎片边缘”是以 0.03 mm 的厚度为标准的。

5. 硬度

矿物抵抗外力刻划、研磨的能力，称为硬度。通常是指矿物的相对软硬程度。德国矿物学家摩斯选取了 10 种软硬不同的矿物作为标准，将矿物的硬度划分为 10 个等级，称为“摩氏硬度计”，见表 2-1。将未知硬度的矿物与表 2-1 中矿物相互刻划，相互比较，可确定硬度。随身携带物品：软铅笔（1 度）；指甲（2.5 度）；小刀、铁钉（3～4 度）；玻璃棱（5～5.5 度）；钢刀刃（6～7 度）。常用这些随身携带的物品来判断矿物的相对硬度。

表 2-1　摩氏硬度计

相对硬度等级	1	2	3	4	5	6	7	8	9	10
标准矿物	滑石	石膏	方解石	萤石	磷灰石	正长石	石英	黄玉	刚玉	金刚石

6. 解理和断口

矿物受外力作用后，能够沿一定方向裂开成光滑平面的性质称为解理，裂开后形成的光滑平面则称为解理面。根据解理面的方向和数目，分为一组解理（如云母）、二组解理（如长石）、三组解理及多组解理等。根据解理面发育的完整程度，解理可以分为：极完全解理，矿物极易裂成薄片，有的用指甲可揭成片，解理面大而光滑，如云母；完全解理，矿物极易碎成规则的平滑小块或薄板，解理面相当光滑，如方解石；中等解理：解理面一般不能一劈到底，不很光滑，且不连续，常呈小阶梯状，如正长石；不完全解理，解理程度很差，在大块矿物上很难看清，只有在细小的碎块上才能看到不清晰的解理面，如磷灰石。

矿物受外力后，破裂成不平坦、不规则的断面，称为断口。无解理或解理性不好的矿物易形成断口。贝壳状断口：呈椭圆形的凹凸面，并具同心圆纹，形似贝壳，如石英；锯齿状断口：呈尖锐锯齿状，如自然铜；参差状断口：呈参差不平形态，如磷灰石；平坦状断口：呈较为平坦形状，如高岭石；土状断口（铝土矿）；粒状断口（大理石）；等等。

2.1.4　主要造岩矿物及其特性

主要造岩矿物及其特性见表 2-2。

表 2-2　主要造岩矿物鉴定表(按硬度大小排列)

序号	矿物名称	形态	物理性质						鉴定特征	其他
			硬度等级	颜色	条痕	光泽	解理与断口	密度/($g \cdot cm^{-3}$)		
1	滑石 $Mg_2[Si_4O_{10}](OH)_2$	致密块状、叶片状集合体	1	白、灰白色;淡黄、淡绿、淡红色	白色	脂肪光泽 珍珠光泽	一组极完全解理	2.7~2.8	浅色,极软,指甲可刻划;有滑感;薄片有挠曲、无弹性	绝热及绝缘性强
2	高岭石 $Al_4[Si_4O_{10}](OH)_8$	土状、块状	1~1.5	白或浅灰、浅绿、浅黄、浅红色	白色	土状光泽	土状断口	2.6	性软,粘舌,和水具有可塑性,有滑感,土状	组成高岭土的主要矿物
3	雄黄 AsS	细粒状晶体,集合体多为粒状	1.5~2	橘红色	淡橘红色	金刚光泽,断口脂肪光泽	完全解理	3.4~3.6	橘红色,硬度低,易熔;锤击有蒜臭味	提取砷的重要原料,制造中药
4	雌黄 As_2S_3	叶片状、鳞片状、粉末状集合体	1.5~2	柠檬黄色	柠檬黄色	解理面呈珍珠光泽	一组极完全解理	3.4~3.5	柠檬黄色,珍珠光泽,极完全解理,易熔;锤击有蒜臭味	氧化环境下雄黄可变成雌黄
5	石膏 $CaSO_4 \cdot 2H_2O$	纤维状、粒状、块状集合体	2	白色,含有杂质时为黄褐色、红色	白色	玻璃光泽、丝绢光泽	一组完全解理	2.3	硬度低,一组极完全解理,有的为纤维状或粒状集合体	常用作土壤改良剂,溶于盐酸
6	食盐 NaCl	单晶六面体	2~2.5	无色透明,含杂质时为浅灰、浅蓝、红色	白色	玻璃光泽	三组完全解理	2.1~2.6	味咸,火焰为黄色,溶于水	可用作食材和防腐剂
7	绿泥石 $(Mg,Fe)_5Al[AlSi_2O_{10}](OH)_8$	片状、板状集合体	2~2.5	浅绿至深绿色	绿色	珍珠光泽、玻璃光泽	一组极完全解理	2.6~2.9	特有的绿色,可裂成薄片,薄片可挠曲而无弹性	透明至不透明

（续表）

序号	矿物名称	形态	物理性质						鉴定特征	其他
			硬度等级	颜色	条痕	光泽	解理与断口	密度/(g·cm^{-3})		
8	黑云母 $K\{(Mg\cdot Fe)_2(OH)_2[Al\cdot Si_2O_{10}]\}$	片状、鳞片状集合体	2.5～3	黑色、深褐色、绿黑色	白色、淡绿色	珍珠光泽或玻璃光泽	一组极完全解理	2.7～3.1	一组极完全解理，易裂成薄片，薄片透明、有弹性	水作用下失去弹性变成蛭石
9	白云母 $KAl_2[AlSi_3O_{10}](OH)2$	片状、鳞片状集合体	2.5～3	薄片无色，集合体浅灰、浅黄、浅绿色	白色	珍珠光泽玻璃光泽	一组极完全解理	2.7～3.1	一组极完全解理，易裂成薄片，薄片透明、有弹性	抗风化力强；可作为绝缘材料
10	方解石 $CaCO_3$	晶体常为菱面体，集合体有粒状、块状等	3	乳白色、无色，因含杂质可染成多种颜色	白色	玻璃光泽	三组菱面体完全解理	2.6～2.8	三组菱面体完全解理，遇冷稀盐酸剧烈起泡	透明者为冰洲石，是制造偏光棱镜的材料
11	蛇纹石 $Mg_6[Si_4O_{10}][OH]_8$	致密块状，常夹纤维状石棉细脉	3～4	各种色调的绿色，浅黄色	白色	脂肪光泽丝绢光泽	一组完全解理	2.5～2.7	黄绿等色，脂肪光泽或丝绢光泽，色彩似蛇纹，故得名	绿色半透明者称为岫玉
12	黄铜矿 $CuFeS_2$	晶体为四面体，但多为致密块状	3.5～4	黄铜色（表面有锈色）	绿黑色	金属光泽	解理不清晰	4.1～4.3	黄铜色，硬度中等，条痕绿黑色，性脆	炼铜的重要原料
13	白云石 $Ca\cdot Mg[CO_3]_2$	晶体为菱面体，集合体块状、粒状	3.5～4	常呈乳白色，有时呈灰绿、灰黄、粉红等色	白色	玻璃光泽	三组菱面体完全解理	2.8～2.9	晶体只与热盐酸反应；粉末与冷稀盐酸反应，但无嘶嘶声；解理面多弯曲呈鞍状，具条纹	构成广泛存在的白云岩

（续表）

序号	矿物名称	形态	物理性质						鉴定特征	其他
			硬度等级	颜色	条痕	光泽	解理与断口	密度/$(g \cdot cm^{-3})$		
14	褐铁矿 $2Fe_2O_3 \cdot 3H_2O$	块状、土状或疏松多孔状；结核状、钟乳状、葡萄状	4～5.5 风化后小于2	黄褐色至褐黑色	黄褐色	半金属光泽	无	3.4～4	黄褐色至褐黑色，较固定的黄褐条痕色，易染手，铁锈状	含铁矿物风化后的产物
15	角闪石 $Ca_2 \cdot Na[Mg \cdot Fe]_4(Al \cdot Fe)[(Si \cdot Al)_2O_{11}]_2(OH)_2$	晶体长柱状；针状或纤维状集合体	5～6	褐色、绿色至黑色	灰白色淡绿色	玻璃光泽	两组柱面中等解理，交角124°或56°	3.1～3.6	晶体长柱状，横截面为六角菱形，绿黑色，二组解理交角为124°或56°	可做铸石原料中的配料
16	辉石 $Ca(Mg \cdot Fe \cdot Al)[(SiAl)_2O_5]$	晶体八面柱状；短柱状，粒状集合体	5～6	绿色、褐色、黑色	白色褐色	玻璃光泽	两组中等解理近于正交	3.2～3.5	绿黑色，晶体横截面为正八边形，两组解理交角近直角	小刀不易刻划，在地表易风化
17	赤铁矿 Fe_2O_3	致密块状，片状、鲕状、豆状集合体	5.5～6.5	钢灰色至铁黑色，有时为暗红色	樱红色	金属光泽至半金属光泽	无	4.8～5.3	樱红色条痕是最主要特征，多呈块状、鲕状、豆状集合体	土状者硬度很低，可染手
18	正长石 $K[Al \cdot Si_3O_8]$	短柱状或厚板状晶体，块状集合体	6	多为肉红色、淡黄色、浅黄白色	白色	玻璃光泽	两组解理呈90°相交	2.5～2.6	粗短柱状晶体，肉红色，两组解理交角为直角，硬度较大	易风化成高岭土，可制取钾肥

（续表）

序号	矿物名称	形态	物理性质						鉴定特征	其他
			硬度等级	颜色	条痕	光泽	解理与断口	密度/（g·cm^{-3}）		
19	斜长石 $Na[Al \cdot Si_3O_8]$ $Ca[Al_2Si_2O_8]$	晶体多为柱状、板状，集合体为粒状	6～6.5	白至灰白色，有时微带浅蓝、浅绿色	白色	玻璃光泽	两组解理斜交	2.6～2.8	细柱状、斑状，白至灰白色，两组解理斜交，小刀刻不动	两组解理斜交，故得名
20	黄铁矿 FeS_2	晶体呈六面体、八面体、五角十二面体及其聚形	6～6.5	浅黄铜色	绿黑色或褐黑色	金属光泽	参差状断口	4.9～5.2	晶形完好，浅黄色，条痕黑色，硬度较大	在氧和水的作用下，可生成硫酸和褐铁矿
21	橄榄石 $(Mg \cdot Fe)_2$ $[SiO_4]$	晶体为八面柱体，多呈粒状集合体	6.5～7	橄榄绿色，浅黄色至深绿色	无	玻璃光泽，断口油脂光泽	参差状断口	3.3～3.5	橄榄绿色，性脆，在绿色矿物中硬度较高	透明色美的橄榄石可做宝石
22	石榴子石 (Ca,Mg) (Al,Fe) $[SiO_4]_3$	晶体良好，呈菱形十二面体、二十四面体或两者聚形	6.5～7.5	颜色变化较大，红、褐、棕、黑等色	无	玻璃光泽，断口油脂光泽	参差状或贝壳状断口	3.5～4.3	晶体良好，颜色深，硬度高，密度较大	多产于变质岩中，可做研磨材料，色美透明者可做宝石
23	石英 SiO_2	晶体多为六方柱及菱面体的聚形，集合体多呈块状、粒状、晶簇	7	纯者无色透明，因含杂质可呈各种颜色	无	玻璃光泽，断口脂肪光泽	贝壳状断口	2.5～2.8	晶体良好，六方柱状，典型的玻璃光泽，硬度很大，无解理。隐晶质者具明显的脂肪光泽	质坚性脆，抗风化能力强；色美者可做宝石

2.2 岩浆岩(火成岩)

2.2.1 岩浆岩的概念及产状

1.岩浆岩的概念

岩浆岩又叫火成岩,是地下深处岩浆侵入地壳、高压状态的或喷出地表冷凝而成的岩石。

岩浆是源于地下深处,富含挥发性物质的高温黏稠的硅酸盐熔融体。地下深处主要是指软流圈及岩石圈的局部地带。岩石圈(又称构造圈)是指地壳和上地幔的刚性盖层部分,深度为地下 50 km;软流圈是指从岩石圈底部到 250 km 左右比较软的圈层,其物质呈部分熔融状态。岩浆温度可达 700~1 200 ℃。岩浆的组分包括硅酸盐熔浆及部分金属硫化物、氧化物和挥发组分,其中以硅酸盐熔浆为主体,挥发组分主要是水蒸气和其他气态物质(如二氧化碳、硫化氢等),气体部分在高温高压条件下溶于岩浆之内,当岩浆上升,压力减小时,挥发组分便会溢出,或冷凝而成热水溶液。岩浆的黏度与硅酸盐含量有密切关系,根据硅酸盐含量可以分为基性岩浆和酸性岩浆。基性岩浆硅酸盐含量少,黏性小,易流动;酸性岩浆硅酸含量多,黏性大,不易流动。

岩浆温度高、压力大,具有极活跃的物理化学性质,活动性强,岩浆可以顺着地壳脆弱地带侵入上部或沿着构造裂隙喷出地表。这种岩浆向着地壳上层压力减小的方向上升的活动,称为岩浆活动。地热异常区便是岩浆活动的例证。如云南腾冲是我国著名的地热异常区,有各种气泉、沸泉、热泉、温泉。沸泉最高温度可达 96 ℃,已超过当地水的沸点,地方上利用它来洗浴、治疗多种疾病。

2.岩浆的活动方式及岩浆岩体的产状

岩浆的活动方式有两种:侵入作用和喷出作用。岩浆岩体的产状是指岩体的大小、形状以及与周围岩石的接触关系。

(1)侵入作用及岩体产状

岩浆上升到一定位置,由于上覆岩层的压力大于岩浆的压力,迫使岩浆停留在地壳之中冷凝结晶,这种岩浆活动称为侵入作用。由侵入作用所形成的岩石叫侵入岩。根据岩浆侵入的深度不同,可将侵入作用分为浅成侵入作用和深成侵入作用。浅成侵入作用发生在地表至地下 3 km,所形成的岩石叫浅成岩;深成侵入作用发生在地下深处 3 km 以下,所形成的岩石叫深成岩。

①浅成岩体的产状

岩床:一种板状岩体。规模大小不定,厚度从几厘米到几百厘米甚至到几百米以上,延伸可从几米到几百千米。主要由基性岩组成。

岩盘:黏性较大的岩浆顺着岩层侵入,并将上覆岩层拱起而成穹隆状岩体。直径可达数千米,厚度可达数千米,规模不大。主要由酸性岩组成。

岩脉和岩墙:岩浆沿着围岩裂隙侵入并切断岩层所形成的厚度较小的脉状岩体,称为岩脉;厚度较大且近于直立的称为岩墙。其组成成分包括基性岩、酸性岩等。岩墙形成之后会遭受剥蚀,如果岩墙抵抗风化能力强于围岩,可形成突出山脉,如辽宁清源的磨盘山;反之则形成沟谷，如河北易县紫荆关通往关口的大道，就是岩墙被剥蚀形成的沟谷。

②深成岩体的产状

岩基：一种规模宏大的深成侵入岩体，下部直接与岩浆相连，面积广大，一般超过 100 km^2，甚至可达到几万平方千米。主要由花岗岩、闪长岩等酸性岩组成。三峡坝址区就是选定在面积 200 km^2 以上的花岗岩—闪长岩岩基的南部，岩石结晶好、性质均一、强度高，是良好的建筑物地基。岩基常是巨大山脉的核心部分，如北京八达岭就是由中生代花岗岩基形成的。

岩株：规模不超过 100 km^2，由中酸性岩组成，如秦岭的花岗岩体即较典型的岩株。岩株深部有的与岩基相通，有的单独产出。岩株平面形状呈浑圆形，其下与岩基相连的，也常是岩性均一的良好地基。

(2)喷出作用及岩体产状

岩浆冲破上覆岩层喷出地表的作用称为喷出作用或火山作用。喷发物包括气体喷发物、固体喷发物和液体喷发物。固体喷发物的喷发量很大，堆积下来，经压缩、胶结形成火山碎屑岩，它是岩浆岩与沉积岩的过渡类型，因有外力参与其形成，可划分为沉积岩。液体喷发物在地表流动、冷凝而成岩石，即喷出岩(火成岩)。

喷出岩体的产状分为三种。熔岩流：基性岩浆喷出地表后，常沿斜坡流动，呈狭长带状，长度可达 10 km 以上。黑龙江五大连池就有许多典型的熔岩流。熔岩被：基性熔岩沿地壳裂隙溢出地表而形成的大面积熔岩。印度德干高原就是著名的玄武岩熔岩被，面积为 518 000 km^2，厚度 1 800 m。火山锥：岩浆沿火山颈喷出地表，形成圆锥状的岩体。

岩浆岩体的各种产状如图 2-1 所示。

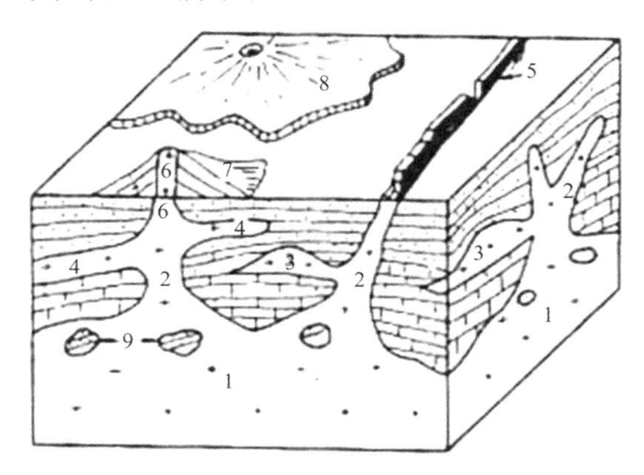

图 2-1　岩浆岩体的产状

1—岩基；2—岩株；3—岩盘；4—岩床；5—岩墙；6—火山颈；7—火山锥；8—熔岩流；9—俘虏体

2.2.2　岩浆岩的化学成分和矿物成分

1. 岩浆岩的化学成分

岩浆岩的化学成分十分复杂，几乎包含了地壳中所有的元素，但各种元素的含量差别很大，其中以氧、硅、铝、铁、钙、钠、钾、镁、钛等元素的含量最多，占组成岩浆岩化学元素的 99%以上。以氧化物计：SiO_2、Al_2O_3、Fe_2O_3、FeO、MgO、CaO、Na_2O、K_2O、H_2O、TiO_2 等为主，也占 99%以上。其中 SiO_2 含量最多，它的含量直接影响着岩浆岩的矿物成分，决定着岩浆岩的性质。

2. 岩石的矿物成分

组成岩浆岩的主要矿物根据颜色可分为浅色矿物和深色矿物两类。

浅色矿物有石英、正长石、斜长石、白云母等。

深色矿物有黑云母、角闪石、辉石等。

2.2.3 岩浆岩的结构和构造

在鉴别岩浆岩时,要对其矿物成分进行分析,除此之外,还要分析组成岩石的矿物是以何种方式组合构成岩石的。岩浆在不同的环境(如地表或地下不同深处)中冷凝,其物理化学条件(如温度、压力等)不同,所形成的岩浆岩就具有不同的结构和构造。结构和构造反映了岩石形成时的环境和物质成分变化的规律性,因此它不但是岩石分类和定名的重要依据,也是肉眼鉴定岩浆岩的重要标志。结构和构造直接影响岩石的强度。

1. 岩浆岩的结构

岩浆岩的结构是指岩石中矿物的结晶程度、颗粒大小、形状及其空间结合方式。岩浆岩的结构类型繁多,只介绍主要的几种。

(1)按结晶程度分(图 2-2)

全晶质结构:组成岩石的矿物全部结晶,是深成侵入岩常见的结构,如花岗岩。

半晶质结构:组成岩石的矿物部分结晶、部分玻璃质,如石英斑岩。

玻璃质结构(非晶质结构):组成岩石的矿物全未结晶,由玻璃质矿物构成,这种结构的岩石断面光滑,具有玻璃光泽和贝壳状断口,如黑曜岩,有时似炉渣,是部分喷出岩的特有结构。

(2)按矿物颗粒绝对大小划分

显晶质结构:用肉眼和放大镜可以辨别出晶体颗粒之间的界线。根据粒径大小可分三类:粗粒结构,晶粒直径大于 5 mm;中粒结构,晶粒直径为 1～5 mm;细粒结构,晶粒直径为 0.1～1 mm。

隐晶质结构:用显微镜才能鉴别晶体颗粒,肉眼和放大镜分辨不出。隐晶质岩石结构致密,断口微显粗糙,无玻璃光泽和贝壳状断口,常见于喷出岩中。

(3)按矿物颗粒相对大小划分(图 2-3)

等粒结构:矿物颗粒大小均匀略等。

不等粒结构:岩石中矿物颗粒大小相差悬殊,大颗粒称为斑晶,小的称为基质。较大晶体分布于较细的物质(隐晶质或玻璃质)中,称为斑状结构;更粗大的物质分布于显晶质物质中,称为似斑状结构。

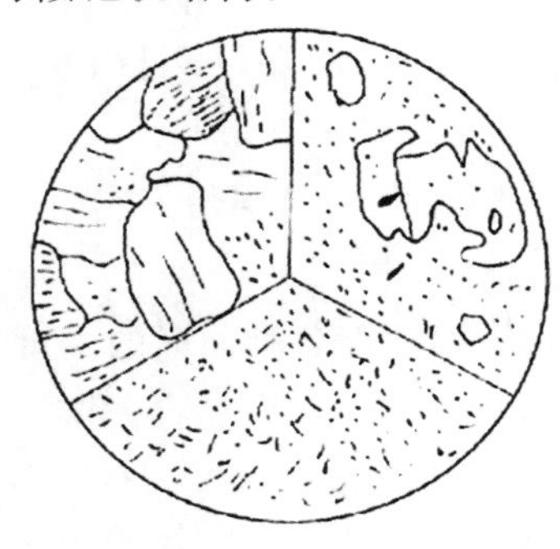

图 2-2 岩浆岩结构按结晶程度划分

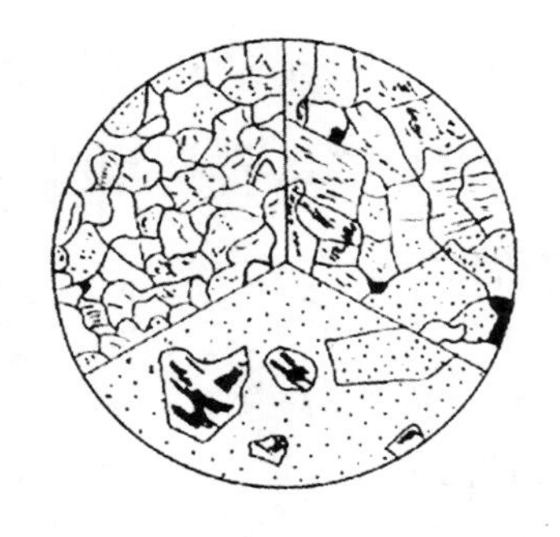

图 2-3 岩浆岩结构按矿物颗粒相对大小划分

2. 岩浆岩的构造

岩浆岩的构造是指岩石各组成矿物的排列方式和填充方式所赋予岩石的外貌特征。构造与结构的主要差别：结构主要表示矿物或矿物之间的各种特征；构造主要表示矿物集合体或矿物集合体之间的各种特征，是比结构更宏观的表征。常见的构造如下：

（1）块状构造

岩石中矿物分布比较均匀，无定向排列。这种构造在侵入岩中常见。如花岗岩。

（2）流纹构造

岩浆边流动边冷凝，在岩石中形成不同颜色和拉长的气孔呈定向排列的现象。流纹表示液体岩浆的流动方向。多出现在喷出岩中。如流纹岩。

（3）气孔构造

气孔构造如图 2-4 所示。岩石中有很多气孔，由岩浆中的气体成分挥发而成。如玄武岩的气孔构造。

（4）杏仁构造

杏仁构造如图 2-5 所示。岩石的气孔被后来的物质如方解石、石英、蛋白石等所填充，形成形似杏仁的构造。如某些玄武岩和安山岩的杏仁构造。

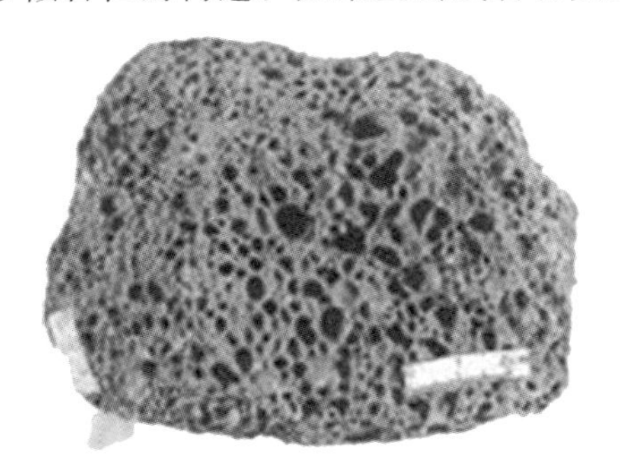

图 2-4　岩浆岩的气孔构造

图 2-5　岩浆岩的杏仁构造

（5）斑杂构造

岩石中矿物成分或结构不均匀，在不同部位分别聚集而彼此错杂分布。造成岩石成分或结构的不均一，往往是析离体和俘虏体等影响所致。斑杂构造常见于中酸性侵入岩中。

2.2.4　岩浆岩的分类

岩浆岩的种类很多，最基本的方法是根据 SiO_2 含量将岩浆岩分为四类。酸性岩类：SiO_2 含量在 65%以上，如花岗岩、流纹岩；中性岩类：SiO_2 含量为 52%～65%，如闪长岩、安山岩；基性岩类：SiO_2 含量为 45%～52%，如辉长岩、玄武岩；超基性岩类：SiO_2 含量小于 45%，如橄榄岩。然后再按岩石的结构、构造和产状将每类岩石划分为深成岩、浅成岩和喷出岩等不同类型，并进行命名，所以是一种纵向和横向的双向分类法，见表 2-3。

表 2-3　　常见岩浆岩分类及肉眼鉴定表

<table>
<tr><td colspan="5">岩石类型</td><td>酸性岩</td><td colspan="2">中性岩</td><td>基性岩</td><td>超基性岩</td></tr>
<tr><td colspan="5">SiO_2 含量（％）</td><td>＞65</td><td colspan="2">65～52</td><td>52～45</td><td>＜45</td></tr>
<tr><td colspan="5">颜色</td><td>肉红、灰白</td><td>灰红、肉红</td><td>灰、灰绿</td><td>灰黑、黑绿</td><td>黑、黑绿</td></tr>
<tr><td colspan="2" rowspan="2">矿物成分</td><td colspan="3">主要矿物</td><td>石英
正长石</td><td>正长石</td><td>角闪石
斜长石</td><td>辉　石
斜长石</td><td>橄榄石
辉　石</td></tr>
<tr><td colspan="3">次要矿物</td><td>黑云母
角闪石</td><td>角闪石
黑云母</td><td>辉　石
黑云母</td><td>角闪石
橄榄石</td><td>角闪石</td></tr>
<tr><td colspan="5" rowspan="2">其他矿物特征</td><td colspan="2">正长石多于斜长石</td><td colspan="2">斜长石多于正长石</td><td>无长石</td></tr>
<tr><td>石英多
（＞20％）</td><td>石英极少</td><td>石英少
（＜5％）</td><td>无石英
或极少</td><td>无石英</td></tr>
<tr><td colspan="2">成因</td><td>产状</td><td>构造</td><td>结构</td><td colspan="5">岩石名称</td></tr>
<tr><td colspan="2" rowspan="2">喷
出
岩</td><td rowspan="2">火山锥
熔岩流
熔岩被</td><td rowspan="2">气孔
杏仁
流纹
块状</td><td>玻璃质</td><td colspan="5">火山玻璃岩（浮岩、松脂岩、珍珠岩、黑曜岩）</td></tr>
<tr><td>隐晶质
斑状</td><td>流纹岩</td><td>粗面岩</td><td>安山石</td><td>玄武岩</td><td>少见</td></tr>
<tr><td rowspan="2">侵入岩</td><td>浅成岩</td><td>岩脉
岩墙
岩盘
岩床</td><td>块状，少数有气孔构造</td><td>斑状、显晶质细粒、隐晶质细粒</td><td>花岗斑岩</td><td>正长斑岩</td><td>闪长玢岩</td><td>辉绿岩</td><td>少见</td></tr>
<tr><td>深成岩</td><td>岩株
岩基</td><td>块状</td><td>全晶质、等粒状、似斑状</td><td>花岗岩</td><td>正长岩</td><td>闪长岩</td><td>辉长岩</td><td>橄榄岩辉岩</td></tr>
</table>

注：斑岩和玢岩都是具有斑状结构的浅成侵入岩或部分喷出岩，长石类斑晶以斜长石为主称为玢岩，以正长石为主称为斑岩。

2.2.5　常见岩浆岩

1. 花岗岩

花岗岩属于酸性深成侵入岩，分布非常广泛。多呈肉红色，风化面呈黄色或灰白色。全晶质细粒、中粒或粗粒结构，块状构造。主要矿物成分是石英、正长石，含有少量的黑云母、角闪石和其他矿物。花岗岩含有大量石英，约占 30％。多为岩基、岩株和岩盘等。

由于花岗岩质地坚硬，性质均一，岩块抗压强度可达 100～200 MPa，可作为良好的建筑物地基和天然建筑石料。但是，在花岗岩地区进行水工建设时，要特别注意其风化程度和节理发育情况，尤其是粗粒结构的花岗岩，更易风化，有时沿断裂破碎带风化深度可达 50～100 m 及以上，风化后物理力学性质降低，含水量、渗水性都会增大。因此，在花岗岩上修建水工建筑物时，需查明风化层厚度和断裂破碎带等情况。

2. 花岗斑岩

花岗斑岩为酸性浅成岩，矿物成分与花岗岩类似。呈肉红、浅灰、灰白等色。块状构造。斑状结构，斑晶由长石、石英组成，基质多由细小的长石、石英及其他矿物构成。斑晶以石英为主时称为石英斑岩。花岗斑岩与斑状花岗岩的区别在于后者具似斑状结构，斑晶粗大，基质为显晶质。

3. 流纹岩

流纹岩是酸性喷出岩，常呈熔岩锥、熔岩流产状。矿物成分与花岗岩类同。颜色一般较浅，大多是灰、灰白、浅红、浅黄褐等色。常具有流纹构造，有的具气孔构造。斑状结构，细小的斑晶由长石和石英等矿物组成，基质多由隐晶质和玻璃质的致密矿物组成。有时为无斑隐晶质结构。流纹岩坚硬，强度高，可作为良好的建筑材料，若作为建筑物地基时需要注意下伏岩层和接触带的性质。

4. 正长岩

正长岩为半碱性深成岩，在地表分布不广，独立岩体多为岩株、岩盖或岩墙。主要矿物为正长石，暗色矿物一般少于20%，以角闪石为主，黑云母次之；有时含少量的斜长石和辉石，一般石英含量极少。颜色较浅，多为微红、浅黄或灰白色。块状构造。中粒、粗粒等粒结构，有时为似斑状结构。其物理力学性质与花岗岩相似，但不如花岗岩坚硬，易风化。

5. 粗面岩

粗面岩为半碱性喷出岩，常呈粗短的熔岩流或岩钟产状。呈淡红、浅黄褐或浅灰等色。块状构造，也常发育成气孔和杏仁构造。斑状结构，斑晶以正长石为主，基质为隐晶质或玻璃质。由于表面或断面常有粗糙感，故称粗面岩。

6. 闪长岩

闪长岩为中性深成岩，分布广泛，独立岩体多为小型岩株、岩盖或不规则侵入体。主要矿物成分为斜长石、角闪石，其次为辉石、云母等。含少量石英时称为石英闪长岩。浅灰至深灰色，也有黑灰色。块状构造。中粒等粒结构。坚硬，不易风化。岩块抗压强度可达$2\times10^8\sim2.5\times10^8$ Pa。

7. 安山岩

安山岩为中性喷出岩，常呈块状熔岩流产状。分布广泛，在喷出岩中仅次于玄武岩。矿物成分与闪长岩相当，常呈深灰、黄绿、紫红等色。块状构造，有时具气孔构造、杏仁状构造和流纹构造。斑状结构，斑晶以中性斜长石为主，可含少量角闪石或黑云母，基质为隐晶质或玻璃质。

8. 辉长岩

辉长岩为基性深成岩，常呈岩床、岩盘、岩株等产状。主要矿物为辉石和基性斜长石，也含有少量的橄榄石和角闪石。呈灰、灰黑或暗绿色。块状构造。中粒、粗粒结构。辉长岩还具有独特的辉长结构，辉石和斜长石成等粒他形晶，是两种矿物同时从岩浆中结晶出来的结果。抗风化能力强，具有很高的强度，岩块抗压强度达$2.5\times10^8\sim2.8\times10^8$ Pa。

9. 辉绿岩

辉绿岩为基性浅成岩，常呈岩床或岩墙产状。矿物成分与辉长岩类似。呈灰绿、深灰色。块状构造。隐晶质致密结构。辉绿岩具有特殊的辉绿结构，在显微镜下可见辉石以他形晶填充在斜长石自形晶体格架的空隙中。辉绿岩具有良好的物理力学性质，抗压强度也很高，但因节理较发育，易风化破碎，会使强度大为降低。

10. 玄武岩

玄武岩为广泛分布的基性喷出岩，常呈大面积的熔岩流和熔岩被产状。主要矿物成分与辉长岩相同,常含有橄榄石颗粒。呈黑、褐或深灰色。块状构造、气孔构造或杏仁构造。具玻璃质、隐晶质或斑状结构,具斑状结构者斑晶常为辉石、橄榄石和斜长石。致密坚硬、性脆。岩块抗压强度为 $2\times10^{8}\sim5\times10^{8}$ Pa,抗磨损,耐酸性强。

11. 伟晶岩和细晶岩

这两种岩石常呈岩脉和岩墙产状。伟晶岩具有独特的伟晶结构,即矿物粒径极其粗大的浅色脉岩。其中分布最广、最具经济价值的是花岗伟晶岩,其主要矿物与花岗岩相似但两者结构不同,花岗伟晶岩常以石英和正长石组成巨大晶体,构成伟晶结构;有时花岗伟晶岩中石英和正长石相互穿插,其横截面酷似楔形文字,称文象结构。

细晶岩是具细粒结构的浅色脉岩。其中较重要的是花岗细晶岩。细粒的粒状结构,肉眼不易辨别。很像石英岩或细砂岩,坚硬致密。属于酸性和中性岩类。

2.3 沉积岩

沉积岩是指在地表或接近地表的常温常压环境下,由母岩经风化剥蚀作用形成的物质,在原地或经搬运所产生的松散沉积物,再经成岩作用而形成的层状岩石。

沉积岩中有很多有用的矿产资源,如煤、石油、铁、锰、铝土、磷、钾盐、石灰岩等。据估计,世界资源储量的75%~85%是沉积和沉积变质作用形成的。

虽然只占地壳重量的5%,但在地表的分布面积十分广泛,占大陆面积的75%。大洋底部则几乎全部为新老沉积岩层所覆盖,其中页岩分布最广,其次是砂岩和石灰岩。我国地表77.3%的面积都为沉积岩所覆盖。我国许多著名的水利工程,如葛洲坝、新安江、官厅等水库的大坝,都是坐落在沉积岩上的。

2.3.1 沉积岩的形成

1. 先成岩的破坏作用

地壳表层岩石在大气、水、冰以及温度变化和生物作用的影响下,在原地发生变化而被破坏的地质作用,称为风化作用。流水、风、冰川和海洋等外力在运动过程中把地表岩石和风化产物移离母体的破坏作用,称为剥蚀作用。风化作用和剥蚀作用不断地破坏着先成岩,使其形成大量的沉积物,这些沉积物就是沉积岩的物质来源。风化作用导致岩石的强度和稳定性降低,对工程建筑条件起着不良的影响。

2. 岩石破坏产物的搬运作用

搬运作用是指风化、剥蚀的产物,被流水、冰川、海浪、重力等转运到沉积区的地质作用。搬运作用包括机械搬运(流水搬运、风的搬运、冰川搬运、海洋搬运、重力搬运等)和化学搬运(以真溶液和胶体溶液方式搬运)。

3. 搬运物的沉积作用

沉积作用是指岩石风化及剥蚀作用的产物在搬运过程中,因搬运力减弱及其他原因而逐渐沉积下来的地质作用。它包括机械沉积(流水沉积、风的沉积、冰川沉积)、化学沉积和生物沉积。

4. 沉积物的成岩作用

松散沉积物经过物理的、化学的以及生物化学的变化和改造，变成坚硬的岩石，称为固结成岩作用。沉积岩的形成过程十分复杂，主要包括压固作用、脱水作用、胶结作用和重结晶作用四个过程。

2.3.2 沉积岩的矿物成分

组成沉积岩的矿物达 160 种以上，最常见的有 20 多种，每种沉积岩一般由 1～3 种主要矿物组成，最多的不超过 6 种。沉积岩矿物根据成因分为三类。

1. 碎屑矿物(继承矿物)

母岩中抵抗风化能力较强的矿物，主要有矿物碎屑、岩石碎块和火山碎屑等。矿物碎屑如石英、长石和白云母等。

2. 黏土矿物

由含铝硅酸盐的岩石，在常温常压下，在富含二氧化碳和水的环境下，经风化分解后产生的新矿物。矿物粒径小于 0.005 mm，具有强亲水性、可塑性和膨胀性。黏土矿物是沉积物中数量最多的矿物，如高岭石、胶岭石、水云母、蒙脱石和铝土矿等。

3. 化学和生物成因的矿物

从真溶液、胶体溶液中沉积出来的矿物称化学矿物。生物作用形成的矿物，称为生物成因的矿物，如方解石、白云石、石膏、石盐、海绿石等。

2.3.3 沉积岩的结构与构造

1. 沉积岩的结构

沉积岩的结构与岩浆岩的结构含义相似，是指岩石组成部分的颗粒大小、形状及胶结特性。主要有以下几种类型。

(1)碎屑结构

碎屑物被胶结物黏结而成的结构。碎屑物包括岩石碎屑、矿物碎屑、火山碎屑等；胶结物包括硅质、铁质、钙质、黏土等。

①按碎屑颗粒的绝对大小划分：砾状结构(50%以上碎屑粒径大于 2 mm)；砂状结构(50%以上碎屑粒径为 0.05～2 mm)；粉砂状结构(50%以上碎屑粒径为 0.005～0.05 mm)。

②按碎屑颗粒的相对大小划分：等粒结构和不等粒结构。

③按碎屑颗粒的形状划分：棱角状结构、次棱角状结构、次圆状结构、圆状结构。

④按胶结形式划分为基底胶结、孔隙胶结和接触胶结(图 2-6)。当胶结物含量较多时，碎屑物分散在胶结物中，相互不接触，且距离较远，即基底胶结。基底胶结的岩石透水性差，最牢固。碎屑颗粒互相接触，但接触面积很小，胶结物充填在颗粒之间的孔隙中，胶结物少于碎屑，即孔隙胶结。孔隙胶结的岩石牢固性和透水性均中等。碎屑与碎屑之间的接触面积大，胶结物只充填在很小的孔隙中，称为接触胶结。接触胶结的岩石透水性强，牢固性差。

(2)泥质结构

黏土岩类所具有的结构，是由黏土矿物组成的一种结构，粒径小于 0.005 mm。用牙咬或手捻均无砂感。

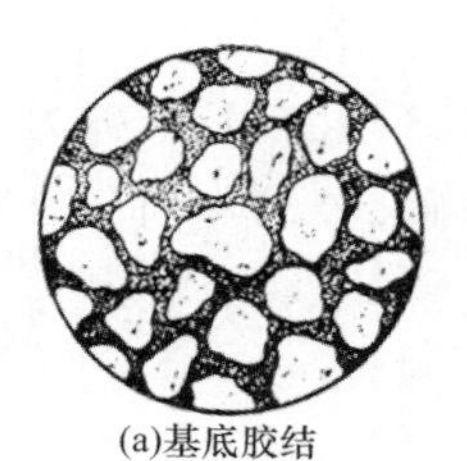

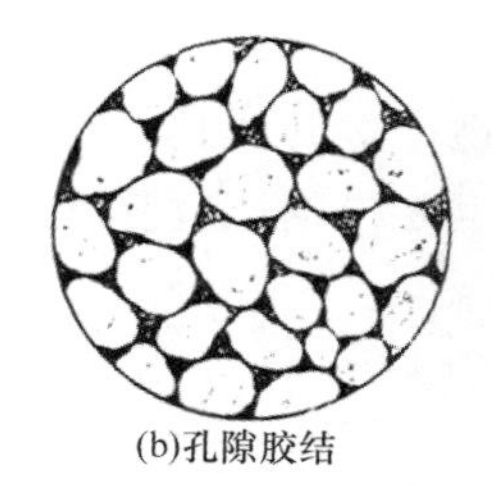

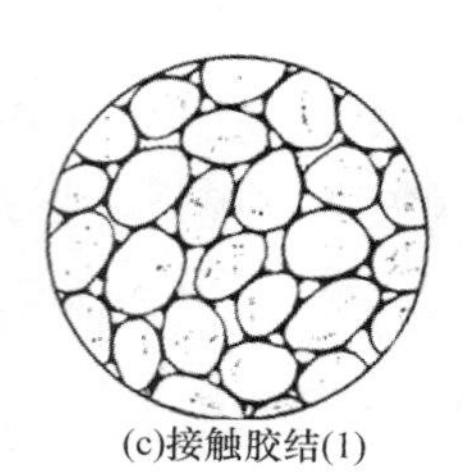

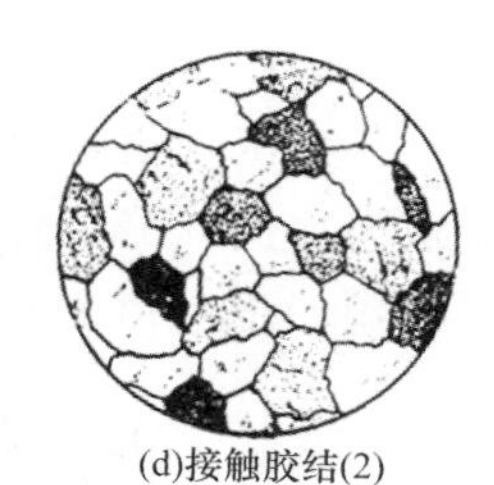

图 2-6　沉积岩的胶结类型

(3)化学结构

由化学作用形成的结构，分为结晶结构、鲕状结构和豆状结构。

(4)生物化学结构

生物化学岩所具有的结构，30%以上由生物遗体及碎片组成。

2.沉积岩的构造

(1)层理构造

层理构造是指沉积岩由于成分、颜色、结构沿垂直方向变化、互相更替或沉积间断所形成的层状构造。层理是沉积岩的重要构造特征之一，也是区别于岩浆岩和变质岩的最主要特征。根据形态和成因，层理构造可分为以下几种(图 2-7)。

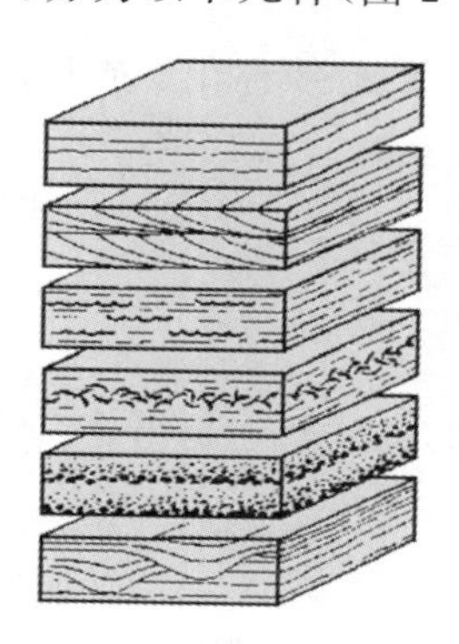

图 2-7　沉积岩的层理形态

①水平层理：层内细层平直，并且与层面平行。是物质在平静或水流缓慢条件下从悬浮状态中沉积而成的，形成地点多为河漫滩、闭塞海湾、潟湖、沼泽等。细粉砂岩和泥岩常具有此种层理。

②波状层理：细层呈波状起伏，但总方向平行。是在较浅的湖泊、海湾、潟湖等处由风浪的振荡作用形成的。粉砂岩和细砂岩常具有此种构造。

③斜层理：细层与层面斜交所组成的层理。分为单层理和交错层理：单层理细层均向一个方向倾斜，细层倾斜方向指向介质运动方向；交错层理细层互相交错切割，倾斜方向不断变化，说明介质运动方向不断变化。

④递变层理：同一层内的碎屑颗粒直径自下而上由粗变细，而且类似特点的层多次重复出现。形成于水介质动力周期性由强变弱的环境中。浊流沉积物和洪流沉积物中常见此构造。

(2)层面构造

沉积岩层面上所保留下来的各种自然作用力(流水、风、波浪、雨、干旱等)所形成的痕迹,反映了沉积岩的形成环境。包括波痕、雨痕等。

(3)结核

沉积岩中成分、结构、颜色等都与围岩有显著区别的矿物集合体,称为结核。外形常呈球形、扁豆状及不规则形状。如石灰岩中的燧石结核,主要是 SiO_2 在沉积物沉积的同时以胶体凝聚方式形成的。

(4)含化石

沉积岩的一个重要特征。根据化石可确定沉积岩形成的地质年代,了解当时的沉积环境和研究生物的演化规律。沉积岩中还常保留着生物遗迹化石,如虫孔是在相对没有固结的沉积物中由动物钻孔所形成的一种构造,又如爬行动物可以在层面上留下爬痕或足迹。

2.3.4 沉积岩分类和主要沉积岩

由于沉积岩种类很多,形成过程比较复杂,根据沉积岩的成因、物质组成、结构和形成条件等可将沉积岩,分为碎屑岩类、黏土岩类、化学岩及生物化学岩类。

1. 碎屑岩类

(1)砾岩和角砾岩

二者主要由岩屑组成,矿物成分多为石英、燧石,胶结物为硅质(二氧化硅)、泥质(黏土矿物)、钙质(钙、镁的碳酸盐)或其他化学沉淀物。由粒径大于 2 mm、含量大于 50%的圆状和次圆状岩屑经胶结而成的碎屑岩称为砾岩。由粒径大于 2 mm、含量大于 50%的棱角状岩屑经胶结而成的碎屑岩称为角砾岩。根据成因,角砾岩可分为山崩角砾岩、火山角砾岩、冰川角砾岩等,砾岩可分为河成砾岩、海成砾岩。胶结物的成分与胶结类型对砾岩的物理力学性质有很大影响,如基底胶结类型,胶结物为硅质或铁质砾岩,抗压强度可达 200 MPa 以上,是良好的水工建筑物地基。

(2)砂岩和粉砂岩

由粒径为 2~0.05 mm,含量大于 50%的砂粒经胶结而成的碎屑岩称为砂岩。碎屑成分主要为石英、长石,其次为白云母和各种岩屑等。胶结物为黏土质、钙质、铁质和硅质等。根据碎屑颗粒绝对大小可分为粗粒砂岩(粒径为 2~0.5 mm)、中粒砂岩(粒径为 0.5~0.25 mm)、细粒砂岩(粒径为 0.25~0.05 mm)。根据碎屑主要矿物成分可分为石英砂岩(石英含量大于 90%)、长石砂岩(长石含量大于 25%,石英含量小于 75%)、硬砂岩(岩屑含量大于 25%)。

由粒径为 0.05~0.005 mm,含量大于 50%的碎屑经胶结而成的碎屑岩称为粉砂岩。碎屑成分以石英为主,其次为长石、白云母,岩屑少见。胶结物以黏土质、铁质和钙质为主。

砂岩和粉砂岩中胶结物成分和胶结类型不同,抗压强度也不同。硅质砂岩抗压强度为 80~200 MPa;泥质砂岩抗压强度较低,为 40~50 MPa 或更小。由于多数砂岩和粉砂岩岩性坚硬,性脆,在地质构造作用下张性裂隙发育,因此在修建水工建筑物时,应注意通过裂隙、破碎带产生渗漏问题。

2. 黏土岩类

主要由黏土矿物组成的岩石称为黏土岩。矿物颗粒粒径小于 0.005 mm。可含有细小的石英、长石、云母等矿物碎屑。具泥质结构,质地较均匀,断口光滑,有细腻感。

黏土岩一般都具有可塑性、吸水性、耐火性等,有重要的工程意义。常见的岩石类型有页岩和泥岩。

(1)页岩

页岩为黏土岩类中固结很紧的岩石,其特点是具有平行分裂的薄层状构造,称页理。页理是鳞片状的黏土矿物在压紧过程中平行排列而成的,常含有石英、长石、云母等矿物的细小碎屑。页岩以具页理为特征,很容易沿页片剥开,岩性致密均一,硬度低,强度小,不透水,有滑感,表面光泽暗淡。因页岩基本不透水,可作为隔水层。页岩硬度低,抗压强度为20~70 MPa或更低,而且浸水后强度显著降低,因此抗滑稳定性差。

(2)泥岩

泥岩是一种厚层状、致密和固结程度较高的黏土岩,以层厚和页理不发育为特征。泥岩一般为黄色,常因混入钙质、铁质等颜色发生变化。泥岩与其他黏土岩不同,遇水不易变软,可塑性差。

3. 化学岩及生物化学岩类

(1)石灰岩

石灰岩简称灰岩,主要是由含量大于50%的方解石组成的化学岩及生物化学岩,此外含有少量白云石等矿物。主要化学成分为碳酸钙。一般为灰、浅灰、深灰色,质纯灰岩呈白色,含有机质灰岩多呈黑色。石灰岩除含硅质者外,硬度不大。与冷盐酸反应剧烈,但硅质、泥质较差。根据石灰岩的成因、物质成分、结构和构造又可分为结晶灰岩、生物灰岩、鲕状灰岩、碎屑灰岩等。石灰岩属于可溶性岩石,易被地表水和地下水溶蚀、侵蚀,形成各种裂隙和溶洞,成为地下水的良好通道,对工程建筑地基和稳定性影响较大。因此,在石灰岩地区兴建水利工程时,须进行细致的地质勘探。

(2)白云岩

主要由含量大于50%的白云石组成的化学岩称为白云岩,常含有少量的方解石、石膏、燧石、黏土等矿物。颜色多为灰色、浅灰色,含泥质时呈浅黄色。外表与石灰岩极为相似,在野外白云岩的风化表面多出现刀砍状溶沟。遇冷的稀盐酸不起泡或微弱起泡,研成粉末后可起泡。白云岩可用作耐火材料及其他工业原料。

(3)泥灰岩

泥灰岩是一种黏土含量在25%~50%的石灰岩。颜色有灰色、黄色、褐色、绿色、红色等。岩性致密,多呈薄层状。与石灰岩的区别是,遇稀盐酸剧烈起泡,并有泥质残余物。易风化,抗压强度低,为6~30 MPa。较好的泥灰岩可做水泥材料。

2.4 变质岩

变质作用是指地壳中已经形成的岩石在基本处于固体状态下,受到温度、压力及化学活动性流体的作用,岩石的矿物成分、结构和构造发生变化的地质作用。由变质作用所形成的新的岩石,称为变质岩。

2.4.1 变质作用的因素

促使岩石变质的因素,主要是温度、压力及化学性质活泼的气体和溶液。它们主要来源于地壳运动和岩浆活动,故变质作用属于内力作用。现将它们在岩石变质过程中所起的作用阐述如下。

1.温度

温度是变质作用最主要和最积极的因素。变质作用的热的来源有以下几方面：一是地热，主要来源于放射性元素衰变热的影响；二是岩浆热，当岩浆侵入围岩时，岩石受到岩浆热的影响；三是构造运动所产生的摩擦热，其影响范围较小。岩石在高温作用下发生两方面的变化。

(1)重结晶作用

高温使岩石内部质点的活力增强，质点重新排列，导致晶粒细小的岩石变成晶粒粗大的岩石，称为重结晶作用。例如石灰岩在高温下可以变成结晶较粗的大理岩，石英砂岩变成结晶较粗的石英岩。

(2)形成新的矿物

高温使岩石内部物质重新组合，非晶质变为结晶质，形成新的高温变质矿物。如在高温下，硅质石灰岩二氧化硅和碳酸钙化合生成硅灰石，蛋白石脱水变成石英，高岭石吸热变成红柱石、石英和水。

2.压力

(1)静压力

静压力是由上覆岩层的重力引起的。静压力使岩石的体积缩小，密度加大，变得致密坚硬，并形成一些体积减小而密度增大的新矿物。例如辉长岩中的钙长石和橄榄石在高温下可生成石榴子石，密度大于原来的两种矿物。

(2)定向压力

定向压力主要是由构造运动或岩浆活动所引起的有方向性的压力。在定向压力的作用下，一方面可以使岩石发生柔性变形和破碎，另一方面在重结晶过程中，可使岩石中片状或柱状矿物在垂直于压力的方向进行定向排列，从而使岩石具有片理构造。

3.化学性质活泼的气体和溶液

气体和液体主要来自岩浆和深层热水溶液，也可以是原来的岩石中的流体。主要是水、二氧化碳以及氧、氟、氯、硼、磷等易挥发性组分。化学性质活泼的气体和溶液与温度、压力等共同作用，活动在岩石的破碎带、接触带以及矿物颗粒间的空隙中，与周围物质进行一系列反应，将岩石中的一些元素熔滤出来，引起岩石物质成分的变化。如橄榄石变成蛇纹石，辉石变成绿泥石和绢云母，黑云母变成绿泥石和绢云母。

2.4.2　变质岩的矿物

变质矿物是变质岩的最大特征，是在变质过程中产生的新矿物。变质岩的主要造岩矿物是滑石、石榴子石、十字石、硅灰石、红柱石等。有时绿泥石、绢云母、刚玉、蛇纹石、石墨、蓝闪石、阳起石、透闪石等变质矿物也能在变质岩中大量出现。变质矿物是鉴别变质岩的标志矿物。变质岩的矿物还有一部分是在其他岩石中也存在的，如石英、长石、云母、角闪石、辉石、磁铁矿以及方解石、白云石等。

2.4.3　变质岩的结构和构造

变质岩的特征有两点：重结晶明显；多具片理状构造。

1. 变质岩的结构

(1)变余结构

变余结构是指变质程度较低，重结晶和变质结晶不完全，保留有原岩的结构。如泥质砂岩变质以后，泥质胶结物变成绢云母和绿泥石，而其中碎屑物质(如石英)不发生变化，便形成变余砂状结构。这种变余结构可以用来帮助恢复原岩。

(2)变晶结构

原岩在固态下发生重结晶、变质结晶作用所形成的结晶质结构。因变质岩的变晶结构与岩浆岩的结构相似，为了区别，在沉积岩结构名称上加“变晶”二字。根据变晶矿物的粒度、形状和相互关系等特点可进一步划分，如图 2-8 所示及见表 2-4。

(a)等粒变晶结构　(b)不等粒变晶结构　(c)斑状变晶结构

图 2-8　按变晶矿物颗粒相对大小划分

表 2-4　变质岩变晶结构分类表

变晶矿物颗粒的大小		变晶矿物颗粒形态
相对大小(图 2-8)	绝对大小	
等粒变晶结构	粗粒变晶结构(>3 mm)	粒状变晶结构
不等粒变晶结构	中粒变晶结构(1～3 mm)	鳞片状变晶结构
斑状变晶结构	细粒变晶结构(<1 mm)	纤维状变晶结构

2. 变质岩的构造

变质岩的构造是就矿物排列和分布的特点而言的。岩石经变质作用后常形成一些新的构造特征，它们是区别于岩浆岩和变质岩的特有标志。下面是变质岩中常见的构造。

(1)片理构造

片理构造是变质岩中常见的构造，也是鉴别某些变质岩的重要依据。片理构造是岩石中所含的大量的片状、板状和柱状矿物在定向压力作用下平行排列形成的，岩石极易沿片理劈开。根据矿物组合和重结晶程度，片理构造又可以分为以下几类。

①片麻状构造，又称片麻理。其特征是显晶鳞片状变晶矿物、柱状变晶矿物(黑云母、白云母、绿泥石、角闪石等)或针状矿物相间定向排列和分布，其间夹杂着不规则的粒状矿物(石英、长石等)，构成深色与浅色条带状交互的状态。这是片麻岩特有的构造。片麻岩通常矿物结晶程度高，颗粒较粗大。

②片状构造。岩石中由大量显晶鳞片状或柱状矿物(如云母、绿泥石、滑石、绢云母、石墨等)定向排列和分布所形成的薄层状构造。片理薄而清晰，具有沿片理面可劈成不平整薄板的特征。这是片岩特有的构造。

③千枚状构造。岩石中由细小片状变晶矿物定向排列所成的构造，极似片状构造，但结晶细微，片理面上具有较强的丝绢光泽，有时可见细小的绢云母，还常见小挠曲、小皱纹，由极薄的片理组成，易沿片理面劈成薄片状。这是千枚岩特有的构造。

④板状构造，又称板理。岩石中由显微变晶矿物定向排列所形成的具有平整板状的构造。岩石变质程度的一般较浅，呈厚板状，沿着片理极易劈成薄板，板面微具光泽。这是板岩特有的构造。

(2)块状构造

岩石中变晶矿物颗粒无定向排列，内部物质分布均一，即块状构造。如有些大理岩和石英岩等常具此构造。

(3)变余构造

变质岩中保留下来的原岩的构造，如变余气孔构造、变余层理构造等，是恢复原岩的重要标志。

2.4.4 变质作用类型及代表岩石

根据变质因素和地质条件的不同，变质作用可分为以下几种类型。

1. 接触变质作用

岩浆侵入与围岩接触的地带，由于温度增高，汽水热液与围岩发生的作用，称为接触变质作用。它又分为接触热变质作用和接触交代变质作用。接触热变质作用是指以温度增高为主，岩石受热后发生矿物的重结晶，产生新的矿物组合和新的结构、构造，而化学成分基本上没有发生变化。如石灰岩变为大理岩、砂岩变为石英砂岩等。接触交代变质作用是指除温度以外，来自岩浆的挥发性物质(汽水热液)与围岩发生交代作用，使岩石发生复杂的化学变化，并产生新的矿物。接触交代变质作用主要发生在酸性、中性侵入体与石灰岩的接触带。典型的代表是酸性岩浆与石灰岩接触交代，形成硅卡岩。

2. 动力变质作用(破裂变质作用)

动力变质作用也称碎裂变质作用，是构造运动使岩石产生破碎、变形、重结晶的一种变质作用。它主要出现在岩层的强烈褶皱带或断裂带附近，常形成特有的构造角砾岩、碎裂岩、千糜岩和糜棱岩等，并可有蛇纹石、叶蜡石、绿帘石等变质矿物产生。

3. 区域变质作用

区域变质作用是指在广大范围内发生，由温度、压力以及化学活动性流体等多种因素综合引起的变质作用。区域变质作用影响范围可达数千至数万平方千米，影响深度可达20 km以上，常与强烈的构造运动有关，与一定区域范围内的构造变形、岩浆活动等同时出现。如黏土质岩石可变为片岩或片麻岩。山东泰山、山西五台山、河南嵩山等地的古老变质岩都是区域变质作用形成的。常见的区域变质作用所产生的岩石有板岩、千枚岩、片岩、石英岩、大理岩和片麻岩。

2.4.5 主要变质岩

1. 片麻岩

片麻岩具鳞片粒状变晶结构，片麻状构造。外观颜色深浅不一，矿物颗粒大小不一。主要矿物为长石、石英，两者含量大于50%，且长石含量一般多于石英。如长石含量减少，石英增加，则过渡为片岩。次要矿物为片状或柱状矿物，如云母、角闪石、辉石等，还可含有少量石榴子石、蓝晶石等。根据长石种类及主要片状、柱状矿物，可对变质岩进一步命名，如角闪斜长片麻岩、黑云钾长片麻岩等。

片麻岩是由各种沉积岩、岩浆岩和原已形成的变质岩经区域变质作用而成，变质程度较深。岩石中所含的矿物成分不同，其力学性质也不同，抗压强度为120～200 MPa。当岩石中云母含量增多且富集时，强度会降低很多。片麻岩可做建筑及铺路材料，但易沿岩石片理劈开，坚固性较差，且易沿片理风化。

2. 片岩

片岩具变晶结构，原岩已全部重结晶；典型的片状构造，这是与片麻岩的主要区别；片理极为发育。多为灰白色、绿色、黑色等。主要由云母、石英等矿物组成，其次为角闪石、绿泥石、滑石、石墨、石榴子石等。根据片岩中矿物成分可将其分为若干种，如黑云母片岩、白云母片岩、绿泥石片岩、角闪石片岩、滑石片岩、蛇纹石片岩、石墨片岩、石英片岩、蓝闪石片岩等。片岩为区域变质岩，由多种沉积岩和岩浆岩变质而来。片岩强度较低，易风化，易沿片理裂开。

3. 千枚岩

千枚岩具显微鳞片变晶结构；典型的千枚状构造；片理面上有明显的丝绢光泽和细微皱纹或小的挠曲。多为黄绿色、灰黑色，此外还有红色、黄色、灰色、绿色等。主要由细小的绢云母、绿泥石、石英、斜长石等新生矿物组成，矿物肉眼难以分辨。千枚岩可以根据颜色定名。千枚岩为区域变质岩，由黏土岩、粉砂岩或中酸性凝灰岩变质而来，比板岩变质程度稍高。千枚岩岩性较弱，易风化破碎，在荷载作用下容易产生蠕动变形和滑动破坏。

千枚岩与片岩相似，但千枚岩的颗粒很细，重结晶程度没有片岩高。千枚岩与板岩也相似，但千枚岩有丝绢光泽，并具千枚状构造，而无明显的板状构造。其主要由硅质和泥质矿物组成，肉眼不容易辨别。

4. 板岩

板岩具变余泥质结构，外表呈致密隐晶质，重结晶作用不明显；板状构造，结构致密均匀，沿板状构造易于裂开成薄板状。颜色多种多样，多为深灰色至黑灰色，也有绿色、紫色。主要由硅质和泥质矿物组成，肉眼不容易辨别。板岩可根据颜色、成分命名。板岩是由泥质岩石(如页岩)、粉砂质岩石和一部分中酸性凝灰质岩石，在地壳浅处，受轻微区域变质作用或动力变质作用而形成的，属于低级变质岩。

板岩与页岩相似，但页岩质软，构造板岩质地坚硬，可沿板面劈成石板或瓦片供建筑使用。板岩透水性弱，可做隔水层，但长期在水的作用下，会发生软化、泥化，形成软弱夹层。

5. 石英岩

等粒变晶结构，块状构造。质纯的石英岩为白色，常因含杂质而呈灰色、黄色和红色等。主要矿物为石英(含量大于85%)，含少量的云母、磁铁矿、角闪石、长石等。石英岩主要由石英砂岩经热接触变质或区域变质作用而形成。石英岩质地极为坚硬，抗压强度可达300 MPa以上，且抗风化能力很强，是良好的水工建筑物地基。缺点是性脆，较易产生密集性裂痕，形成渗漏通道，工程修建时应采取必要的防渗措施。

石英岩与石英砂岩比较，前者更加坚硬致密，光泽较强，颗粒与胶结物质间无明显界线，而在石英砂岩断面上常可见完整的砂粒。石英岩比石英砂岩硬度大，致密坚固。

6. 大理岩

大理岩具等粒(细粒、中粒或粗粒)变晶结构；块状构造；方解石质大理岩遇盐酸剧烈起泡，白云石质大理岩遇盐酸反应微弱。汉白玉就是纯而致密的大理岩，呈白色。当含有杂质时，大理岩带有灰色、黄色、蔷薇色、肉红、淡绿和黑色等。主要矿物为方解石和白云石。大理岩是由碳酸盐类岩石(石灰岩、白云岩)经热接触变质或区域变质作用重结晶而形成的岩石,重结晶程度高。大理岩色泽美观,硬度等级为3～3.5,易于加工,有些含杂质的大理岩磨光后具有美丽的花纹,是优质的建筑材料和艺术雕刻石料。大理岩具有可溶性,抗压强度一般为50～120 MPa。

本章小结

本章首先介绍了造岩矿物的类型和形态特征,造岩矿物的物理性质和鉴别方法;其次介绍了三大岩(岩浆岩、沉积岩和变质岩)的形成作用、矿物组成和化学成分、结构和构造及分类;最后对工程中常见的岩石进行了分别描述。

思考题

1. 名词解释:矿物、硬度、解理。
2. 矿物集合体有哪些主要形态?
3. 矿物有哪些物理性质? 为什么说它们是鉴定矿物的主要依据?
4. 试述原生矿物、次生矿物和变质矿物的本质区别。
5. 如何利用其鉴别矿物硬度?
6. 主要造岩矿物及其主要鉴别特征有哪些?
7. 什么是岩浆? 什么是岩浆岩?
8. 岩浆岩有哪些主要的结构和构造类型? 结构和构造有何区别?
9. 岩浆岩的产状有哪些?
10. 岩浆岩如何分类和命名?
11. 主要岩浆岩及其鉴别特征有哪些?
12. 沉积岩是如何形成的? 它的结构和构造特征有哪些?
13. 试述碎屑岩、黏土岩、化学岩的主要区别。
14. 变质作用的变质因素哪些? 这些因素是如何影响岩石的?
15. 变质作用有哪些类型? 分别形成哪些主要变质岩?
16. 变质岩的构造有哪些? 如何区分片麻状构造、片状构造、千枚状构造和板状构造?

第3章　地质构造

学习目标

1. 了解地质年代及其特征；
2. 掌握水平构造、单斜构造的形状特征，岩层产状要素；
3. 掌握褶皱构造形态特征、分类及野外观察方法；
4. 掌握断裂构造概念，裂隙的分类、分布规律；
5. 掌握断层的特征及类型，断层的工程地质评价；
6. 了解不整合的概念及类型。

3.1　地质年代

地球从形成到现在已有46亿年的历史。在这漫长的岁月里，地球经历了一连串的变化，这些变化使整个地球的历史可分为若干发展阶段。地球发展的时间段落称为地质年代。地质年代在工程实践中常被用到，当需要了解一个地区的地质构造、岩层的相互关系以及阅读地质资料或地质图时都必须具备地质年代的知识。

岩层的地层年代有两种：一种是绝对地质年代，另一种是相对地质年代。绝对地质年代是指组成地壳的岩层从形成到现在有多少“年”，它能说明岩层形成的确切时间，但不能反映岩层形成的地质过程。相对地质年代能说明岩层形成的先后顺序及相对的新老关系，如哪些岩层是先形成的、老的，哪些岩层是后形成、新的，它并不包含用“年”表示的时间概念。可以看出，相对地质年代虽然不能说明岩层形成的确切时间，但能反映岩层形成的自然阶段，从而说明地壳发展的历史过程。所以在工程地质工作中，一般以应用相对地质年代为主。

3.1.1　岩层相对地质年代的确定方法

1. 沉积岩相对地质年代的确定方法

(1)地层对比法

以地层的沉积顺序为对比的基础。沉积地层在形成过程中，先沉积的岩层在下面，后沉积的岩层在上面，形成沉积岩的自然顺序。根据这种上新下老的正常层位关系，就可以确定岩层的相对地质年代，如图 3-1 所示。但在构造变动复杂的地区，由于岩层的正常层位发生了变化，运用地层对比的方法来确定岩层的相对地质年代就比较困难，如图 3-2 所示。

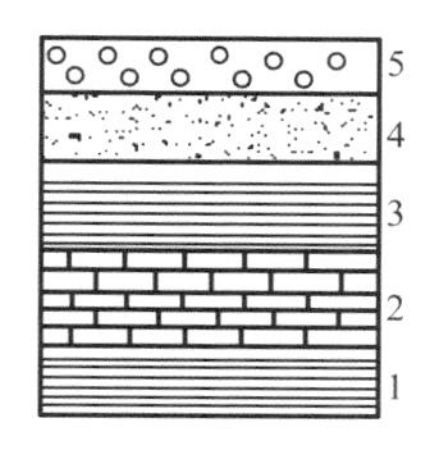

图 3-1 正常层位 1～5 代表岩层由老至新

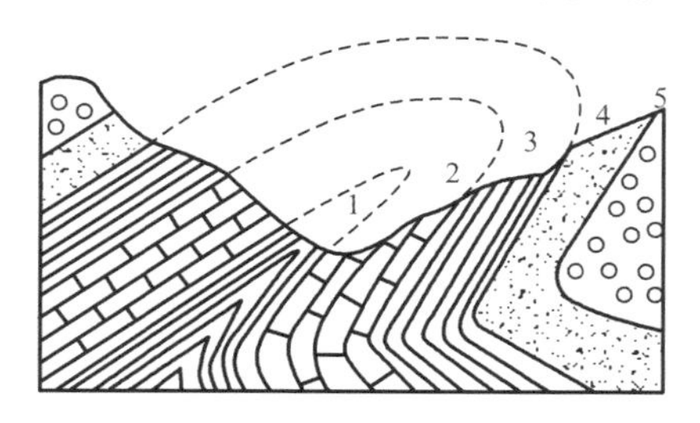

图 3-2 变动层位 1～5 代表岩层由老至新

(2)地层接触关系法

沉积地层在形成过程中，如地壳发生升降运动，产生沉积间断，在岩层的沉积顺序中缺失沉积间断期的岩层，上、下岩层之间的这种接触关系，称为不整合接触。不整合接触面上、下的岩层，由于在时间上发生了阶段性的变化，岩性及古生物等都有显著不同。因此，不整合接触就成为划分地层相对地质年代的一个重要的依据。不整合接触面以下的岩层先沉积，年代比较老；不整合接触面以上的岩层后沉积，年代比较新。地层的不整合接触，下一节还要做进一步的讨论。

(3)岩性对比法

岩性对比法以岩石的组成、结构、构造等岩性方面的特点为对比基础。认为在一定区域内同一时期形成的岩层，其岩性特点基本上是一致的或近似的。此法具有一定的局限性，因为同一地质年代的不同地区，其沉积物的组成、性质并不一定都是相同的；而同一地区在不同的地质年代，也可能形成某些性质类似的岩层。所以岩性对比的方法也只能适用于一定的地区。

(4)古生物化石法

按照生物演化的规律，从古至今，生物总是由低级到高级、由简单向复杂逐渐发展的。所以在地质年代的每一个阶段中，都发育有适应当时自然环境的特有生物群。因此，在不同地质年代的岩层中，会含有不同特征的古生物化石。含有相同化石的岩层，无论相距多远，都是在同一地质年代中形成的。所以，只要确定出岩层中所含标准化石的地质年代，那么这些岩层的地质年代自然也就跟着确定了。

上面所讲的几种方法各有优点，但也存在着不足的地方。实践中应结合具体情况综合分析，才能正确地划分地层的地质年代。

2. 岩浆岩相对地质年代的确定方法

岩浆岩不含古生物化石，也没有层理构造，但它总是侵入或喷出于周围的沉积岩层之中。因此，可以根据岩浆岩与周围已知地质年代的沉积岩层的接触关系，来确定岩浆岩的相对地质年代。

(1)侵入接触

岩浆侵入体侵入沉积岩层之中，使围岩发生变质现象，说明岩浆侵入体的形成年代晚于沉积岩层的地质年代，如图 3-3(a)所示。

(2)沉积接触

岩浆岩形成之后，经长期风化剥蚀，后来在剥蚀面上又产生新的沉积，剥蚀面上部的沉积岩层无变质现象，而在沉积岩的底部往往存在有由岩浆岩组成的砾岩或风化剥蚀的痕迹。这说明岩浆岩的形成年代早于沉积岩的地质年代，如图 3-3(b)所示。

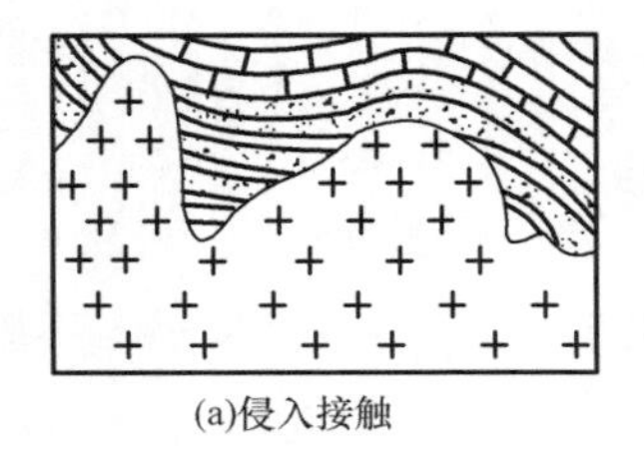
(a)侵入接触

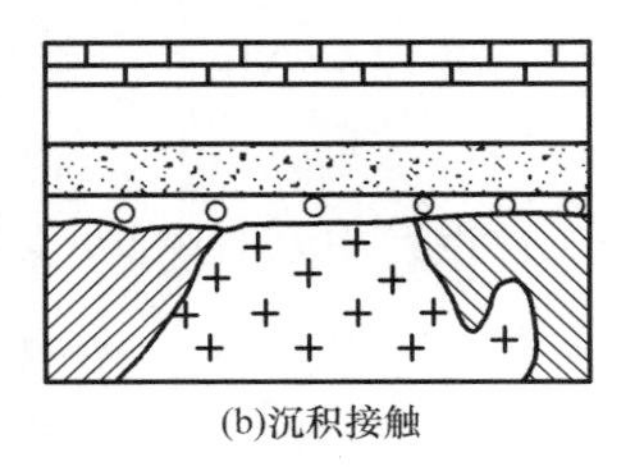
(b)沉积接触

图 3-3　岩浆岩与沉积岩的接触关系

对于喷出岩，可根据其中夹杂的沉积岩或上覆下伏的沉积岩层的年代，确定其相对地质年代。

3.1.2　地层年代的单位与地层单位

划分地层年代和地层单位的主要依据，是地壳运动和生物的演变。地壳发生大的构造变动之后，自然地理条件将发生显著变化，各种生物也随之演变，以适应新的生存环境，于是就形成了地壳发展历史的阶段性。人们根据几次大的地壳运动和生物界大的演变，把地壳发展的历史过程分为五个称为“代”的大阶段，每个代又分为若干“纪”，“纪”内因生物发展及地质情况不同，又进一步细分为若干“世”“期”，以及一些更细的段落，这些统称为地质年代。在每一个地质年代中，都划分有相应的地层。地质年代和地层的单位、顺序和名称，见表 3-1。

表 3-1 地质年代表

代	纪	世	距今年代(百万年)	主要地壳运动	主要现象
新生代Kz	第四纪Q	全新世 Q_4 更新世上Q_3 更新世中Q_2 更新世下Q_1	2~3	喜马拉雅运动	冰川广布，黄土形成，地壳发育成现代形势，人类出现、发展
	第三纪R 晚第三纪N	上新世N_2 中新世N_1	25		地壳初具现代轮廓，哺乳类动物、鸟类急速发展，并开始分化
	第三纪R 早第三纪E	渐新世E_3 始新世E_2 古新世E_1	70	燕山运动	
中生代Mz	白垩纪K	上白垩世K_2 下白垩世K_1	135		地壳运动强烈，岩浆活动
	侏罗纪J	上侏罗世J_3 中侏罗世J_2 下侏罗世J_1	180	印支运动	除西藏等地区外，中国广大地区已上升为陆，恐龙极盛，出现鸟类
	三叠纪T	上三叠世T_3 中三叠世T_2 下三叠世T_1	225	海西运动	华北为陆，华南为浅海，恐龙、哺乳类动物发育
古生代Pz 上古生代Pz_2	二叠纪P	上二叠世P_2 下二叠世P_1	270		华北至此为陆，华南浅海。冰川广布，地壳运动剧烈，间有火山爆发
	石炭纪C	上石炭世C_3 中石炭世C_2 下石炭世C_1	350		华北时陆时海，华南浅海，陆生植物繁盛，珊瑚、腕足类、两栖类动物繁盛
	泥盆纪D	上泥盆世D_3 中泥盆世D_2 下泥盆世D_1	400	加里东运动	华北为陆，华南浅海，火山活动，陆生植物发育，两栖类动物发育，鱼类极盛
古生代Pz 下古生代Pz_1	志留纪S	上志留世S_3 中志留世S_2 下志留世S_1	440		华北为陆，华南浅海，局部地区火山爆发，珊瑚、笔石发育
	奥陶纪O	上奥陶世O_3 中奥陶世O_2 下奥陶世O_1	500		海水广布，三叶虫、腕足类、笔石极盛
	寒武纪Є	上寒武世Є1 中寒武世Є2 下寒武世Є3	600	蓟县运动	浅海广布，生物开始大量发展，三叶虫极盛
元古代P 晚元古代 震旦亚代 Pt_2Z	震旦纪Z_z		700		浅海与陆地相同出露，有沉积岩形成，藻类繁盛
	青白口纪Z_q		1 000		
	蓟县纪Z_j		1 400±50		
	长城纪Z_e		1 700	吕梁运动	
元古代P 早元古代Pt_1			2 050	五台运动	海水广布，构造运动及岩浆活动剧烈，开始出现原始生命现象
太古代Ar			2 400~2 500 3 650	鞍山运动	
地球初期发展阶段			6 000		

地球自形成以来处于不断的运动之中，而地壳则受到各种内外力的影响，在不断地改变着地球的面貌。地壳运动控制着海陆分布，影响着各种地质作用的产生和发展，如岩浆运动、火山作用、地震以及岩层褶曲与断裂等。这些运动统称为地质构造运动。

地壳分裂为板块的活动以及宇宙间引力的活动，使地壳产生水平运动和垂直运动。水平运动使地壳产生拉张、挤压，引起各种断裂和褶皱构造，使地表起伏，故又称为造山运动。垂直运动是长期交替的升降运动，引起大范围的隆起或凹陷，产生海陆变迁，亦称为造陆运动。地壳运动的产生和发展是不均衡的，各地区的影响也是不同的，它可以从各地质时期的岩层褶皱、断裂以及岩浆活动、火山作用等反映出来。

3.2 岩层产状

3.2.1 岩层产状要素

岩层在空间的位置，称为岩层产状。倾斜岩层的产状，是用岩层层面的走向、倾向和倾角三个要素来表示的，如图 3-4 所示。

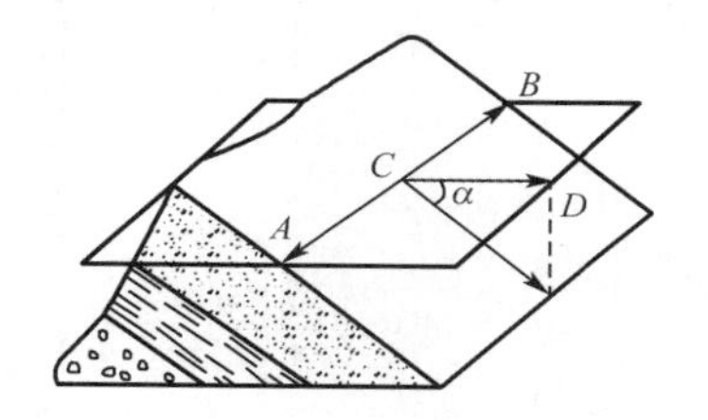

图 3-4 岩层产状

AB—走向；CD—倾向；α—倾角

走向：岩层层面与水平面交线称为走向线，走向线两端所指的方向称为岩层的走向（图 3-4 中的 AB）。岩层的走向表示岩层在空间延伸的方向。

倾向：垂直走向顺倾斜向下引出一条直线，此直线在水平面的投影的方位角，称为岩层的倾向（图 3-4 中的 CD）。岩层的倾向，表示岩层在空间的倾斜方向。

倾角：岩层层面与水平面所夹的锐角，称为岩层的倾角（图 3-4 中的 α）。岩层的倾角表示岩层在空间倾斜角度的大小。

可以看出，岩层产状的三个要素能表达经过构造变动后的构造形态在空间的位置。

3.2.2 岩层产状的测定及表示方法

岩层产状测量是地质调查中的一项重要工作，在野外是用地质罗盘测量的。

测量走向时，使罗盘的长边紧贴层面，将罗盘放平，水准泡居中，读指北针所示的方位角，就是岩层的走向。测量倾向时，将罗盘的短边紧贴层面，水准泡居中，读指北针所示的方位角，就是岩层的倾向。因为岩层的倾向只有一个，所以在测量岩层的倾向时，要注意将罗盘的北端朝向岩层的倾斜方向。测量倾角时，需将罗盘横着竖起来，使长边与岩层的走向垂直，紧贴层面，等倾斜器上的水准泡居中后，读悬锤所示的角度，就是岩层的倾角。

在表达一组走向为北西 320°，倾向南西 230°，倾角 35°的岩层产状时，一般写作“N320°W，S230°W，∠35°”，在地质图上，岩层的产状用符号“35°”表示，长线表示岩层走向，与长线垂直的短线表示岩层的倾向（长、短线所示的均为实测方位），数字表示岩层的倾角。因为岩层的走向与倾向相差 90°，所以在野外测量岩层的产状时，往往只记录倾向和倾角。如上述岩层的产状，可记录为“S230°W∠35°”。如需知道岩层的走向，只需将倾向加减 90°即可，后面将要讲到的褶曲的轴面、裂隙面和断层面等，其产状意义、测量方法和表达形式与岩层相同。

3.3 水平构造和单斜构造

3.3.1 水平构造

未经构造变动的沉积岩层，其形成时的原始产状是水平的，先沉积的老岩层在下，后沉积的新岩层在上，称为水平构造。

但是地壳在发展的过程中，经历了长期复杂的运动过程，岩层的原始产状都发生了不同程度的变化。这里所说的水平构造，只是相对而言的，就其分布来说，也只是局限于受地壳运动影响轻微的地区。

3.3.2 单斜构造

原来水平的岩层，在受到地壳运动的影响后，产状发生变动。其中最简单的一种形式，就是岩层向同一个方向倾斜，形成单斜构造，如图 3-5 所示。单斜构造往往是褶曲的一翼、断层的一盘或者是局部地层不均匀的上升或下降所引起。

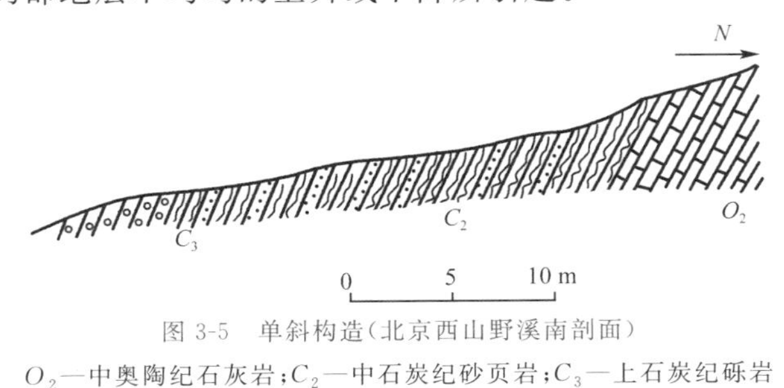

图 3-5 单斜构造（北京西山野溪南剖面）

O_2—中奥陶纪石灰岩；C_2—中石炭纪砂页岩；C_3—上石炭纪砾岩

3.4 褶皱构造

组成地壳的岩层，受构造应力的强烈作用，使岩层形成一系列波状弯曲而未丧失其连续性的构造，称为褶皱构造。褶皱构造是岩层产生的塑性变形，是地壳表层广泛发育的基本构造之一。

3.4.1 褶曲要素

褶皱构造中的一个弯曲，称为褶曲。褶曲是褶皱构造的组成单位。每一个褶曲，都由核部、翼、轴面、轴及枢纽等几个部分组成，一般称为褶曲要素，如图 3-6 所示。

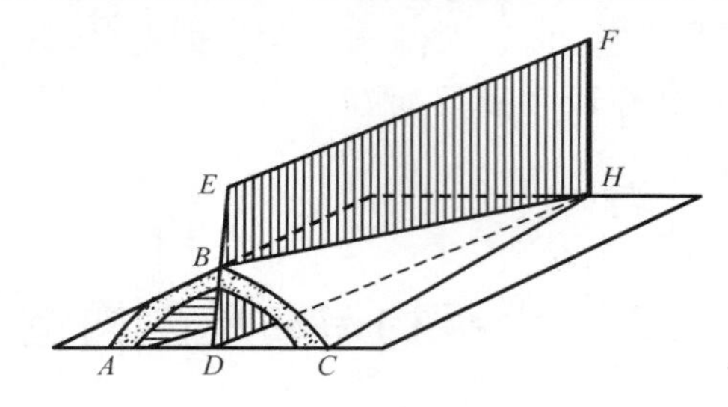

图 3-6 褶曲要素

ABC 所包含的内部岩层—核部；ABH、CBH—翼；

DEFH—轴面；DH—轴；BH—枢纽

核部：褶曲的中心部分，通常把位于褶曲中央最内部的一个岩层称为褶曲的核部。

翼：位于核部两侧，向不同方向倾斜的部分，称为褶曲的翼。

轴面：从褶曲顶平分两翼的面，称为褶曲的轴面。轴面在客观上并不存在，而是为了标定褶曲方位及产状而划定的一个假想面。褶曲的轴面可以是一个简单的平面，也可以是一个复杂的曲面。轴面可以是直立的、倾斜的或是平卧的。

轴：轴面与水平面的交线称为褶曲的轴。轴的方位表示褶曲的方位，轴的长度表示褶曲延伸的规模。

枢纽：轴面与褶曲同一岩层层面的交线，称为褶曲的枢纽。褶曲的枢纽有水平的，有倾斜的，也有波状起伏的。枢纽可以反映褶曲在延伸方向产状的变化情况。

3.4.2 褶曲的基本形态

褶曲的基本形态是背斜和向斜，如图 3-7 所示。

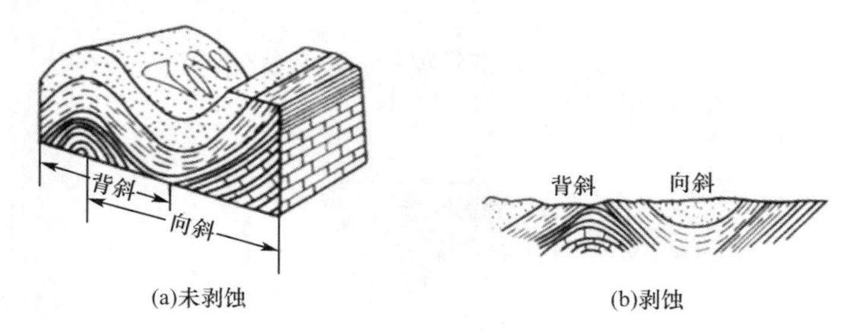

(a)未剥蚀　(b)剥蚀

图 3-7 背斜与向斜

1. 背斜

背斜是岩层向上拱起的弯曲。背斜褶曲的岩层，以褶曲轴为中心向两翼倾斜。当地面受到剥蚀而出露有不同地质年代的岩层时，较老的岩层出现在褶曲的轴部，从轴部向两翼依次出现的是较新的岩层。

2. 向斜

向斜是岩层向下凹的弯曲。在向斜褶曲中，岩层的倾向与背斜相反，两翼的岩层都向褶曲的轴部倾斜。在褶曲轴部出露的是较新的岩层,向两翼依次出露的是较老的岩层。

3.4.3　褶曲的形态分类

1. 按褶曲的轴面和两翼的产状分类

(1)直立褶曲

轴面直立,两翼岩层向不同方向倾斜,两翼岩层的倾角基本相同,如图 3-8(a)所示。在横剖面上两翼对称,所以也称为对称褶曲。

(2)倾斜褶曲

轴面倾斜,两翼岩层向不同方向倾斜,但两翼岩层的倾角不等,如图 3-8(b)所示。在横剖面上两翼不对称,所以又称为不对称褶曲。

(3)倒转褶曲

轴面倾斜程度更大,两翼岩层大致向同一方向倾斜,一翼岩层层位正常,另一翼老岩层覆盖于新岩层之上,层位发生倒转,如图 3-8(c)所示。

(4)平卧褶曲

轴面水平或近于水平,两翼岩层也近于水平,一翼岩层层位正常,另一翼发生倒转,如图 3-8(d)所示。

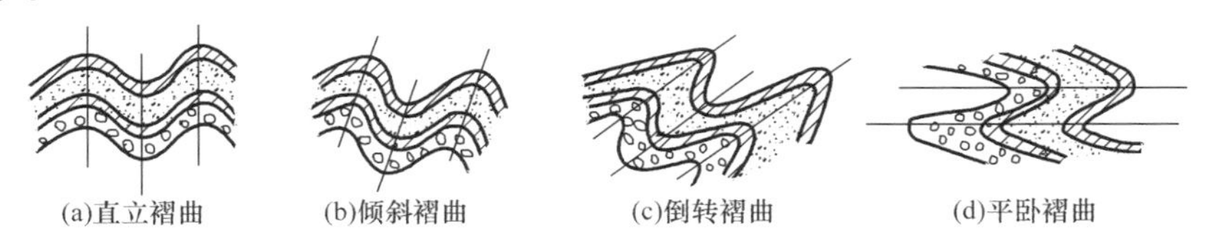

图 3-8　根据轴面和两翼产状分类的褶曲形态类型

2. 按纵剖面上枢纽产状分类

(1)水平褶曲

褶曲的枢纽水平展布,两翼岩层平行延伸,如图 3-9 所示。

(2)倾伏褶曲

褶曲的枢纽向一端倾伏,两翼岩层在转折端闭合,如图 3-10 所示。

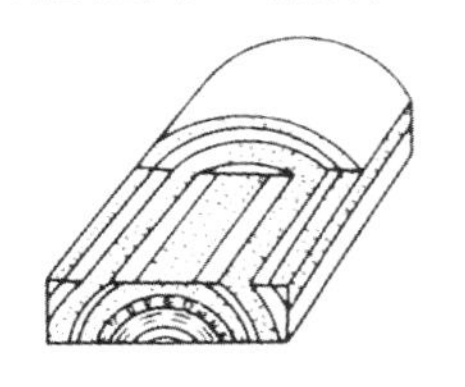

图 3-9　水平褶曲

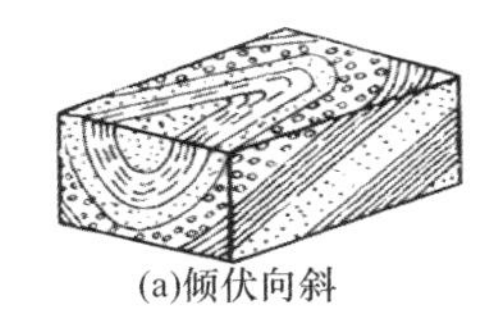

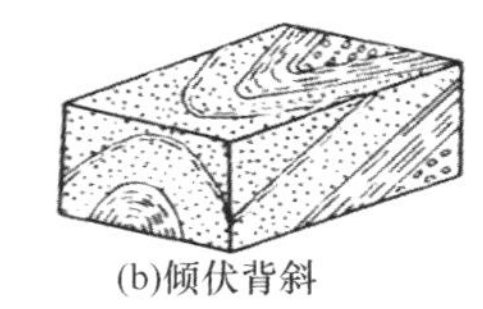

图 3-10　倾伏褶曲

当褶曲的枢纽倾伏时,在平面上会看到,褶曲的一翼逐渐转向另一翼,形成一条圆滑的曲线。在平面上,褶曲从一翼弯向另一翼的曲线部分,称为褶曲的转折端,在倾伏背斜的转折端,岩层向褶曲的外方倾斜(外倾转折)。在倾伏向斜的转折端,岩层向褶曲的内方倾斜(内倾转折)。在平面上倾伏褶曲的两翼岩层在转折端闭合,是区别于水平褶曲的一个显著标志。

3. 按褶曲长短轴的比例分配

褶曲构造延伸的规模,长的可以达几十千米到数百千米,但也有比较短的。按褶曲的长度和宽度比例，长宽比大于 10∶1，延伸的长度大而分布宽度小的，称为线形褶曲。褶曲向两端倾伏，长宽比介于 10∶1～3∶1，呈椭圆形的，如是背斜称为短背斜，如是向斜称为短向斜。长宽比小于 3∶1 的圆形背斜称为穹隆，向斜称为构造盆地。两者均为构造形态，不能与地形上的隆起和盆地相混淆。

3.4.4 褶皱的工程地质评价

一般来说褶皱构造对工程建筑有以下几方面的影响：

褶皱核部或转折端的岩层由于受水平张拉应力作用，产生许多张裂隙，直接影响到岩体的完整性和强度，而且石灰岩地区往往岩溶较为发育，因此在该部位布置的各种建筑工程，如厂房、路桥、隧道等，必须注意岩层的坍塌、漏水、涌水问题。

不论是向斜褶曲还是背斜褶曲，在褶曲的翼部遇到的基本上是单斜构造，倾斜岩层对建筑物的地基一般来说没有特殊不良的影响，但对于深路堑、挖方高边坡及隧道工程等，则需要根据具体情况做具体的分析。

对于深路堑和高边坡来说，路线垂直岩层走向，或路线和岩层走向平行但岩层倾向与边坡倾向相反时，只就岩层产状与路线走向的关系而言，对路基边坡的稳定性是有利的；不利的情况是路线走向和岩层的走向平行，边坡与岩层的倾向一致，特别在云母片岩、绿泥石片岩、滑石片岩、千枚岩等松软岩石分布地区，坡面容易发生风化剥蚀，产生严重碎落坍塌，对路基边坡及路基排水系统造成经常性的危害。

对于隧道工程来说，从褶皱的翼部通过一般是比较有利的。如果中间有松软岩层或软弱构造面时，则在顺倾向一侧的洞壁有时会出现明显的偏压现象，甚至会导致支撑破坏，发生局部坍塌。

3.4.5 褶皱的野外观察

在一般情况下，人们容易认为背斜为山，向斜为谷。但实际情况要比这复杂得多。如背斜长期遭受剥蚀，不但可以逐渐地被夷为平地，而且往往由于背斜轴部的岩层遭到构造作用的强烈破坏，在一定的外力条件下，甚至可以发展成为谷地，所以向斜山与背斜谷的情况在野外也是比较常见的。因此，不能够完全以地形的起伏情况作为识别褶曲构造的主要标志，如图 3-11 所示。

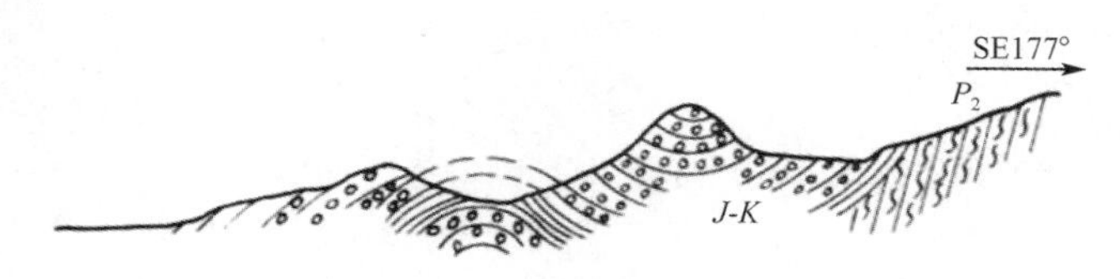

图 3-11 褶曲构造与地形

褶曲的规模有比较小的，也有很大的。小的褶曲，可以在小的范围内，通过几个出露在地面的基岩露头进行观察。规模大的褶曲，一则分布的范围大，二则常受地形高低起伏的影响，既难一览无余，也不可能仅通过少数几个露头就能窥其全貌。对于这样的大型褶曲构造，在野外就需要采用穿越和追索的方法进行观察。

1. 穿越法

穿越法就是沿着选定的调查路线，垂直岩层走向进行观察。用穿越的方法，便于了解岩层的产状、层序及其新老关系。如果在路线通过地带的岩层呈有规律的对称重复出现，则必为褶曲构造。再根据岩层出露的层序及其新老关系，判断是背斜还是向斜。然后进一步分析两翼岩层的产状和两翼与轴面之间的关系，这样就可以判断褶曲的形态类型。

2. 追索法

追索法就是平行岩层走向进行观察的方法。平行岩层走向进行追索观察，便于查明褶曲延伸的方向及其构造变化的情况，当两翼岩层在平面上彼此平行展布时为水平褶曲，如果两翼岩层在转折端闭合或呈 S 形弯曲时，则为倾伏褶曲。

穿越法和追索法，不仅是野外观察褶曲的主要方法，同时也是野外观察和研究其他地质构造现象的一种基本方法。在实践中一般以穿越法为主，追索法为辅，根据不同情况，穿插运用。

3.5　断裂构造

构成地壳的岩层受力的作用后发生变形，当变形达到一定程度时，岩层的连续性和完整性遭到破坏，产生各种大小不一的断裂，称为断裂构造。断裂构造是地壳上层常见的地质构造，包括裂隙和断层。

3.5.1　裂隙

裂隙是指岩层受力断开后，裂面两侧岩层沿断裂面没有发生明显的相对位移时的小型断裂构造。裂隙在野外很常见，自然界的岩层中几乎都有裂隙存在，而且一般是成群出现的。

1. 裂隙的类型

(1)按成因分类

裂隙按成因可分为原生裂隙、构造裂隙和次生裂隙。

原生裂隙：岩石形成的过程中形成的裂隙。如玄武岩在冷却凝固时形成的柱状裂隙。

构造裂隙：由构造运动产生的构造应力形成的裂隙。构造裂隙常常成组出现，可将其中一个方向的一组平行裂隙称为一组裂隙，同一期构造应力形成的各组裂隙有成因上的联系，并按一定规律组合。不同时期的裂隙对应错开。

次生裂隙：由卸荷、风化、爆破等作用形成的裂隙，分别称为卸荷裂隙、风化裂隙、爆破裂隙等。次生裂隙一般分布在地表浅层，大多无一定方向性。

(2)按照张开程度分类

宽张裂隙：裂隙宽度大于 5 mm；

张开裂隙：裂隙宽度为 3～5 mm；

微张裂隙：裂隙宽度为 1～3 mm；

闭合裂隙：裂隙宽度小于 1 mm，通常也称为密闭裂隙。

2. 裂隙发育程度分级

按裂隙的组数、密度、长度、张开度及充填情况，对裂隙发育情况分级，见表 3-3。

表 3-3　　裂隙发育程度分级

发育程度等级	基本特征	附注
裂隙不发育	裂隙为1～2组，规则。构造型，间距在1 m以上，多为密闭裂隙。岩体被切割成巨块状	对基础工程无影响，在不含水且无其他不良因素时，对岩体稳定性影响不大
裂隙较发育	裂隙为2～3组。呈X形，较规则，以构造型为主，多数间距大于0.4 m，多为密闭裂隙，少有填充物，岩体被切割成大块状	对基础工程影响不大，对其他工程可能产生一定的影响
裂隙发育	裂隙在3组以上，不规则，以构造型和风化型为主，多数间距小于0.4 m，大部分为张开裂隙，部分有填充物，岩体被切割成小块状	对工程建筑物可能产生很大的影响
裂隙很发育	裂隙在3组以上，杂乱，以风化型和构造型为主，多数间距小于0.2 m，以张开裂隙为主，一般均有填充物。岩体被切割成碎石状	对工程建筑物产生严重影响

3. 裂隙的调查、统计和表示方法

为了反映裂隙分布规律及其对岩体稳定性的影响，需要进行裂隙的野外调查和室内资料整理工作，并利用统计图把岩体裂隙的分布情况表示出来。

(1)调查时应先在工作地点选择一具代表性的基岩露头，对一定面积内的裂隙进行调查，调查应包括以下内容，见表3-4。

①裂隙的成因类型、力学性质。

②裂隙的组数、密度和产状。裂隙的密度一般采用线密度或体积裂隙数表示；线密度以"条/m"为单位计算，体积裂隙数用单位体积内的裂隙数表示。

③裂隙的张开度、长度和裂隙面壁的表面粗糙度。

④裂隙的填充物质及厚度、含水情况。

⑤裂隙发育程度分级。

表 3-4　　裂隙野外测量记录表

编号	裂隙产状			度	宽度	条数	填充情况	裂隙成因类型
	走向	倾向	倾角					
1	N370°W	N37°E	18°			22	裂隙面夹泥	扭性裂隙
2	N332°E	N62°E	10°			15	裂隙面夹泥	扭性裂隙
3	N7°E	N277°W	80°			2	裂隙面夹泥	张性裂隙
4	N15°W	N285°W	60°			4	裂隙面夹泥	张性裂隙

(2)统计裂隙有多种图式，裂隙玫瑰图就是常用的一种，它可用来表示裂隙发育程度的大小，其资料编辑方法如下：

①裂隙走向玫瑰图。在一任意半径的圆上，画上刻度网。把所得的裂隙按走向，以每5°或每10°分组，统计每一组内的裂隙条数并算出平均走向。自圆心沿半径引射线，射线的方位代表每组裂隙平均走向的方位，射线的长度代表每组裂隙的条数。然后用折线把射线的端点连接起来，即得到裂隙玫瑰图，如图3-12(a)所示。图中的每一个"玫瑰花瓣"越长，反映沿这个方向分布的裂隙越多。从图中可以看出，比较发育的裂隙有：走向330°、30°、60°、300°及走向东西的共五组。

②裂隙倾向玫瑰图。裂隙倾向玫瑰图，是先将测得的裂隙，按倾向以每5°或10°为一组，统计每组裂隙的条数，并算出其平均倾向，用绘制走向玫瑰图的方法，在注有方位的圆周上，根据平均倾向和裂隙条数，定出各组相应的端点。用折线将这些点连接起来，即裂隙倾向玫瑰图，如图3-12(b)所示。

如果用平均倾角表示半径方向的长度，用同样方法可以编制裂隙倾角玫瑰图。裂隙玫瑰图编制方法的优点是简单，但缺点是不能在同一张图纸上把裂隙的走向、倾向和倾角同时表示出来。

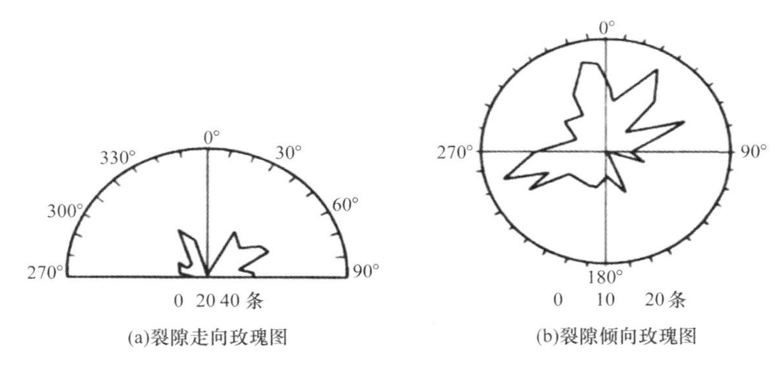

图3-12 裂隙玫瑰图

4. 裂隙的工程地质评价

岩石中的裂隙，在工程上除了有利于开挖外，对岩体的强度和稳定性均有不利的影响。

岩层中存在裂隙，破坏了岩体的整体性，促使风化速度加快；增强了岩石的透水性，使岩体强度和稳定性降低。若裂隙的主要发育方向和路线走向平行，倾向于与边坡一致，不论岩体的产状如何，路堑边坡都容易发生崩塌或碎落。在路基施工时，还会影响爆破作业的效果。所以当裂隙有可能成为影响工程设计的重要因素时，应当进行深入的调查研究，详细论证裂隙对岩体工程建筑条件的影响，采取相应的措施，以保证建筑物的稳定和正常使用。

3.5.2 断层

岩体受力的作用断裂后，两侧岩块沿断裂面发生了显著位移的断裂构造称为断层。断层广泛发育，规模相差很大。大的断层延伸数百千米甚至上千千米，小的断层在手标本上就能见到。有的断层切穿了地壳岩石圈，有的则发育在地表浅层。断层是一种重要的地质构造，地震与活动性断层有关，隧道中大多数的塌方、涌水均与断层有关。

1. 断层要素

断层的基本组成部分叫作断层要素，主要有断层面、断层线、断盘及断距等，如图3-13所示。

(1)断层面

岩层发生位移的错动面称为断层面，它可以是平面或曲面。断层面的产状可以用走向、倾向及倾角来表示。有时断层两侧的运动并非沿一个面发生，而是沿着有许多破裂面组成的破裂带发生，这个带称为断层破碎带或断层带。

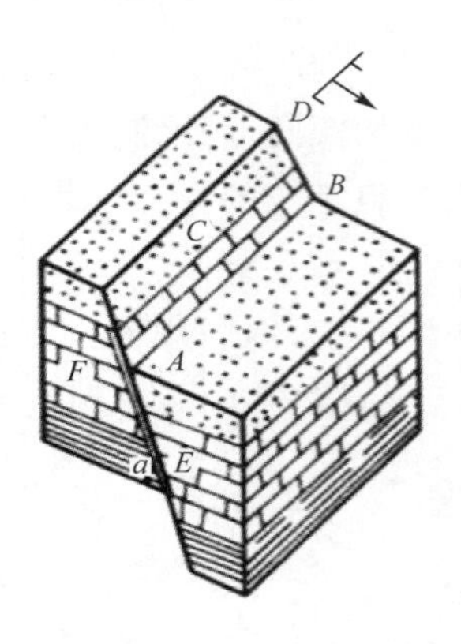

图 3-13　断层要素图

AB—断层线；C—断层面；α—断层倾角；E—上盘；F—下盘；DB—总断距

(2)断层线

断层面与地面的交线称为断层线，反映断层在地表的延伸方向。它可以是直线，也可以是曲线。

(3)断盘

断盘是断层面两侧相对移动的岩块。若断层面是倾斜的，则位于断层面上部的断盘称为上盘；位于断层面下部的断盘称为下盘。按两盘相对运动方向分，相对上升的盘叫作上升盘，相对下降的盘叫作下降盘，上盘既可以是上升盘也可以是下降盘，下盘亦如此。如果断层面直立，就分不出上、下盘。如果岩块沿水平方向移动，也就没有上升盘和下降盘。

(4)断距

断距是断层两盘相对错开的距离。岩层原来相连的两点，沿断层面断开的距离称为总断距，总断距的水平分量称为水平断距，铅直分量称为铅直断距。

2. 断层的基本类型

断层的分类方法很多，所以有各种不同的类型。根据断层两盘相对位移的情况，可以分为下面三种：

(1)正断层(图 3-14(a))

正断层是指上盘沿断层面相对下降，下盘相对上升的断层。正断层一般是由于岩体受到水平张应力及重力作用，使上盘沿断层面向下错动而形成。一般规模不大，断层线比较平直，断层面倾角较陡，常大于 45°。

(2)逆断层(图 3-14(b))

逆断层是指上盘沿断层面相对上升，下盘相对下降的断层。逆断层一般是由于岩体受到水平方向强烈挤压力的作用，使上盘沿断层面向上错动而成的。断层线的方向常和岩层走向或褶皱轴的方向近乎一致，和压应力作用的方向垂直。断层面从陡倾角至缓倾角都有。其中断层面倾角大于 45°的称为逆冲断层；断层面倾角介于 25°～45°的称为逆掩断层，如图 3-14(c)所示；断层面倾角小于 25°的称为碾掩断层。逆掩断层和碾掩断层常是规模很大的区域性断层。

(3)平推断层(图 3-14(d))

平推断层是指由于岩体受水平扭应力作用,使两盘沿断层面产生相对水平位移的断层。平推断层的倾角很大,断层面近于直立,断层线比较平直。

以上介绍的主要是一些受单向应力作用而产生的断裂变形,是断裂构造的三个基本类型。由于岩体的受力性质和所处的边界条件十分复杂,因此实际情况还要复杂得多。

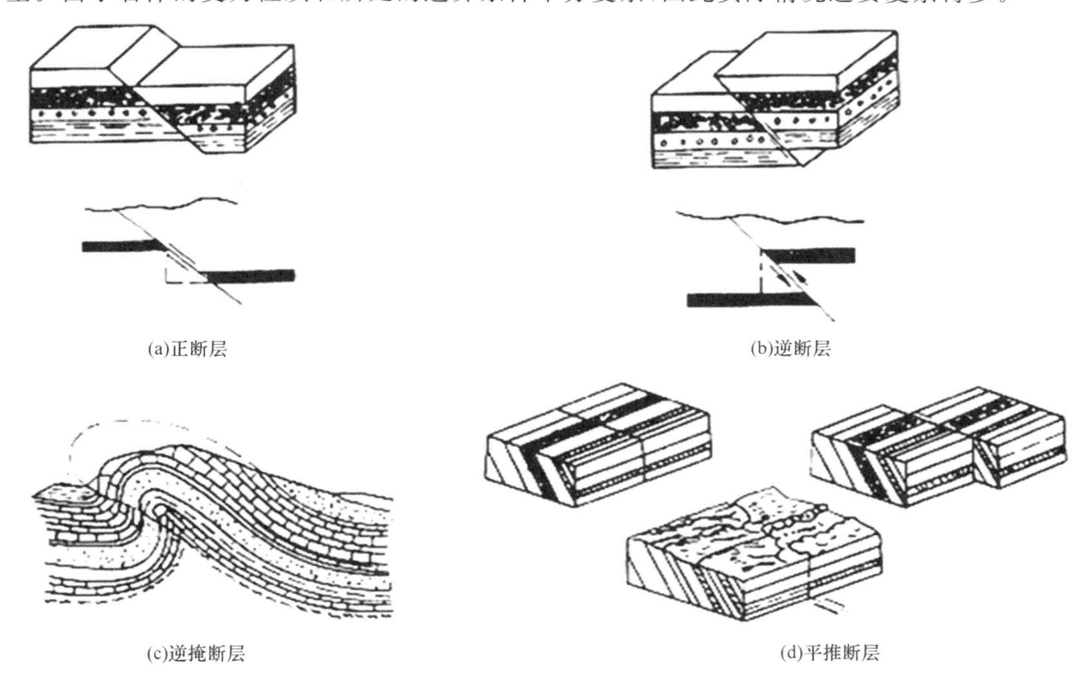

图 3-14　断层的类型

3. 断层的组合类型

断层的形成和分布受到区域性或地区性地应力场的控制,所以常常是成群出现,并呈有规律的排列组合。常见的断层组合类型有下列几种:

(1)阶梯状断层

阶梯状断层是由若干条产状大致相同的正断层平行排列组合而成的,在剖面上各个断层的上盘呈阶梯状相继向同一方向依次下滑,如图 3-15 所示。

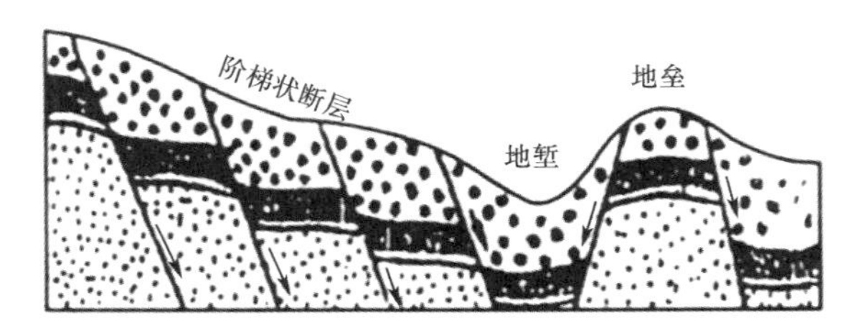

图 3-15　阶梯状断层、地堑及地垒

(2)地堑和地垒

地堑和地垒是由走向大致平行、倾向相反、性质相同的两条或两条以上断层组成的,如

图 3-15 所示，两个或两组断层之间岩块相对下降，两边岩块相对上升叫地堑；反之，中间上升两侧下降则称为地垒。两侧断层一般是正断层，有时也可以是逆断层。地堑比地垒发育更广泛，地质意义更重要。地堑在地貌上是狭长的谷地或成串展布的长条形盆地与湖泊，我国规模较大的有汾渭地堑等。

(3)叠瓦状构造

叠瓦状构造指一系列产状大致相同、呈平行排列的逆断层的组合形式，各断层的上盘岩块依次上冲，在剖面上呈屋顶瓦片样依次叠覆，如图 3-16 所示。

图 3-16　叠瓦状构造

4. 断层的工程地质评价

断层处岩层发生强烈的断裂变动，致使岩体裂隙增多，岩层破碎，风化严重，地下水发育，从而降低了岩石的强度和稳定性，对工程建筑造成了种种不利的影响。因此在公路建设中，当确定路线布局、选择桥位和隧道位置时，要尽量避开大的破碎带。在工程建筑物的选址中，也应尽量避开断层带。

在研究路线布局，特别是在安排河谷路线时，要特别注意河谷地貌与断层构造的关系。当路线与断层走向平行，路基靠近断层破碎带时，由于开挖路基，容易引起边坡发生大规模坍塌，直接影响施工和公路的正常使用。

在断层发育地带修建隧道，是最不利的一种情况。由于岩层的整体性遭到破坏，加之地面水或地下水侵入，其强度和稳定性都很差，容易产生洞顶坍落，影响施工安全。

在进行大桥桥位勘测时，要注意查明桥基部分有无断层存在及其影响程度如何，以便根据不同的情况，在设计基础工程时采取相应的处理措施。

断裂构造带不仅岩体破碎，而且断层上、下盘的岩性也有可能不同，如果在此处进行建筑工程，有可能产生不均匀沉降。所以工程建筑物的位置应尽量避开断层，特别是较大的断层带。

5. 断层的野外识别

从上述情况可以看出，断层的存在，在许多情况下对工程建筑是不利的。为了采取措施，防止其对工程建筑的不良影响，首先必须识别断层的存在。

当岩层发生断裂并形成断层后，不仅会改变原有的地层分布规律，还常在断层面及其相关部分形成各种伴生构造，并形成与断层构造有关的地貌现象。在野外可以根据这些标志来识别这些断层。

(1)地貌特征

当断层的断距较大时，上升盘的前缘可能形成陡峭的断层崖，如经剥蚀，则会形成断层三角面地形，如图 3-17 所示；断层破碎带岩石破碎，易于侵蚀下切，可能形成沟谷或峡谷地形。此外,如山脊错断、错开,河谷跌水瀑布,河谷方向发生突然转折等,很可能都是断层在地貌上的反映。在这些地方应该特别注意观察,分析有无断层的存在。

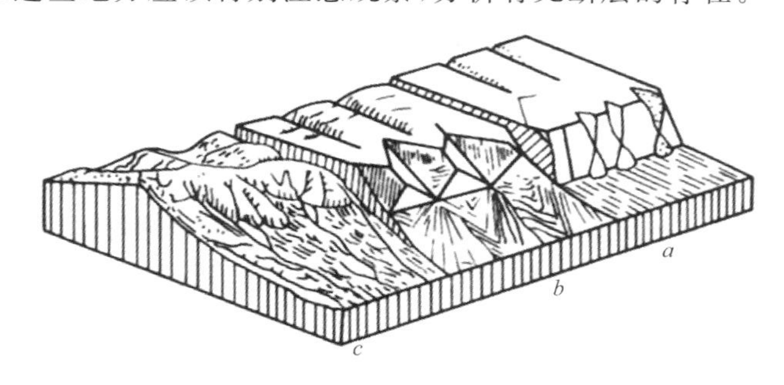

图 3-17 断层三角面的形成

a—断层崖剥蚀成冲沟;b—冲沟扩大,形成三角面;c—继续侵蚀,三角面消失

(2)地层特征

如岩层发生重复(图 3-18(a))或缺失(图 3-18(b)),岩脉被错断(图 3-18(c)),或者岩层沿走向突然发生中断,与不同性质的岩层突然接触等地层方面的特征,则进一步说明断层存在的可能性很大。

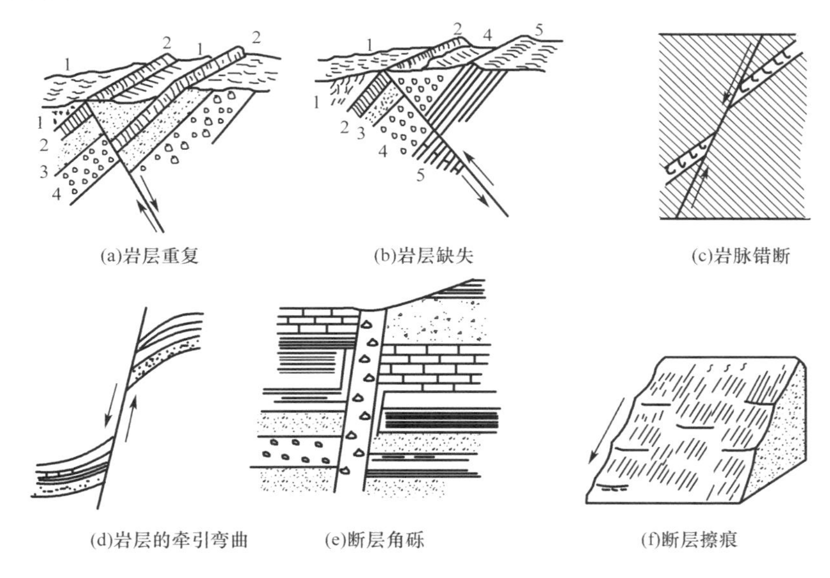

图 3-18 断层现象

(3)断层的伴生构造现象

断层的伴生构造是断层在发生、发展过程中遗留下来的形迹。常见的有岩层的牵引弯曲、断层角砾、糜棱岩、断层泥和断层擦痕等。

岩层的牵引弯曲是指岩层因断层两盘发生相对错动,因受牵引而形成的弯曲,如图 3-18(d)所示,多形成于页岩、片岩等柔性岩层和薄层岩层中。当断层发生相对位移时,其两侧岩石因受强烈的挤压力,有时沿断层面被研磨成细泥,称为断层泥;如被研碎成角砾,则称为断层角砾,如图 3-18(e)所示。断层两盘相互错动时,因强烈摩擦而在断层面上产生的一条条彼此平行的密集的细刻槽,称为断层擦痕,如图 3-18(f)所示。顺擦痕方向抚摸,感到光滑的方向即对盘错动的方向。

可以看出，断层的伴生构造现象是野外识别断层存在的可靠标志。此外，如泉水、温泉呈线状出露的地方，也要注意观察是否有断层存在。

3.6 不整合

在野外，我们有时可以发现形成年代不连续的两套岩层重叠在一起的现象，这种构造形迹称为不整合，如图 3-19 所示。不整合不同于褶皱和断层，它是一种主要由地壳的升降运动产生的构造形态。

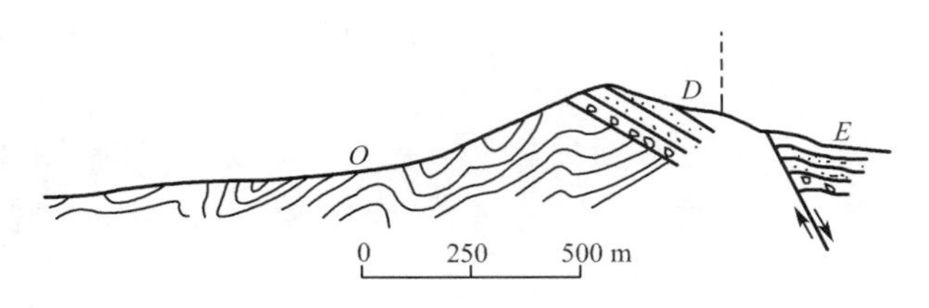

图 3-19 南岭五里亭地质剖面

O—奥陶纪泥板岩；*D*—泥盆纪砾岩、砂岩；*E*—早第三纪红色砂岩

3.6.1 整合与不整合

我们知道，在地壳上升的隆起区域发生剥蚀，在地壳下降的凹陷区域产生沉积。当沉积区处于相对稳定的阶段时，则沉积区连续不断地进行着堆积，这样，堆积物的沉积次序是衔接的，产状是彼此平行的，在形成年代上也是顺次连续的，岩层之间的这种接触关系称为整合接触，如图 3-20(a)所示。

在沉积的过程中，如果地壳发生上升运动，沉积区发生隆起，则沉积作用被剥蚀作用代替，发生沉积间断。其后若地壳又发生下降运动，则在剥蚀的基础上又接受新的沉积。因为沉积过程发生间断，所以岩层在形成年代上是不连续的，中间缺失沉积间断期的岩层，岩层之间的这种接触关系称为不整合接触。存在与接触面之间因沉积间断而产生的剥蚀面称为不整合面。在不整合面上，有时可以发现砾石层或底砾岩等下部岩层遭受外力剥蚀的痕迹。

3.6.2 不整合的类型

不整合有各种不同的类型，但基本上有平行不整合和角度不整合两种。

1. 平行不整合

不整合面上、下两套岩层之间的地质年代不连续，缺失沉积间断期的岩层，但彼此间的产状基本上是一致的，看起来貌似整合接触，所以也称为假整合。我国华北地区的石炭二叠纪地层直接覆盖在中奥陶纪石灰岩之上，虽然中间缺失志留纪到泥盆纪的岩层，但两者的产状是彼此平行的，是一个规模巨大的不平行整合，如图 3-20(b)所示。

2. 角度不整合

角度不整合又称为斜交不整合，简称不整合。角度不整合不仅不整合面上、下两套岩层间的地质年代不连续，而且两者的产状也不一致，下伏岩层与不整合面相交有一定的角度。这是由于不整合面下部的岩层，在接受新的沉积之前发生过构造变动的缘故。角度不整合是野外常见的一种不整合。在我国华北震旦亚界与前震旦亚界岩层之间，普遍存在角度不整合的现象，这说明在震旦亚代之前，华北地区的构造运动是比较频繁而强烈的，如图3-20(c)所示。

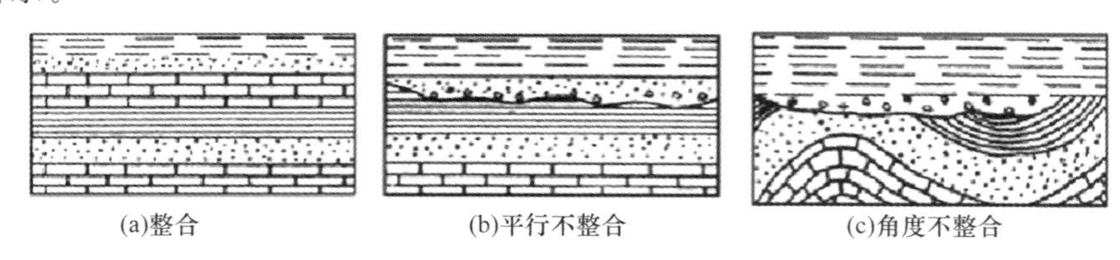

图3-20 沉积岩的接触关系

3.6.3 不整合的工程地质评价

不整合接触中的不整合面，是下伏古地貌的剥蚀面，常有比较大的起伏，同时常有风化层或底砾岩存在，层间结合差，地下水发育。当不整合面与斜坡倾向一致时，如开挖路基，经常会成为斜坡滑移的边界条件，对工程建筑不利。

本章小结

本章首先介绍了地质年代的基本概念，地层和岩石地质年代的确定方法；其次介绍了岩层产状的要素和确定方法，水平构造和单斜构造的产状特征；再次介绍了褶皱构造基本概念、基本形态和野外观测方法，断裂构造的基本概念、裂隙和断层的形成和分类、断裂构造的野外识别方法；最后介绍了不整合的基本概念和分类。

思考题

1. 什么是相对地质年代？什么是绝对地质年代？地层相对地质年代是怎样确定的？
2. 什么叫岩层的产状？产状三要素是什么？岩层产状是如何测定和表示的？
3. 什么叫褶皱构造？什么叫褶曲？褶曲的基本要素及基本形态有哪些？
4. 如何识别褶曲并判断其类型？
5. 什么叫裂隙？调查中怎么表示其走向和倾向？
6. 什么叫断层？断层由哪几部分组成？断层的基本类型有哪些？野外如何识别断层？
7. 试分析褶皱对公路的地质评价。
8. 试分析断层对公路的地质评价。

土的分类及工程性质

第4章 土的形成及工程性质

学习目标

1. 了解土的形成过程与形成机理；
2. 掌握土的成因分类方法和工程中不同国家规范(或标准)的分类方法；
3. 掌握常见特殊土的基本工程地质特征、工程地质问题及解决方法。

4.1 风化作用

4.1.1 风化作用的概念

风化作用是岩石转化为土的主要地质作用，了解风化作用对我们熟知自然界土的成因以及进一步理解土的工程性质具有重要意义。

风化作用是指地表岩石和矿物在大气、水和生物活动等外动力地质作用下发生机械崩解或化学分解，变为松散的碎屑物质的过程。

4.1.2 风化作用的类型

引起风化作用进行的因素是复杂和多样的，风化的结果也各不相同。根据风化作用的方式和结果的不同，可分为物理风化作用、化学风化作用和生物风化作用三种。

1. 物理风化作用

如果仅仅改变了岩石颗粒的大小与形状，并没有改变原来的矿物成分，这种风化作用称为物理风化作用。物理风化一般是由于周围环境的温度、湿度发生了变化，由此引起的不均匀膨胀和收缩而使岩石或矿物产生开裂、破碎等。引起温度、湿度变化的自然力包括水、风、霜、雨、雪等。温度是引起物理风化的主要因素。温度变化会引起岩石或矿物内部的热胀冷缩，从而产生很大的机械胀缩力，对岩石或矿物产生直接破坏。白天接受日光照射，岩石表层强烈增温而膨胀，由于岩石是不良导体，导热率很低，岩石内部增温比较慢，当表层膨胀力大于岩石内部强度时，外层就会产生与岩石表面平行的裂纹，与母体分离。夜间气温降低，岩石表面强烈收缩，内层收缩慢，外层产生与岩石表面相垂直的裂纹，而使外层碎裂。在漫长的地质年代里，经过这种胀缩力的长期作用，岩石就会变为碎块。温差越大，胀缩越烈，破碎越强。

在同一条件下，不同岩石受破坏的程度是不同的，这与组成岩石的矿物成分、岩石中的裂隙水及盐类结晶等具体性质有关。

(1)矿物组成的复杂程度

矿物成分越单纯的岩石，抵抗物理风化作用的能力越强；矿物成分越复杂，越易遭受物理风化作用。这是由于组成岩石的矿物具有不同的膨胀系数，在相同温度变化的影响下，必然产生不同的膨胀压力和剪力，引起矿物颗粒之间发生错动而破碎。

(2)矿物的颗粒性质

岩石的物理风化作用受矿物颗粒的大小、均匀程度和颜色的影响。一般来说，矿物颗粒粗大而不均匀和暗色的岩石容易破碎，而那些矿物颗粒细小而又均匀和浅色的岩石则抵抗物理风化作用的能力较强。

(3)裂隙水的影响

岩石裂隙中的水分可以液态和气态状态出现。在夜间，因气温降低，气态水变为液态水，可溶解或潮解岩石中的一部分盐类；白天，蒸发加大，溶解或潮解的盐类重新结晶，对裂缝产生压力，使其变宽，或产生新的裂缝，最终导致岩石破碎。在气温变化剧烈的干燥地区，盐类的结晶作用也是破坏岩石的一种重要方式。

物理风化作用主要发生在昼夜温差变化大的沙漠区、半沙漠区和高山严寒地区，在这些地区，由于昼夜温差变化剧烈，热胀冷缩现象十分明显，加之大部分岩体内部分布着大量节理、裂隙，导致其实际强度比较低，在反复胀缩力作用下很容易变松、破碎、棱角磨灭，有形的岩体、岩坡坡度会变缓，并趋于圆滑平坦。这样大块变为小块、小块变为细块、细块变为粉粒，岩体慢慢破碎，但其中的矿物成分并未发生变化，没有产生的新矿物。

2. 化学风化作用

如果风化作用不仅使岩石发生了机械性的破碎，而且其矿物成分与化学成分也发生了相应改变，这种风化作用称为化学风化作用。岩石与周围环境中的雨水、空气等物质长时间接触，由于溶解、水化、水解、碳酸化或氧化等作用，其内部的化学成分逐渐发生了变化，因此，根据作用原理的不同，化学风化作用可以分为溶解作用、水化作用、水解作用、碳酸化作用和氧化作用。由化学风化而产生的与原来矿物不同的一些新矿物称为次生矿物。

(1)溶解作用

一般矿物都具有可溶于水的特性，即有一定的溶解度。不同的矿物溶解度不同，这主要与元素本身性质和外界条件有关。常见矿物的溶解度由大到小的顺序为：石盐、石膏、方解石、橄榄石、辉石、角闪石、滑石、蛇纹石、绿帘石、钾长石、黑云母、白云母、石英。外界条件主要为温度、压力、pH 的大小等，同一矿物，由于外界条件不同其溶解度也不同。

岩石是由不同种类的矿物组成的，如果组成岩石的矿物具有不同的溶解度，在水溶液作用下，溶解度大的矿物会首先流失，最后残留一部分难溶矿物，岩石中就会出现孔洞，坚实程度降低，长期下去岩石也就逐渐被破坏了。

(2)水化作用

有些矿物能够吸收一定量的水参加到矿物晶格中，形成含水分子的矿物，称为水化作用。例如，蒙脱石类矿物，矿物晶格单位层间为氧-氧联结，其键力很小，很容易被具有氢键的强极化水分子楔入所分开，从而层间间距增大，因此，在水环境变化时，蒙脱石类矿物具有较大的膨胀性和压缩性。

而高岭石类黏土矿物，晶构结构单位层之间为氧-氢氧或氢氧与氢氧相联结，故单位层之间除了范德华力之外，还有氢键，氢键具有较强的联结力，故高岭石在水中层间不会分散，晶格活动性小，浸水之后结构单位层间的距离变化很小，所以高岭石类矿的膨胀性和压缩性都很小。

(3)水解作用

有些矿物溶解于水之后，离解后的产物阳离子(或阴离子)会和水中的 OH^-(或 H^+)结合，破坏了原来矿物的成分与结构，并形成新的不易分解的矿物分子，这称为水解作用。地壳中的矿物大部分是弱酸强碱的硅酸盐化合物，溶解在水里，水中的 OH^- 会与盐基结合形成不分解的碱分子。

例如钾长石发生水解作用后形成的 K^+ 与水中的 OH^- 离子结合形成 KOH 溶液，KOH 呈真溶液随水迁移，而铝硅酸根与一部分氢氧根离子结合形成高岭石 $Al_4(Si_4O_{10})(OH)_8$ 残留在原地。

在湿热气候条件下，高岭石还会进一步水解形成铝土矿，如果 SiO_2 被水带走，铝土矿可以富集起来形成矿床。

(4)碳酸化作用

水溶液中溶有 CO_2 时，水溶液中会生成 CO_3^{2-} 和 HCO_3^- 离子，如果岩类中含有碱金属或碱土金属，其金属离子就会与 CO_3^{2-} 或 HCO_3^- 等离子发生化学反应，生成可溶于水的碳酸盐并且随水流失，导致原有矿物分解，这种作用称为碳酸化作用。

例如钾长石中的 K^+ 离子会与 CO_3^{2-} 结合生成可溶于水的 K_2CO_3 被水流携带走，而高岭石残留于原地，致使原矿物变得破碎、松散。火成岩中最主要的造岩矿物为长石，它们都易于经过碳酸化和水解作用转变成为黏土矿物，因而火成岩较易受风化而破坏。

(5)氧化作用

矿物中的低价元素与大气中的游离氧化合后变为高价元素，形成新的矿物的作用，称为氧化作用。低价元素转变为高价元素意味着原有矿物的解体。例如黄铁矿经氧化后转变成了不同的褐铁矿，这一化学反应过程中还会产生腐蚀性极强的硫酸，使岩石中的某些矿物分解成洞穴和斑点而发生破坏。

氧化作用是地球表面极为普遍的一种化学风化的外动力地质作用。越是潮湿、雨量充沛的地区，越易于化学风化作用的进行。

3. 生物风化作用

生物的生命活动及其分解或分泌物质对岩石所引起的破坏作用，叫作生物风化作用。岩石圈及大气圈中广泛分布着众多生物，这些生物的生命活动及其新陈代谢作用和遗体的腐败分解产物是使岩石发生破坏的重要因素。生物对岩石的破坏，表现为既有机械的破碎，也有化学的分解，机械的破碎作用一般称为生物物理风化作用，而化学的分解一般称为生物化学风化作用。

(1)生物机械破坏作用

生物的机械破坏能力极其强大。我们都见过植物根系的力量，生长在岩石裂隙中的植物，其根系顺着裂隙不断变粗、长大，使岩石裂隙不断扩大、加深，最终导致岩石开裂、破碎。又如，生活在洞穴之中的蚂蚁、蚯蚓等动物，会不停地对洞穴周边的岩石产生机械破坏、破碎。

(2)生物化学风化作用

生物的新陈代谢及死亡后遗体腐烂分解而产生的物质与岩石发生化学反应,促使岩石破坏的作用称为生物化学作用。

生物在新陈代谢过程中,一方面要从矿物中吸取某些化学元素,另一方面会分泌有机酸、碳酸、硝酸等酸类物质以腐蚀岩石,促使矿物中一些活泼的金属阳离子游离出来,一部分被生物吸收,一部分随水流失。

动植物遗体腐烂后会分解出有机酸和气体(CO_2、H_2S等),溶于水后会对岩石产生腐蚀破坏;腐烂遗体在还原环境中可形成含钾盐、磷盐、氮的化合物和各种碳水化合物的腐殖质,促进岩石物质的分解,对岩石具有强烈的破坏作用。

综上所述,自然界的岩石、矿物经过物理风化作用、化学风化作用和生物风化作用之后,就不再是由单纯的无机物组成的松散物质了,还具有植物生长必不可少的腐殖质,这种具有腐殖质、矿物质、水和空气的松散物质叫土壤。每种土壤的形成都有其特有的气候条件,不同地区的土壤具有不同的结构特征及物理与化学性质。

4.1.3 风化作用的产物

在风化作用过程中或结束之后,一般会产生碎屑物质、溶解物质和难溶物质三种不同性质的物质。

1. 碎屑物质

碎屑物质主要是原岩或矿物经过物理风化作用后的破碎状物质,也有的是岩石虽然经过化学风化作用,但是并未完全分解的矿物碎屑(如石英及长石碎屑)。碎屑物质经过搬运最终沉淀下来,成为物理沉积物的主要来源。

2. 溶解物质

溶解物质主要是化学风化作用和生物风化作用的产物。一般是指在风化作用过程中,由K、Na、Ca、Mg等元素组成的可溶性碳酸盐、硫酸盐、氯化物以及为数较少的Mn、P的氧化物。它们随水的流动被携带走,将来会在合适的地点沉淀下来。

3. 难溶物质

经过化学作用后,岩石中较为活泼的元素及其化合物被携带走之后,相对不活泼、难溶于水的Fe、Al等元素在原地残留下来,进而形成褐铁矿、黏土矿物以及铝土矿等。

4.2 土的地质成因分类

根据土的地质成因,土一般可分为残积土、坡积土、洪积土、冲积土、湖积土、海积土、冰积土和冰水沉积土及风积土等类型。对于同一区域地质成因相同的土,一般具有相似的沉积环境、相似的土层空间分布规律和相似的土类组合、物质组成及结构特征。但是,尽管地质成因类型相同,若在沉积形成后遇到不同的自然地质条件和人为因素的变化,则会具有不同的工程特性。

1. 残积土

岩石或矿物经风化作用后一部分物质被冲蚀带走,另一部分残留在原地的物质称为残

积土,它包括原岩碎屑物和部分新生成的矿物。残积土一般具有如下特征:

(1)由于未经搬运,岩石块棱角显著,结构松散,颗粒大小不均匀,无层理构造。

(2)其分布主要受地形控制,在分水岭、山坡和低洼地方常有分布。残积土与原岩之间往往有一个过渡带,一般顶面平坦而底界起伏不平。

(3)细颗粒往往被冲刷带走,故孔隙比较大,厚度差异比较大。

(4)在垂直方向上一般具有三个不同风化程度的风化区,即与原岩接触的底部风化微弱,中部风化显著,接触水、空气的上部风化强烈。

残积土分布区常见的工程地质问题:

(1)由于残积土分布区域的土层厚度、组成成分、结构及物理力学性质变化大,均匀性差,孔隙度较大,因此建筑物地基常存在不均匀沉降问题。

(2)由于原始地形变化大,岩层风化程度不同,建筑物沿基岩面或某软弱面的滑动存在边坡是否稳定的问题。

2. 坡积土

高处地表风化后的碎屑物质经过雨水和雪水的冲刷、剥蚀、搬运,及本身自重作用下顺着斜坡向下移动并堆积于山坡的低洼处所形成的堆积物称为坡积土,一般分布在坡腰上或坡脚下,上部与残积土相接。

坡积土沿着山坡自上而下逐渐变缓,呈现由粗变细的分选现象,也存在由于每次雨水和雪水冲刷、搬运能力不同而造成的大小颗粒混杂、层理不明显的情况。坡积土与基岩之间没有直接接触关系。

坡积土的厚度变化比较大,斜坡较陡的地段较薄,坡脚地段堆积较厚。坡积土本身含黏土较多,强度低,压缩性高,吸水后不易排出。

坡积土分布区常见的工程地质问题:

(1)由于坡积土厚度分布不均匀、土质类型不同,因此建筑物存在不均匀沉降问题。

(2)坡积土下的基岩不透水或为弱透水层,入渗水会聚积并沿坡面向下运动,不利于边坡稳定;此外,由于坡积土黏土粒含量多,吸水后会增加重量,有时土体变为流动状态,降低边坡的稳定性。

3. 洪积土

暴雨或大量融雪骤然集聚而形成的暂时性山洪将原岩经风化后的碎屑物质携带走并在山沟的出口处或山前倾斜平原堆积形成的土体称为洪积土。山洪携带的大量碎屑物质流出沟谷口后,因河流出口断面突然变大,水流流速骤减而沉积形成扇形沉积体,称为洪积扇。

离山口近的区域沉积物粒径大,离山口远的区域沉积物粒径小,即从山口开始由粗颗粒(块石、碎石、粗砂)逐渐过渡到细颗粒(中砂、细砂、黏性土),具有很好的分选性;但因沉积物由不同次洪水沉积而成,故堆积物质常具不规则的交替层理构造,并具有夹层或透镜体等构造;近山前洪积土具有较高的承载力,压缩性低;远山地带,洪积物颗粒较细,成分较均匀,厚度较大,强度较低,压缩性较高。

洪积土分布区常见的工程地质问题:无论是近山区的粗颗粒区,还是远山区的细颗粒区,一般洪积土均可作为良好的建筑地基。只是应注意中间过渡地带,常因为粗碎屑土与细粒黏性土的透水性不同而使地下水溢出地表形成沼泽地带,且存在尖灭或透镜体,故土质较差,承载力较低,在工程建设中应特别注意。

4. 冲积土

河流的水流作用将风化后的碎屑物质搬运到河谷中坡降平缓的地段形成的堆积物为冲积土,发育于河谷内及山区外的冲积平原中。冲积土具有明显的分选现象,上游及中游沉积物多为大块石、卵石、砾石及粗砂等;下游沉积物质多为中粒砂、细砂、黏性土等,颗粒的磨圆度好,多具层理。

根据河流冲积物的形成条件,可分为河床相、河漫滩相、牛轭湖相及河口三角洲相。不同沉积相的沉积物性质不同:

(1)现代河床相土的密实度较差,透水性强,当作为水工建筑物时应考虑渗漏问题。

(2)古河床相土压缩性低,强度较高,是工、民建筑中的良好地基。

(3)河漫滩相冲积物具有双层结构,强度较好,但应注意其中的软弱土层夹层。

(4)牛轭湖相冲积土压缩性很高,承载力很低,不宜作为建筑物的天然地基。

(5)河口三角洲相土是河口的沉积物,以砂土、黏性土和淤泥为主,产状一般为层状,承载力低,压缩性高,但三角洲冲积物的最上层常形成硬壳层,可作为低层或多层建筑物的地基。

5. 湖积土

湖泊的沉积物称为湖相沉积物,即湖积土,一般分为湖边沉积物和湖心沉积物两类:湖边沉积物是由湖浪冲蚀湖岸形成的碎屑物质在湖边沉积而形成的,近岸带多为粗颗粒的卵石、圆砾和砂土,远岸带为细颗粒的砂土和黏性土;湖心沉积物是由河流和湖流挟带的细小悬浮颗粒到达湖心后沉积形成的,主要是黏土和淤泥,还会有泥炭土。咸水湖中还有石膏、岩盐及碳酸盐等盐类沉积物,它们不同程度地溶于水,所以对建筑物地基是有害的。

湖相沉积物区的工程特征:湖边沉积物具有明显的斜层理构造,近岸带土的承载力高,远岸带较差;湖心沉积物压缩性高,强度很低。若湖泊逐渐淤塞,则可演变为沼泽,形成沼泽土,主要由半腐烂的植物残体和泥炭组成,含水量极高,承载力极低,一般不宜作为天然地基。

6. 海积土

海洋的地质作用中最主要的是沉积作用,绝大多数沉积岩是在海洋内沉积形成的。河水挟带着大量物质流入海洋,随着流速的降低,这些物质就逐渐沉积下来,形成海洋沉积物,即海积土。靠近海岸一带沉积物颗粒较粗大,离海岸越远,沉积物越细小。

海洋沉积物按分布地带的不同可以分为如下四类:

海岸带沉积物:主要由卵石、圆砾和砂等大颗粒碎屑物质组成,具有基本水平或缓倾的层理构造,其承载力较高,但透水性较大。

浅海带沉积物:主要由细粒砂土、黏性土、淤泥和生物化学沉积物(硅质和石灰质)沉积而成,有层理构造,较滨海沉积物疏松、含水量高、压缩性大而强度低。沉积砂土颗粒细小而非常均匀,磨圆度好,层理正常。沉积黏土的成分均匀,具有微层理,稠度变化大,强度也变化大。

次深海带和深海带沉积物:主要是由浮游生物的遗体、火山灰、大陆灰尘的混合物所组成的有机质软泥,成分均一。

近海海底表层沉积的沙砾层会随着海浪动力而变化,工程性质很不稳定,在选择海洋平台等构筑物地基时应慎重对待。

7. 冰积土和冰水沉积土

冰体融化后，冰内碎屑物质直接在原地堆积形成冰积土。冰川融化的冰水将碎屑物质搬运至别处堆积形成冰水沉积土。冰积土一般无层次、无分选，是以巨大块石、碎石、砂、粉土及黏性土混合组成的杂乱堆积体。冰积土有一定程度的磨损，但仍有棱角，块石、砾石表面上具有不同方向的擦痕。冰水沉积土常具有斜层理构造。

在冰积土上进行工程建设时，应注意冰川堆积物的极大不均匀性，其中有时含有大量的岩末，其黏结力很小，透水性差，遇到较大水头时易发生流沙或管涌等现象，应予以注意。此外，当将冰积土作为建筑物的地基时，应进行详细勘察，避免将漂石、孤石误认为是持力层。

8. 风积土

在干旱的气候条件下，岩石的风化碎屑物质被风吹扬并搬运一段距离，最后在合适的区域堆积起来形成风积土。风的地质作用有破坏、搬运和沉积三种。风的破坏作用包括吹扬和磨蚀两种。

风的吹扬作用是指岩石表面风化后所产生的细小尘土、砂粒等碎屑物质被风吹走，露出岩石新鲜面，新鲜岩石又继续遭受风化。

风的磨蚀作用是指风夹杂着砂石，在移动的过程中对阻碍物产生撞击、摩擦、磨损等破坏作用。

搬运作用是指风将风化的碎屑物质搬运到他处的作用。被搬运的物质具有分选性，粗碎屑搬运的距离较近，细碎屑搬运的距离远。

沉积作用是指被风所搬运的碎屑物质由于风力减弱或途中遇到障碍物而沉积下来形成风积土。

风积土颗粒主要由粉粒或砂粒组成，同一地点土质均匀，孔隙大，结构松散。最常见的风积土包括风成砂及风成黄土两种。

为了减少水土流失，常常要避免风积土的发生，工程上一般采用机械方法来固沙，如表层覆盖黏土、石块等，或者采用绿化方法固沙。

黄土具有湿陷特性，在工程中为了满足使用要求常需进行地基处理。

4.3 土的工程分类

天然形成的土成分、结构和性质千变万化，其工程性质也千差万别。为了判别土的工程特性和评价土作为地基或建筑材料的适宜性，必须对土进行分类（将工程性质相近的土归为一类），对土进行工程分类是从事土的工程性质研究及土木工程实践活动的重要基础理论。根据土的分类，可以大致判别地基的强度和变形特性、抗渗流性能、抗冲刷性能、液化特性等，为工程设计提供建筑地基的适宜性；根据土的分类，可以知道土的类别，并采用合理的方法进行研究；根据土的分类，对于不满足建筑要求的地基提出大致的加固方法。

对土进行分类，主要是依据土颗粒的大小进行的，对粗粒土主要按颗粒组成进行分类，黏性土由于颗粒太小则按塑性图分类。土体本身非常复杂，而不同用途与目的的建（构）筑物对地基的要求也不相同，因此，我国不同行业对土的分类方法也各不相同，目前关于土的分类有如下几个标准、规范（或规程）：

(1)国家标准《土的工程分类标准》(GB/T 50145—2007);

(2)建设部《建筑地基基础设计规范》(GB 50007—2011);

(3)交通部《公路土工试验规程》(JTG 3430—2020)。

本节主要介绍《土的工程分类标准》(GB/T 50145—2007)和《建筑地基基础设计规范》(GB 50007—2011)中对土的工程分类,主要目的是让学生了解土的分类原则和一般方法。

4.3.1 《土的工程分类标准》(GB/T 50145—2007)

该分类体系是将土作为建筑材料,故以扰动土为基本对象,考虑了土的有机质含量、颗粒组成特征及土的塑性指标(液限、塑限和塑性指数),和国际上的一些分类体系比较接近,以土的组成为主进行分类,忽略土的天然结构性。常用于路堤、土坝和填土地基等工程。按照这一标准,土体总的分类体系如图 4-1 所示:

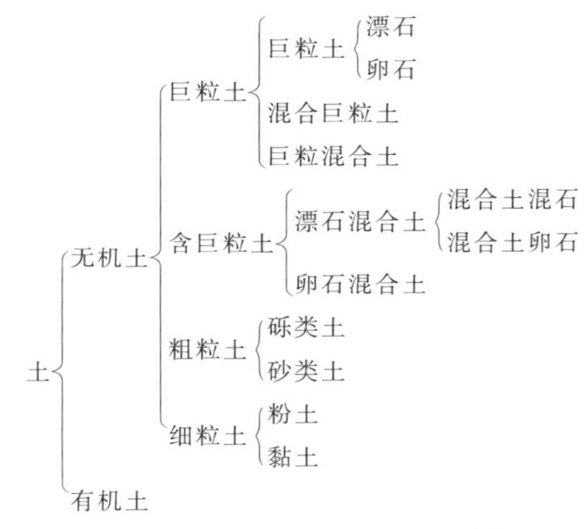

图 4-1　按《土的工程分类标准》分类

该体系土的分类根据下列指标确定:土颗粒组成及其特征、土的塑性指标及土中的有机质含量。根据土颗粒粒径大小划分为巨粒、粗粒和细粒三个粒组,见表 4-1。

表 4-1　粒组划分

粒组	颗粒名称		粒径 d 的范围 d/mm
巨粒	漂石(块石)		$d>200$
	卵石(碎石)		$60<d\leqslant 200$
粗粒	砾粒	粗砾	$20<d\leqslant 60$
		中砾	$5<d\leqslant 20$
		细砾	$2<d\leqslant 5$
	砂粒	粗砂	$0.5<d\leqslant 2$
		中砂	$0.25<d\leqslant 0.5$
		细纱	$0.075<d\leqslant 0.25$
细粒	粉粒		$0.005<d\leqslant 0.075$
	黏粒		$d\leqslant 0.005$

1. 巨粒类土的分类

巨粒类土根据土中所含粒径大于 60 mm 的巨粒含量的多少,分为巨粒土、混合巨粒土和巨粒混合土,见表 4-2。

表 4-2 巨粒类土的分类

土类	粒组含量		土类代号	土类名称
巨粒土	巨粒含量>75%	漂石含量大于卵石含量 漂石含量不大于卵石含量	B Cb	漂石(块石) 卵石(碎石)
混合巨粒土	50%<巨粒含量≤75%	漂石含量大于卵石含量 漂石含量不大于卵石含量	BSl CbSl	混合土漂石(块石) 混合土卵石(块石)
巨粒混合土	15%<巨粒含量≤50%	漂石含量大于卵石含量 漂石含量不大于卵石含量	SlB SlCb	漂石(块石)混合土 卵石(碎石)混合土

2. 粗粒土的分类

土样中巨粒组含量不大于15%,粗粒组含量超过50%的土称为粗粒土。粗粒土根据砾粒组含量和砂粒组含量的多少划分为砾类土和砂类土两类,见表4-3。砾类土和砂类土按照试样中粒径小于0.075 mm的细颗粒含量和土的颗粒级配进一步细分,具体见表4-4、表4-5。

对于细粒土质砾和细粒土质砂,定名时根据粒径小于0.075 mm土的液限值和塑性指数按塑性图分类:当属于黏土时,则该土定名为黏土质砾(GC)或黏土质砂(SC);当属于粉土时,该土定名为粉土质砾(GM)或粉土质砂(SM)。

表 4-3 粗粒土的分类标准

土类		粗粒含量	土代号
粗粒土	砾类土	砾粒组含量大于砂粒组含量	G
	砂类土	砾粒组含量不大于砂粒组含量	S

表 4-4 砾类土的分类

土类	粗粒含量		土类代号	土名称
砾	细粒含量<5%	级配:$C_u \geqslant 5$ 且 $1 \leqslant C_c \leqslant 3$	GW	级配良好砾
		级配:不同时满足上述要求	GP	级配不良砾
含细粒土砾	5%≤细粒含量<15%		GF	含细粒土砾
细粒土质砾	15%≤细粒含量<50%	细粒组中粉粒含量不大于50%	GC	黏土质砾
		细粒中粉粒含量大于50%	GM	粉土质砾

表 4-5 砂类土的分类

土类	粗粒含量		土类代号	土名称
砂	细粒含量<5%	级配:$C_u \geqslant 5$ 且 $1 \leqslant C_c \leqslant 3$	SW	级配良好砂
		级配:不同时满足上述要求	SP	级配不良砂
含细粒土砂	5%≤细粒含量<15%		SF	含细粒土砂
细粒土质砂	15%≤细粒含量<50%	细粒组中粉粒含量不大于50%	SC	黏土质砂
		细粒中粉粒含量大于50%	SM	粉土质砂

3. 细粒土的分类

试样中粒径小于 0.075 mm 的细粒组含量大于或等于全部质量 50% 的土粒称为细粒土。

细粒土一般依据塑性图进行分类。塑性图是由美国科学家卡萨格兰德于 1948 年提出的，塑性图中的横坐标为液限，纵坐标为塑性指数，液限与塑性指数不同的细粒土在塑性图中处于不同的区域。

一方面，塑性指数能综合反映土的颗粒大小、矿物成分和土粒比表面积的大小，但是塑性指数仅为液限与塑限的一个差值，不同液限和塑限、性质差别很大的土也可能具有相同的塑性指数，因此仅用塑性指数对细粒土进行分类还不能反映全部真实情况。

另一方面，土的液限大小可以间接地反映其压缩性的高低。土的液限越高，压缩性就越高；反之，压缩性就越低。

卡萨格兰德综合考虑液限与塑性指数之间的关系后所提出的细粒土塑性图分类方法目前已经被土力学界广泛接受，并且各国还根据本国土质的具体特点，对卡萨格兰特塑性图进行了必要的修正，该塑性图已成为目前比较普遍的细粒土分类方法。

我国也在卡萨格兰德塑性图的基础上，提出了适合我国的细粒土分类方法，如图 4-2(a) 所示，就是《土的工程分类标准》(GB/T 50145－2007) 中对细粒土分类采用的典型塑性图，其横轴是用质量为 76 g、锥角为 30° 的液限仪以锥尖入土深度为 17 mm 的标准测得的液限。表 4-6 是根据细粒土分类方法给出的分类结果。

此外，《土的工程分类标准》(GB/T 50145－2007) 还提供了以锥尖入土深度为 10 mm 所测得液限为指标的细粒土分类塑性图和分类方法，如图 4-2(b) 所示，这是为了方便不同行业、不同部门在选用不同液限标准时采用。

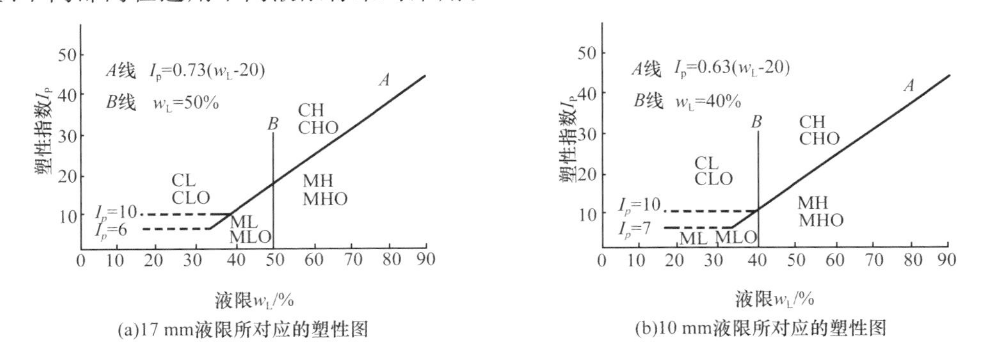

(a)17 mm液限所对应的塑性图　　(b)10 mm液限所对应的塑性图

图 4-2　细粒土分类塑性图

在图 4-2 中，当由塑性指数和液限确定的点位于 B 线右侧时，A 线以上为高液限黏土 (CH) 或高液限有机质土 (CHO)，A 线以下为高液限粉土 (MH) 或高液限有机质粉土 (MHO)。

当由塑性指数和液限确定的点位于 B 线左侧时，分两种情况：位于 A 线与 $I_p=10$ 线以上时，该土为低液限黏土 (CL) 或低液限有机黏土 (CLO)；位于 A 线以下和 $I_p=10$ 以下时，为低液限粉土 (ML) 或低液限有机粉土 (MLO)，这一范围的土还可按 $I_p=6$ (对于 10 mm 液限，则为 $I_p=7$) 再划分。

在使用图 4-2、表 4-6 和表 4-7 对细粒土按塑性图进行分类时，需注意两点：①若细粒土内含部分有机质，则土代号后加 O，如高液限有机质黏土（CHO）、低液限有机质粉土（MLO）等；②若细粒土内粗粒含量为 25%～50%，则该土属含粗粒的细粒土，当粗粒中砂粒占优势，则该土属含砂细粒土，并在土代号后加 S，如 CLS、MHS 等。

用塑性图划分细粒土，是以重塑土的两个指标（I_p 和 w_L）为依据的。这种标准能较好地反映土粒与水的相互作用的一些性质，却未能考虑天然土的另一个重要特性——结构性。因此，以土料为工程对象时，它是一种适宜的方法，但对于以天然土质为地基时，用该法可能存在不足。

表 4-6　细粒土分类定名法(按 17 mm 液限)

塑性指数和液限		名称	代号
塑性指数 I_p	液限 w_L/%		
$I_p \geqslant 0.73(w_L-20)$ 和 $I_p \geqslant 10$	$w_L \geqslant 50$	高液限黏土	CH
	$w_L < 50$	低液限黏土	CL
$I_p < 0.73(w_L-20)$ 和 $I_p > 10$	$w_L \geqslant 50$	高液限粉土	MH
	$w_L < 50$	低液限粉土	ML

表 4-7　细粒土分类定名法(按 10 mm 液限)

塑性指数和液限		名称	代号
塑性指数 I_p	液限 w_L/%		
$I_p \geqslant 0.63(w_L-20)$ 和 $I_p \geqslant 10$	$w_L \geqslant 40$	高液限黏土	CH
	$w_L < 40$	低液限黏土	CL
$I_p < 0.63(w_L-20)$ 和 $I_p > 10$	$w_L \geqslant 40$	高液限粉土	MH
	$w_L < 40$	低液限粉土	ML

4.3.2 《建筑地基基础设计规范》(GB 50007—2011)

该规范采用建筑工程的分类系统，是把土作为建筑地基和环境，以原状土为研究对象。因此，对土的分类，除颗粒组成外，还考虑了土的天然结构，即土颗粒之间的联结强度。

综合考虑土的粒径大小、粒组的土粒含量或土的塑性指数，将地基土分为碎石土、砂土、粉土、黏性土等，具体如下。

1. 碎石土

若土中粒径大于 2 mm 的颗粒含量超过全重的 50%，则该土属于碎石土。碎石土根据粒组的土粒含量按表 4-8 进一步细分。

表 4-8　碎石土的分类

土的名称	颗粒形状	粒组含量
漂石	圆形及亚圆形为主	粒径大于 200 mm 的颗粒超过全重的 50%
块石	棱角形为主	
卵石	圆形及亚圆形为主	粒径大于 20 mm 的颗粒超过全重的 50%
碎石	棱角形为主	
圆砾	圆形及亚圆形为主	粒径大于 2 mm 的颗粒超过全重的 50%
角砾	棱角形为主	

注：分类时应根据粒组含量栏从上到下以最先符合者确定。

2. 砂土

若土中粒径大于 2 mm 的颗粒含量不超过全重的 50%，且粒径大于 0.075 mm 的颗粒含量超过全重的 50%，则该土属于砂土(Sand)。砂土根据粒组的土粒含量按表 4-9 进一步细分。

表 4-9　　砂土的分类

土的名称	粒组含量
砾砂	粒径大于 2 mm 的颗粒含量占全重的 25%～50%
粗砂	粒径大于 0.5 mm 的颗粒含量超过全重的 50%
中砂	粒径大于 0.25 mm 的颗粒含量超过全重的 50%
细砂	粒径大于 0.075 mm 的颗粒含量超过全重的 85%
粉砂	粒径大于 0.075 mm 的颗粒含量超过全重的 50%

注：分类时应根据粒组含量栏从上到下以最先符合者确定。

3. 粉土

粉土是介于砂土与黏性土之间，塑性指数(I_p)小于或等于 10 且粒径大于 0.075 mm 的颗粒含量不超过全重 50%的土。

4. 黏性土

黏性土是指塑性指数(I_p)大于 10 的土。黏性土根据塑性指数按表 4-10 细分为黏土(Clay)、粉质黏土(Silty clay)。

表 4-10　　黏性土分类

土的名称	黏土	粉质黏土
塑性指数(I_p)范围	$I_p>17$	$10<I_p\leqslant 17$

注：表中塑性指数相应于 76 g 液限仪锥尖入土深度为 10 mm 所测得液限。

5. 淤泥与泥炭

淤泥是在静水或缓慢的流水环境中沉积并经生物化学作用而形成，$w>w_L$、$e\geqslant 1.5$ 的黏性土。$w>w_L$，$1.0\leqslant e<1.5$ 的黏性土或粉土为淤泥质土。

含有大量未分解的腐殖质，有机质含量 $W_u>60\%$的土为泥炭，$10\%\leqslant W_u\leqslant 60\%$的土为泥炭质土。

6. 红黏土

红黏土为碳酸盐系的岩石经红土化作用形成的高塑性黏土。其液限一般大于 50%。红黏土经再搬运后，仍保留基本特征，液限大于 45%的土称为次生红黏土。

7. 人工填土

人工填土根据其组成和成因，可分为素填土、压实填土、杂填土、冲填土。素填土为由碎石土、砂土、粉土、黏性土等组成的填土。经过压实或夯实的素填土为压实填土。杂填土为含有建筑垃圾、工业废料、生活垃圾等杂物的填土。冲填土为由水利充填泥砂形成的填土。

8. 膨胀土

膨胀土为土中黏粒成分主要由亲水性矿物组成，同时具有显著的吸水膨胀和失水收缩特性，其自由膨胀率大于或等于 40%的黏性土。

9. 湿陷性土

湿陷性土为在一定压力下浸水后产生附加沉降，其湿陷系数大于或等于 0.015 的土。

4.4 特殊土的工程性质

我国地大物博、幅员辽阔，从北到南、从西到东分为三级阶地，气候条件、径流条件差异很大，形成的土的类型也多种多样，在一些区域还分布一些具有特殊成分、状态或结构特征的土，我们称这些土为特殊土。一般来说，常见的特殊土类型包括：各种静水环境沉积的软土；西北、华北等干旱、半干旱气候区的湿陷性黄土；西南亚热带湿热气候区的红黏土；南方和中南地区的东北也有的膨胀土；高纬度、高海拔地区的多年冻土；干旱气候区和地下水排泄不良地区的盐渍土；人工填土（含吹填土）；农药、重金属和有机物所造成的污染土等。本节重点阐述其中软土、湿陷性黄土、红黏土、膨胀土、填土和盐渍土的特征、工程性质及分布范围等问题。

1. 软土

软土是指天然孔隙比大于或等于1.0，且天然含水量大于液限的细粒土，包括淤泥（$w>w_L$、$e\geqslant1.5$）、淤泥质土（$w>w_L$，$1.0\leqslant e<1.5$）、泥炭（有机质含量$W_u>60\%$）和泥炭质土（$10\%\leqslant W_u\leqslant60\%$）等。

软土广泛分布于我国的东海、黄海、渤海、南海等沿海地区，内陆平原和山区也有一定分布。例如天津塘沽、浙江温州、浙江宁波等地的滨海相沉积软土，闽江口地区的溺谷相沉积软土，长江中下游、珠江下游、淮河平原、松辽平原等地区的三角洲相、河滩相沉积软土。

内陆（山区）软土主要位于湖相沉积的洞庭湖、洪泽湖、太湖、鄱阳湖四周和古云梦泽地区边缘地带，以及昆明的滇池地区，贵州六盘水地区的洪积扇等，湖相沉积软土常常为泥炭、泥炭质土。

软土的压缩性高，强度低，含水量高，孔隙比大，渗透性差，建造在软土地基上的建（构）筑物如多层建筑、道路、堆场，建成后容易有较大的工后沉降和差异沉降，因此，往往需要事先进行软土地基处理，常采用的处理方法有真空预压法、堆载预压法和复合地基法等。

2. 湿陷性黄土

黄土是在干旱和半干旱气候条件下沉积形成的一种黄色粉状沉积物。我国黄土分布面积约64万km^2，其中具有湿陷性的约27万km^2，分布在北纬33°～47°。黄土颗粒以粉粒为主（0.050～0.005 mm为主，约占60%），粒度大小较均匀，黏粒含量较少；含碳酸盐、硫酸盐及少量易溶盐；含水量小；孔隙比大，具有肉眼可见的大孔隙；具有垂直节理，在沟谷两侧常呈现直立的天然边坡。黄土按其成因可分为原生黄土和次生黄土。一般认为不具层理的风成黄土为原生黄土。原生黄土经过地质作用，被冲刷、搬运并重新沉积而形成的为次生黄土。次生黄土一般具有层理，并含有沙砾和细砾。

在上覆土的自重压力作用下，或在上覆土的自重压力与建筑物荷载共同作用下，受水浸湿将发生显著沉降的黄土为湿陷性黄土，否则称为非湿陷性黄土。一般湿陷性黄土大多指新黄土，它广泛覆盖在老黄土之上的河岸阶地，颗粒均匀或较为均匀，结构疏松，大孔发育。

湿陷性黄土受水浸湿后在土自重压力下发生湿陷的称为自重湿陷性黄土；受水浸湿后在自重作用下不发生湿陷的称为非自重湿陷性黄土。

黄土湿陷性的形成有内在因素，也有外部条件：黄土的微结构特征、颗粒组成及其化学成分是内在因素；外部条件主要指水的浸润和压力大小。

湿陷性黄土的工程特征表现为：塑性较弱；含水较少；压实程度很差；孔隙较大；抗水性弱；遇水强烈崩解并具有一定的沉降性，膨胀量较小，但失水收缩较明显；渗透性较强；抗剪强度较高。

黄土地基上建造结构之前，一般应先进行消除湿陷性处理，常用的处理方法有强夯法和复合地基法。

3. 红黏土

红黏土是指碳酸盐岩系出露区的岩石，经红土化作用形成的棕红色、褐黄色的高塑性黏土。原生红黏土的液限一般大于50%；原生红黏土经风化再搬运沉积后，仍保留红黏土的基本特征，液限在45%～50%，这时称为次生红黏土。

红黏土的形成条件：①原岩以碳酸盐类岩石为主；②气候变化大，年降水量大于蒸发量。在岩层褶皱发育、岩石破碎和湿热环境下，风化作用强烈，这时更容易形成红黏土。

(1)红黏土的矿物成分与化学成分

矿物成分以高岭石、伊利石和绿泥石为主。黏土矿物具有稳定的结晶格架，细粒组结成稳固的团粒结构，土中水多为结合水。红黏土的化学成分以 SiO_2、Al_2O_3 和 Fe_2O_3 为主，其次为 CaO、MgO、K_2O 和 Na_2O。

(2)红黏土的物理力学性质

红黏土的天然含水量、孔隙比、饱和度和塑性界限（液限和塑限）都很高，但同时也具有较高的力学强度和较低的压缩性，并且各项指标的变化幅度很大。

(3)红黏土的粒度成分

红黏土的粒度成分中，小于0.005 mm的黏粒含量占60%～80%，其中小于0.002 mm的胶粒占40%～70%，由于细颗粒含量高，红黏土具有高分散性。

(4)红黏土的胀缩特性

在天然状态下红黏土的膨胀量微小，在失水（如干旱气候）条件下其收缩量较大，收缩后的土如果再遇水（如雨季），就会产生较大的膨胀量，这就是红黏土的胀缩性。

由于红黏土具有遇水膨胀和失水收缩的胀缩特性，在胀缩作用下土中会形成大量的裂隙，且裂隙的发生和发展速度极快，在干旱气候条件下形成大量的裂隙，成为雨季时地下水侵入的通道，导致土的抗剪强度降低，因此，在红黏土的地区常常面临边坡变形和失稳问题。

(5)红黏土场地中的地下水特征

在红黏土分布区域的土层裂隙中或软塑、流塑状态土层中可见土中水，类型以裂隙性潜水和上层滞水为主，水量不大，且一般无统一水位，主要靠大气降水补给，基岩岩溶裂隙水和地表水体水量一般均很小。红黏土层中的地下水水质属重碳酸钙型水，对混凝土一般不具有腐蚀性。由于塑性较大，红黏土的透水性较差。

(6)红黏土的分布规律

红黏土以残积土、坡积土类型为主，也有洪积土类型，一般分布在山坡、山麓、盆地或洼地中，其厚度的变化与原始地形和下伏基岩面的起伏变化密切相关。地域上主要分布在我国的贵州、云南、广西等地，在安徽、川东、粤北、鄂西和湘西也有一定分布。

4. 膨胀土

膨胀土是指含有大量的强亲水性黏土矿物成分，具有显著的吸水膨胀和失水收缩且胀缩变形往复可逆的高塑性黏土。

(1)膨胀土具有如下物理、力学性质

①土体颜色多呈黄色、黄褐色、灰白色、花斑(杂色)和棕红色。

②黏粒含量高，多达35%～85%。

③天然含水量接近或略小于塑限，故土体一般处于坚硬或硬塑状态。

④天然孔隙比小，并且随土体湿度的增减而变化，即土体增湿膨胀，孔隙比增大；土体失水收缩，孔隙比减小。

⑤自由膨胀率一般超过40%，不同地区的膨胀土，其膨胀率、膨胀力和收缩率等指标的差异很大。

⑥多由高分散性的黏土颗粒组成，常有铁锰质及钙质结核等零星包含物。

(2)膨胀土胀缩特性的主要影响因素

影响胀缩特性的内部因素主要有黏粒含量、蒙脱石含量、天然含水量、密实度及结构强度等。外部影响因素有气候条件、地形地貌及建筑物地基不同部位的日照、通风及局部渗水等能引起土体含水量剧烈或反复变化的各种因素。

(3)膨胀土胀缩性的工程危害

天然条件下的膨胀土一般具有较高的强度和较低的压缩性。但当膨胀土的含水量剧烈增大或土的原状结构被扰动时，土体强度会骤然降低，压缩性增高。膨胀土失水后会产生收缩，从而在近地表部位产生不规则的网状裂隙，破坏了土体的整体性，降低了土体强度，严重时导致土体丧失稳定性。建造在膨胀土地基上的建筑物会因土体强度的降低和地基失去稳定性而开裂或损坏，位于坡地上的建筑场地可能出现崩塌、滑坡、地裂缝等严重的地质灾害。

膨胀土主要分布在Ⅱ级阶地以上的河谷或山前丘陵地区，也有的分布在Ⅰ级阶地。

5. 填土

填土是在一定的地质、地貌和社会历史背景下，为了满足人类的某种活动而堆填的土。因此，填土在堆填方式、组成成分、分布特征及其工程性质等方面，均具有一定的复杂性。在一般的岩土工程勘察与设计工作中，如何正确评价、利用和处理填土层，将直接影响到基本建设的经济效益和环境效益。

根据《建筑地基基础设计规范》(GB 50007—2011)，填土可划分为素填土、杂填土、冲填土及压实填土四类。

(1)素填土

素填土是指由碎石、砂土、粉土、黏性土等一种或多种材料组成的填土。由于填土材料的物理、力学性质本身不同，加之采用人为无目的堆填方式，因此，一般来说，素填土地基的密实度比较小，且非常不均匀。当以填土作为地基特别是持力层时应进行相应的地基处理，对于粗颗粒土一般常用夯实的地基处理方法，而对于细颗粒土一般可以采用预压法，当素填土为局部小量分布时，也可以采用换填法进行。

(2)杂填土

杂填土是含有一种或多种建筑垃圾、工业废料、生活垃圾等大量杂物的填土。

对以建筑垃圾或一般工业废料为主要组成的杂填土，采用适当措施处理后可作为一般建筑物地基；而以生活垃圾和腐蚀性及易变性工业废料为主要成分的杂填土，一般不宜作为建筑物地基。

利用杂填土作为地基时应注意这些工程地质问题：①杂填土存在颗粒成分、密实度和平面分布及厚度上的不均匀性；②工程性质还可能随堆填时间而变化；③结构松散、干或稍湿的杂填土一般具有浸水湿陷性；④由于地表常常被埋在底下，因此还会有腐殖质及水化物方面的问题。

(3)冲填土(又称吹填土)

冲填土是指由水力冲填泥沙而形成的沉积土，即在人为造地和疏浚江河航道时，有计划地用挖泥船通过泥浆泵将泥沙夹着大量水分吹送至江河两岸而形成的一种填土。

冲填土的工程特性如下：

①冲填土的颗粒组成和分布规律与所冲填泥沙的来源及冲填时的水力条件有关系。

②采用黏性土为冲填料的冲填土，含水量大，渗透性较差，一般呈软塑或流塑状态，常采用静力排水固结法处理；而采用砂性土为冲填料的冲填土，尽管含水量大，但其渗透性好，常采用动力排水固结法处理。

③冲填土一般比同类自然沉积的饱和土强度低，压缩性高。

在我国的天津、上海、浙江、江苏、福建、广西等地，以及日本、韩国与东南亚等国家都为了滩涂造地而形成了大量的冲填土地基。

(4)压实填土

压实填土是指利用机械滚轮的压力压实土壤，使之达到所需的密实度。

6. 盐渍土

在沿海地区，海水倒灌浸入沿岸地区或内陆盆地或洼地的同时，易溶盐也随水流同时进入这些区域，或者在冲积平原易溶盐随地下水上升到包气带，由于水分不断蒸发而减少，易溶盐结晶出来，残留在土体中，当含盐量达到一定程度时即形成盐渍土。一般来说，盐渍土是指地表不深的范围内土体内含有石膏、芒硝、岩盐(硫酸盐或氯化物)等易溶盐且其含量大于0.3%的土。

盐渍土一般分布在地表至地面下1.5 m的部位，有时可深达4 m，土的含盐量多集中在近地表处，向深处逐渐减小；受季节变化影响较大，旱季盐分向地表大量聚集，表层含盐量增高，雨季盐分被水淋滤下渗，含盐量下降。

由于土体内含有易溶盐类，当所含硫酸盐类结晶时土体体积就会膨胀，而当盐类溶解后土体体积就会缩小，如此反复膨胀与缩小，就会破坏地基土的结构，降低其强度而形成松胀盐土。易溶盐类遇水溶解后还易使地基产生溶蚀现象，从而降低地基的稳定性。

由于盐渍土具有溶陷性、膨胀性和腐蚀性，其地基承载力也受季节和气候的影响，在干燥时盐分呈结晶状态，地基承载力较高，而一旦浸水，晶体溶解变为液体后，土体的承载力就会降低，压缩性增大。

因此，虽然盐渍土在天然状态下是很好的地基，可一旦周围环境发生改变就会产生严重的溶陷、膨胀和腐蚀现象，导致建筑物产生裂缝、倾斜或结构被腐蚀破坏。

在工程中，若场地内存在盐渍土，一般的处理方法有：①清除地基表层松散土层及含盐量超过规定的土层，使基础埋于盐渍土层以下；②将含盐量高的表层盐渍土用非盐渍土类的粗颗粒土层置换；③铺设隔绝层或隔离层，以防止盐分向上运移；④对溶陷性高、土层厚及荷载很大或重要建筑物上部地层软弱的盐渍土地基，可根据具体情况采用桩基础、灰土墩、混凝土墩或砾石墩基，并深入盐渍土临界深度以下部位；⑤采用重锤击实法和强夯法处理浅部盐渍土，消除地基土的湿陷量，提高其密实度及承载力，降低透水性，阻挡水流下渗，同时破坏土中原有的毛细结构，以隔断土中盐分向上运移的通道。

本章小结

本章首先基于风化作用，详细介绍了土的形成过程，以及不同的风化作用下生成不同性质的土的机制；其次依据不同沉积方法形成不同类型土体的成因原则，对土体进行了分类；再次根据工程需要，结合国家规范（或标准）对土体进行了分类；最后对常见的特殊土的形成机理、工程特性以及遇到对工程不利的特殊土时的处置方法进行了说明。

思考题

1. 比较物理风化作用与化学风化作用的异同。
2. 结合残积土与坡积土的特点，说明土的成因是如何影响其性质的。
3. 从矿物晶格组成特点方面说明湿陷性黄土与膨胀土性质不同的原因。
4. 绘制卡萨格兰德塑性图，并说明高液限土与低液限土在性质方面有什么不同。
5. 阐述碎石土、砂土、粉土、黏性土四大类土及其亚类的划分依据与标准。
6. 描述冲填软土的工程特性，并有针对性地提出相应的软土地基加固方法。

第5章　地下水

地下水

学习目标

1. 掌握地下水的基本概念及类型；
2. 掌握岩土的水理性质；
3. 熟悉地下水的物理和化学性质；
4. 熟悉地下水的运动规律；
5. 了解地下水引发的工程与环境问题及其防治技术。

地下水是赋存于地表以下岩土层空隙中的各种不同形式水的统称，主要来源于大气降水和地表水的入渗补给，并以地下渗流的方式补给地表水（河流、湖泊和沼泽），或直接注入海洋。地下水作为岩土三相物质组成中的一个重要部分，对岩土介质的物理力学性质的影响很大。地下水渗流会引起岩土体的渗透变形（或称渗透破坏），降低岩土强度和地基承载力，直接影响建筑物地基的稳定与安全；抽取地下水会导致地下水位下降，发生地基土固结，大量抽取地下水会诱发地基发生不均匀沉降，甚至导致建筑物发生倒塌；基坑涌水给建筑工程的施工带来不便，严重时甚至引发灾害；地下水还常常是滑坡、崩塌、泥石流、地面沉降和塌陷等地质灾害发生的主要原因；地下水对钢筋、混凝土和其他建筑材料还会产生腐蚀作用。因此，地下水是工程地质分析、评价和地质灾害防治中的一个极其重要的影响因素，研究地下水对工程建设尤为重要。下面就地下水的基本知识、地下水的类型、地下水的物理性质和化学成分、地下水的运动规律及地下水对工程建设的影响等问题进行简要介绍。

5.1　地下水概述

5.1.1　岩土中的空隙

地壳浅部岩土体内存在着大量的空隙，特别是浅表层，空隙广泛发育，这为地下水的赋存提供了空间条件。地下水存在于岩土的空隙之中，这些空隙既是地下水的储存场所，又是地下水渗透的通道，空隙的多少、大小、形状、连通情况及其分布规律，决定着地下水的分布与渗流。因此，有必要先研究地下水赋存的岩土介质的空隙。根据成因不同，岩土空隙可分为孔隙、裂隙和溶隙三大类，如图5-1所示。

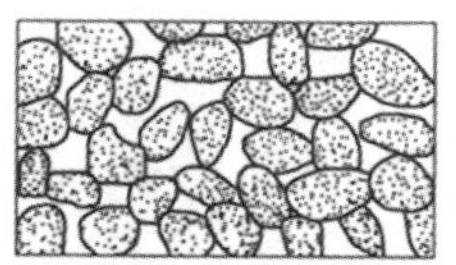
(a)分选良好、排列疏松的砂

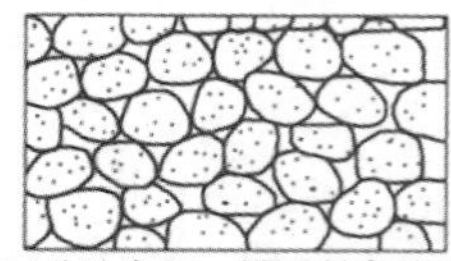
(b)分选良好、排列紧密的砂

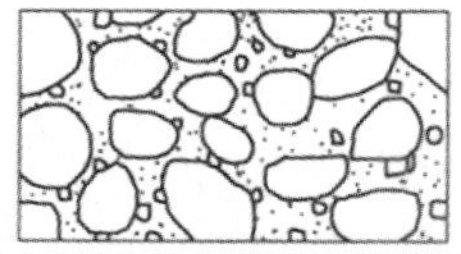
(c)分选不良、含泥砂的砾石

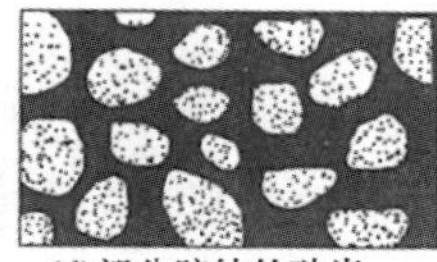
(d)部分胶结的砂岩

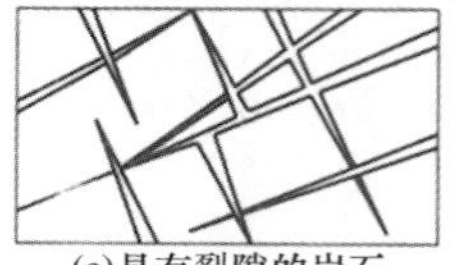
(e)具有裂隙的岩石

(f)具有溶隙的可溶岩

图 5-1 岩土介质中的空隙

1. 孔隙

松散岩土颗粒之间的空隙称为孔隙。孔隙发育程度的指标是孔隙率 n 或孔隙比 e。它是反映含水介质特性的重要指标，其计算公式为

$$n=\frac{V_n}{V}\times 100\% \tag{5-1}$$

式中 n——孔隙率；

V_n——岩土中孔隙体积；

V——包括孔隙在内的岩土总体积。

孔隙的大小主要取决于岩土的密实程度及分选性，颗粒形状和胶结程度对孔隙率也有一定影响。一般岩土越疏松，分选性越好，孔隙越大，如图 5-1(a)所示。反之，岩土越紧密，分选性越差，孔隙率越小，如图 5-1(b)～图 5-1(d)所示。土的孔隙率参考值列于表 5-1。

表 5-1 土的孔隙率参考值

土的名称	砾石	砂	粉砂	黏土
孔隙率/%	25～40	25～50	35～50	40～70

2. 裂隙

坚硬岩石受地壳运动及其他内、外地质引力作用影响产生的空隙，称为裂隙，如图 5-1(e)所示。裂隙的发育程度除与岩石受力条件有关外，还与岩性有关。坚硬的岩石，如石英岩、致密状石灰岩等张性裂隙发育，透水性好；而软质岩石，如泥岩、页岩等闭性裂隙发育，透水性很差，甚至不透水，构成隔水层。裂隙按其成因可分为成岩裂隙、风化裂隙和构造裂隙。裂隙的多少、方向、宽度、延伸长度以及充填情况，都对地下水运动产生重要影响。

衡量裂隙发育程度的指标是裂隙率，即裂隙体积与包括裂隙体积在内的岩石总体积的比值(小数或百分数)，其计算公式为

$$k_L=\frac{V_L}{V}\times 100\% \tag{5-2}$$

式中 k_L——裂隙率；

V_L——岩石中裂隙体积；

V——包括裂隙在内的岩石总体积。

3. 溶隙

可溶性岩石(白云岩、石灰岩等)经过地下水流长期溶蚀作用而形成的空隙，称为溶隙，

如图5-1(f)所示。

衡量可溶岩的溶隙发育程度的指标是溶隙率,其计算公式为

$$k_R=\frac{V_R}{V}\times 100\% \tag{5-3}$$

式中 k_R——溶隙率;

V_R——可溶岩中溶隙体积;

V——包括溶隙在内的可溶岩总体积。

研究岩土的空隙时,不仅要研究空隙的多少,而且更重要的是要研究空隙体本身的大小、空隙间的连通性和分布规律。松散土的孔隙大小和分布都比较均匀,且连通性好;岩石裂隙的宽度、长度和连通性差异均很大,分布不均匀;溶隙规模相差悬殊,其形状、大小等方面更加千变万化,小的溶孔直径只几毫米,大的溶洞可达几百米,有的形成地下暗河延伸数千米。

5.1.2 岩土的水理性质

岩土的水理性质是指岩土与水接触时,控制水分储存和运移的性质。岩土空隙的大小和数量不同,其容纳、保持、释出和透水的能力有所不同,这反映了岩土的容水性、持水性、给水性、透水性和毛细性等水理性质。

1. 容水性

在常压下岩土空隙中能够容纳一定水量的性能,称为容水性,以容水度来表示。容水度是指岩土空隙完全被水充满时,所能容纳的最大水体积与岩土体积之比,以小数或百分数表示。显然,容水度在理论上与空隙相等;但实际上,有些空隙不相连通导致容水度比空隙度小,膨胀性岩土充水后体积增大,容水度大于空隙度。

2. 持水性

饱水岩土在重力作用下排水后,依靠分子力和毛细管力仍然保持一定水分的能力,称为持水性。持水性在数量上用持水度来表示。持水度是指饱水岩土在重力作用下释水后,保持在岩土中的水的体积与岩土体积之比,用小数或百分数表示。其值大小取决于岩土颗粒表面对水分子的吸附能力,颗粒越细,吸附的水膜越厚,持水度就越大,反之就越小。

3. 给水性

饱水岩土在重力作用下能自由排出水的性能,称为给水性。其值用给水度表示。给水度是指饱水岩土在重力作用下,能自由流出的水的体积与岩土总体积之比,用小数或百分数表示。给水度等于容水度减去持水度。一般颗粒越粗,给水度越大,反之越小,见表5-2。

表5-2 典型岩土给水度

岩土名称	给水度	岩土名称	给水度
砾石	0.35～0.30	细砂	0.20～0.15
粗砂	0.30～0.25	极细砂	0.15～0.10
中砂	0.25～0.20		

4. 透水性

岩土的透水性是指岩土允许水透过的性能，常用渗透系数表示。岩土的透水性首先取决于岩土中空隙的大小和连通程度，其次和空隙的多少有关。如黏土的空隙度很大，但其透水性很弱，原因是黏土中空隙的直径很小，水在这些微孔中运动时，不仅由于水与孔壁的摩擦阻力大而难以通过，而且黏土颗粒表面吸附一层结合水膜，这种水膜几乎占满了整个空隙，使水更难以通过。

5. 毛细性

岩土的毛细性是指岩石中的地下水，在毛细张力（负压）作用下，沿毛细孔隙向各个方向运动的性能。在地下水面以上，水在毛细张力作用下，沿毛细孔隙上升到一定高度后停止，这个高度称为毛细上升高度，其计算公式为

$$h_c=\frac{0.03}{D}$$

式中 h_c——毛细上升高度；

D——毛细孔隙平均直径。

土的毛细上升高度见表 5-3。

表 5-3 土的毛细上升高度 mm

名称	细砾	极细砾	粗砂	中砂	细砂	粉砂
粒度	2～5	1～2	0.5～1	0.2～0.5	0.1～0.2	0.05～0.1
毛细上升高度	2.5	6.5	13.5	24.6	42.8	105.5

5.1.3 地下水的物理性质与化学成分

地下水在运动过程中会与各种岩土介质发生水-土（岩）相互作用，因此研究地下水的物理性质与化学成分，分析地下水的水质，对于深入了解地下水的形成条件与动态变化，分析地下水对岩土介质、建筑材料的侵蚀性，以及查明地下水的污染等具有重要意义。

1. 地下水的物理性质

地下水的物理性质包括温度、颜色、透明度、气味、味道、导电性等。

（1）温度

地下水的温度变化范围很大，主要受气候和地质条件控制。如寒带和多年积雪地带，浅层地下水温度可低至－5 ℃以下，而埋藏于火山活动地区和地壳深处的地下水温度可达几十摄氏度甚至超过 100 ℃。

（2）颜色

纯净的地下水是无色的，但当水中含有某些有色离子时，便会带有各种颜色。如含 Fe^{2+} 时水为褐黄色，含有机腐殖质时为灰暗色。

（3）透明度

地下水多半是透明的，当水中含有矿物质、机械混合物、有机质及胶体时，地下水的透明度就会发生改变。根据透明度可将地下水分为透明的、微浑的、浑浊的、极浑浊的几种。

（4）气味

纯净的地下水是无味的，但当水中含有硫化氢气体时，就会有臭鸡蛋味；当含腐殖质时，具有沼泽味等。

(5)味道

地下水的味道主要取决于地下水的化学成分。含 NaCl 的水有咸味，含 $CaCO_3$ 的水清凉爽口，含 $Ca(OH)_2$ 和 $Mg(HCO_3)_2$ 的水有甜味，含 $MgCl_2$ 的水有苦味。

(6)导电性

当含有一些电解质时，水的导电性增强；离子价越高，则水的导电性越强。导电性还与温度的影响有关。

2. 地下水的化学性质

(1)地下水常见的化学成分

地下水中存在着大量的化学元素，其中大部分以离子状态存在，还有一部分以化合物分子和气体状态存在。

①主要离子成分：地下水中含有数十种离子成分，常见的阳离子有 H^+、Na^+、K^+、NH_4^+、Mg^{2+}、Ca^{2+}、Fe^{2+} 等；阴离子有 OH^-、Cl^-、SO_4^{2-}、NO_2^-、NO_3^-、HCO_3^-、CO_3^{2-}、SiO_3^{2-} 等。其中 Na^+、K^+、Ca^{2+}、Mg^{2+}、Cl^-、SO_4^{2-}、HCO_3^- 等 7 种是地下水的主要离子成分，分布广，在地下水中含量很高，决定了地下水化学成分的基本类型和特点。

②主要气体成分：地下水中含有多种气体成分，其中主要气体成分有 N_2、O_2、CO_2、H_2S。一般情况下，地下水中气体含量只有每升几毫克到几十毫克。

③胶体成分与有机质：以碳、氢、氧为主的有机质，经常以胶体方式存在于地下水中。大量有机质的存在，有利于进行还原作用，从而使地下水的化学成分发生变化。很难以离子状态溶于水的化合物也往往以胶体状态存在于地下水中，其中分布最广的是 $Fe(OH)_2$、$Al(OH)_3$ 及 SO_2。

(2)地下水的化学性质

①酸碱度(pH)：氢离子浓度代表水的酸碱度，用 pH 表示。$pH=1g[OH^+]$。自然界中大多数地下水的 pH 在 6.5～8.5。根据 pH 可将水分为 5 类，见表 5-4。

表 5-4　　地下水按 pH 的分类

水的类别	强酸性水	弱酸性水	中性水	弱碱性水	强碱性水
pH	<5.0	5.0～6.5	6.5～8.0	8.0～10.0	>10.0

地下水的氢离子浓度主要取决于水中 HCO_3^-、CO_3^{2-} 和 H_2CO_3 的数量。

②矿化度(M)：地下水中各种离子、分子与化合物的总量称为矿化度，以 g/L 或 mg/L 为单位，表示水的矿化程度。矿化度通常以 105～110 ℃下将水蒸干后所得的干燥残余物之质量表示，也可利用阴、阳离子和其他化合物含量之和概略表示矿化度，但其中重碳酸根离子含量只取 1/2 计算。据矿化度把地下水分为 5 类，见表 5-5。

表 5-5　　地下水按矿化度的分类

分类	淡水	微碱水	碱水	盐水	卤水
矿化度/($g \cdot L^{-1}$)	<1	1～3	3～10	10～50	>50

③硬度：水中钙、镁离子的含量称为水的硬度。硬度可分为总硬度、暂时硬度和永久硬度。总硬度是指水中 Ca^{2+}、Mg^{2+} 的总量，暂时硬度指水加热沸腾后所损失的 Ca^{2+}、Mg^{2+} 含量，此时仍保持在水中的 Ca^{2+}、Mg^{2+} 含量称为永久硬度。因此，总硬度等于暂时硬度与永久硬度之和。生活饮用水质标准规定，水的硬度以每升水中 $CaCO_3$ 的含量(mg)表示，要求小于 550 mg/L。

5.2 地下水的类型

地下水有多种分类方法，这里仅介绍按地下水埋藏条件和含水层介质进行分类。为了更好地理解地下水分类，先介绍含水层与隔水层的基本概念。

5.2.1 含水层与隔水层

含水层是指在正常水力梯度下，能够透过并能给出相当数量水的岩土层。含水层的形成必须具备三个条件：有较大且连通的空隙；与隔水层组合形成储水空间，以便地下水汇集而不致流失；有充分的补给来源。

隔水层是指在正常水力梯度下，不能透过或给出水，或者透过或给出水的数量微不足道的岩土层。隔水层可以含水甚至饱水（如黏土），也可以不含水（如致密的岩石）。

含水层与隔水层的划分是相对的，并不存在截然的界线和绝对的定量标准。从某种意义上讲，含水层和隔水层是相比较而存在的。比如，泥质粉砂夹在黏土层中，由于其透水能力和给水能力均比黏土层强，故泥质粉砂可视为含水层；若泥质粉砂夹在粗砂层中，由于粗砂透水能力和给水能力均比泥质粉砂强得多，故相对来说，泥质粉砂就可视为隔水层。由此可见，同一岩土层在不同地质条件下可能具有不同的水文地质意义。

5.2.2 地下水的埋藏类型

根据地下水的埋藏条件，即含水层在地质剖面中所处的部位及受隔水层限制的情况，地下水可划分为上层滞水（包气带水）、潜水、承压水。根据含水介质的不同可将地下水分为孔隙水、裂隙水及岩溶水。将两者组合可划分出 9 类地下水，如孔隙上层滞水、潜水、承压水等。

根据含水情况的不同，地面以下岩土层可分为包气带和饱水带两个带。地表以下一定深度内存在着地下水面（潜水面），地下水面以上称为包气带，地下水面以下称为饱水带。

1. 上层滞水（包气带水）

上层滞水是指在包气带内局部隔水层上积聚的具有自由水面的重力水，也称包气带水，如图 5-2 所示。上层滞水接近地表，接受大气降水的补给，以蒸发形式或向隔水底板边缘排泄。雨季时获得补给，赋存一定水量；旱季时水量减少，甚至干涸。因此，上层滞水很不稳定，动态变化显著。上层滞水有时会给建筑物施工带来麻烦，甚至危害工程建设。春季北方地区道路翻浆一般与上层滞水有关。

2. 潜水

潜水是埋藏于地表以下第一个稳定隔水层之上具自由水面的重力水。潜水主要分布在松散土层中。潜水的自由水面称潜水面。潜水面上任一点的高程为该点的潜水位；自地面某点至潜水面的距离为该点潜水的埋藏深度；从潜水面至隔水底板的距离为潜水含水层的厚度，如图 5-2 所示。

潜水的补给方式有多种，其中大气降水是潜水最主要的补给来源，但大气降水补给潜水的数量与降水特点、包气带厚度、岩土透水性及地表的覆盖情况等密切相关。一般来说，时

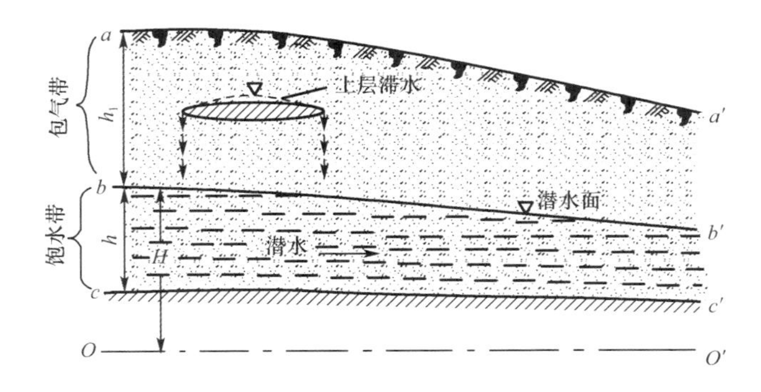

图 5-2 包气带水和潜水

aa'—地面；bb'—潜水面；cc'—隔水层面；OO'—基准面

间短的暴雨对补给地下水不利，而连绵细雨能有效地补给地下水。地表水也是地下水的重要补给来源，当地表水水位高于潜水水位时，地表水就会补给地下水，潜水的动态变化往往受地表水变化影响。此外，潜水补给来源还包括干旱地区的大气凝结水补给，深层地下水通过构造破碎带或导水断层补给等不同形式，或多种补给方式并存方式。

潜水的排泄方式也有多种，如在山区多以泉、渗流等形式泄出地表或流入地表水（径流排泄）；在干旱或半干旱地区，通过包气带或蒸发进入大气（蒸发排泄）；含水层之间，也常常通过导水断层、天窗越流等方式排泄。

潜水的径流是指潜水在重力作用下，由补给区流向排泄区的过程。可见补给区与排泄区的位置与高差决定着地下水径流的方向与径流速度，补给与排泄条件越好，透水性越强，则径流条件越好。

潜水面常以潜水等水位线图表示。潜水等水位线图就是潜水面上高程相等各点的连线，如图 5-3(a)所示，它可以解决如下问题：

(1)确定潜水流向：潜水自水位高的地方向水位低的地方流动，形成潜水流。在潜水等水位线图上，在相邻两等水位线间作一垂直连线，由高水位指向低水位的方向即潜水流向，如图 5-3(a)所示箭头所示的方向。

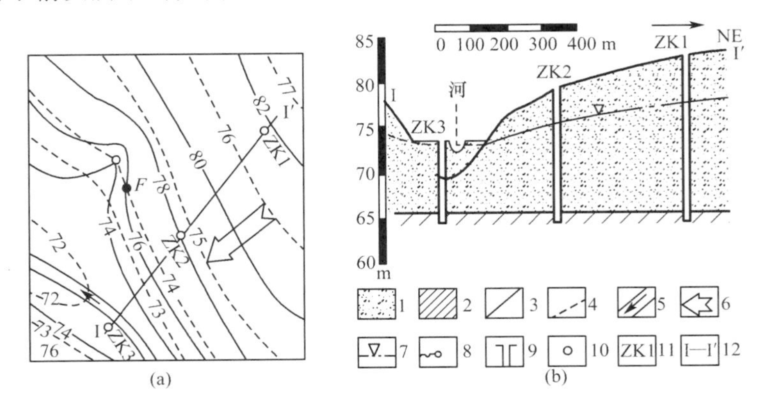

图 5-3 潜水等水位线图及水文地质剖面图

1—砂土；2—黏土；3—地形等高线；4—潜水等水位线；5—河流及流向；6—潜水流向；7—潜水面；8—下降泉；9—钻孔（剖面图）；10—钻孔（平面图）；11—钻孔编号；12—I-I′剖面线

（2）确定潜水的水力坡度：在潜水流向上取两点的水位差除以两点间的距离，即得该点潜水的水力坡度（近似值）。

（3）确定潜水与地表水之间的补给关系：如果潜水流向指向河流，则潜水补给河水；如果潜水流向背向河流，则河水补给潜水，如图 5-4 所示。

图 5-4　地表水（河流）与潜水之间的相互补给关系

（4）确定潜水的埋藏深度：潜水等水位线图应绘于附有地形等高线的图上，某一点的地形标高与潜水位之差即该点潜水的埋藏深度。图 5-3(a)中的点 F 的潜水埋深为 2 m。

3. 承压水

承压水是指充满于两个稳定隔水层之间承受一定压力的含水层中的重力水。如图 5-5(a)所示为埋藏于向斜盆地中的承压水，图 5-5(b)所示为其局部。承压含水层出露地表较高的一端称为补给区（A），较低的一端称为排泄区（C），承压含水层上覆盖隔水层的地区称为承压区（B）。承压含水层的上覆隔水层称为隔水顶板，下伏隔水层称为隔水底板。顶、底板间的距离为承压含水层厚度（M）。在承压区，钻孔钻穿隔水顶板后才能见到地下水。见水高程（H_1）即隔水顶板底面的高程，在工程上称为初见水位。承压水在静水压力作用下沿钻孔上升到一定高度停止，这一高程称为承压水位或测压水位（H_2）。承压水位高出隔水顶板底面的距离（H）称为承压水头。承压水位高于地表的地区称作自流区（D），在此区，凡钻到承压含水层的钻孔都形成自流井，承压水沿钻孔上升喷出地表。各井点承压水位连成的面称为承压水面。承压水面不是真正存在的地下水面，而只是一个虚构的压力面。

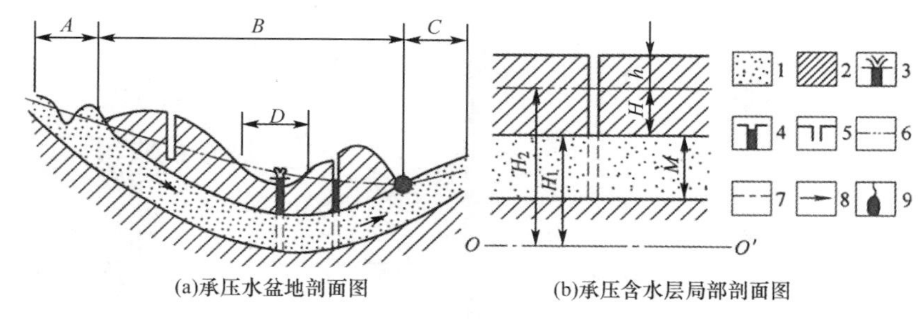

图 5-5　承压含水层

1—含水层；2—隔水层；3—自流井；4—非自流井；5—干井；6—潜水位；7—承压水水位；8—地下水流向；9—上升泉；A—补给区；B—承压区；C—排泄区；D—自流区；h—承压水埋深；M—承压含水层厚度；H_1—初见水位；H_2—承压水位；H—承压水头；OO'—基准面

相对于潜水等其他类型的地下水，承压水具有如下主要特征：

（1）承压水不具有自由水面，并承受一定的静水压力。

（2）承压含水层的分布区与补给区不一致，常常是补给区远小于分布区，一般只通过补给区接受补给。

(3)承压水的动态比较稳定,受气候等外界影响较小,水位、温度、矿化度等均比较稳定。

(4)承压水不易受地面污染,一般可作为良好的供水水源。

承压水面不同于潜水面,常与地形极不吻合,甚至高出地表面。钻孔钻到承压水位处是见不到水的,必须凿穿隔水顶板才能见到水。

承压水面在平面图上用承压水等水压线图表示。等水压线图是承压水面上高程相等点的连线。等水压线图和Ⅰ′-Ⅰ水文地质剖面图如图5-6所示。等水压线图上必须附有地形等高线和顶板等高线。根据承压水等水压线图可以判断承压水流向、确定初见水位、承压水埋深、承压水头大小以及水力坡度等。规模大的承压含水层是很好的供水水源。承压水的水头压力能引起基坑突涌,破坏坑底稳定性。

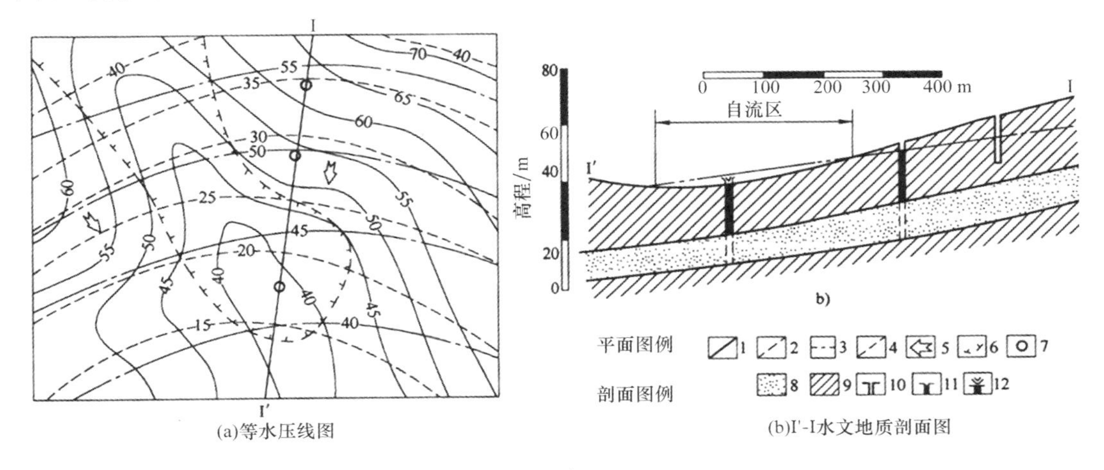

图5-6　等水压线图和Ⅰ′-Ⅰ水文地质剖面图

1—地形等高线;2—顶板等高线;3—等水压线;4—承压水位线;5—承压水流向;6—自流区;7—井;8—含水层;9—隔水层;10—干井;11—非自流井;12—自流井

5.2.3　不同岩土介质中的地下水

1.孔隙水

孔隙水广泛分布于第四纪松散沉积物中,受沉积物的成因类型控制。根据成因和地貌条件,孔隙水可划分为山前倾斜平原孔隙水、河谷地区孔隙水、冲积平原孔隙水等。下面仅介绍山前倾斜平原孔隙水。

山前倾斜平原是山区与平原相接的过渡地带,通常由一连串冲积扇、洪积扇以及山麓坡积相连而成。地面坡度由陡变缓,沉积物由粗变细,层次由少变多,地下水埋深由深变浅,水力坡度由大变小,透水性和给水性由强变弱,径流条件由好变差,矿化度由低增高,水质由好变差。

以山前倾斜平原的典型洪积扇为例,自出山口至平原沿着纵向可分为三个水文地质带,即深埋带、溢出带和垂直交替带,如图5-7所示。深埋带位于洪积扇上部,地面坡度大,沉积物粗,透水性好,来自大气降水、山区河水的补给条件好,径流条件亦好,由于地下水埋藏深,常达数十米,故称深埋带。溢出带位于洪积扇中部,具有过渡特性,地形变缓,颗粒变细,透水性和潜水径流明显减弱,潜水埋深变浅,蒸发作用加强,水的矿化度增大,由于受透水性差的土层阻挡,常有泉水溢出,故称溢出带。垂直交替带位于洪积扇前缘,其边缘常因冲积、湖积物交替沉积，形成复合堆积，透水性弱，径流缓慢，地下潜水主要消耗于蒸发，故称垂直交替带。如垂直交替带底部存在承压含水层，往往形成底部承压水的顶托补给。

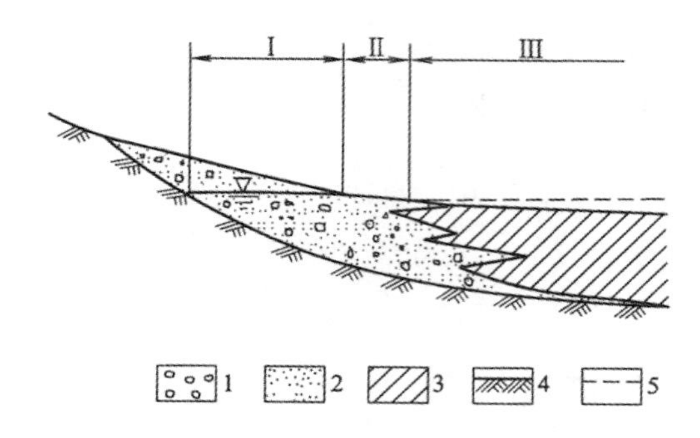

图 5-7　洪积物中地下水分布示意图

Ⅰ—深埋带；Ⅱ—溢出带；Ⅲ—垂直交替带；1—砾卵石；2—砂；3—粉质黏土及粉土；4—基岩；5—水位

2. 裂隙水

裂隙水是指埋藏于基岩裂隙中的地下水。根据裂隙成因类型不同，裂隙水可分为风化裂隙水、成岩裂隙水、构造裂隙水三类。与孔隙水相比，裂隙水具有以下特征：埋藏与分布极不均匀，在各个方向上透水性呈各向异性，动力性质比较复杂。

(1)风化裂隙水

分布在风化裂隙中的地下水称为风化裂隙水，绝大部分为潜水，具有统一的水面，多分布在出露基岩的表层，其下新鲜的基岩为含水层的下限。水平方向透水性均匀，垂直方向随深度而减弱。风化裂隙水的补给来源主要为大气降水，其补给量的大小受气候及地形因素的影响很大，气候潮湿多雨和地形平缓地区，风化裂隙较发育，常以泉的形式排泄入河流中。

(2)成岩裂隙水

赋存于成岩裂隙中的地下水称为成岩裂隙水，如玄武岩在成岩过程中，由于冷凝收缩常形成柱状节理和层面节理，裂隙均匀密集，张开性好，贯穿连通，常形成储水丰富、导水畅通的潜水含水层。具有成岩裂隙的岩层出露地表时，常赋存成岩裂隙潜水。具有成岩裂隙的岩体为后期地层覆盖时，也可构成承压含水层，往往水量丰富，水质好。

(3)构造裂隙水

赋存于构造裂隙中的地下水称为构造裂隙水。发育于脆性岩层中的张性断层，中心部分多为疏松的构造角砾岩，两侧张裂隙发育，具有良好的导水能力。当这样的断层沟通含水层或地表水体时，断层带兼具储水空间、集水廊道与导水通道的功能，对地下工程建设危害较大，必须高度重视。

3. 岩溶水

赋存和运移于可溶岩层(石灰岩、白云岩)中的地下水称为岩溶水。岩溶水在我国分布普遍，特别是南方地区，其水量丰富，水质好，可作为大型供水水源；但岩溶区易发生地面塌陷，给交通和工程建设带来很大危害，对地下资源开发也是不利的。因此，在岩溶地区进行地下和地面工程建设时，必须弄清岩溶的发育和分布规律，以便采取相应的处理措施，确保工程安全。

5.3 地下水运动的基本规律

地下水在岩土空隙中的运动称为渗流。因岩土空隙的大小、形状和连通情况各不相同，故地下水在这些空隙中的运动速度和运动方向也大不相同。如果按实际情况研究地下水的运动，势必将遇到很大的困难。为此，简化处理，用连续充满整个含水层(包括颗粒骨架和孔隙)的假想水流来代替仅在岩土空隙中流动的真实水流。

地下水运动时，水质点有序地呈相互平行而互不干扰的运动，称为层流；水质点相互干扰而呈无序的运动，称为湍流或紊流。天然条件下地下水在岩土空隙中的运动速度一般都很小，多为层流运动，符合达西(Darcy)线性渗透定律。

5.3.1 达西线性渗透定律

1856 年，法国水利工程师 Darcy 通过大量的室内试验，发现达西线性渗透定律。渗透试验装置如图 5-8 所示。在一个有两个流体压力计的玻璃管中填满试验砂样，两端堵塞，并在上、下两个塞子上分别插进入流管和出流管，水自上端流入，下端流出，流出量等于流入量。

通过达西试验，得出如下公式：

$$Q=kA\frac{H_1-H_2}{L}=kA\frac{\Delta H}{L}=kAI \tag{5-4}$$

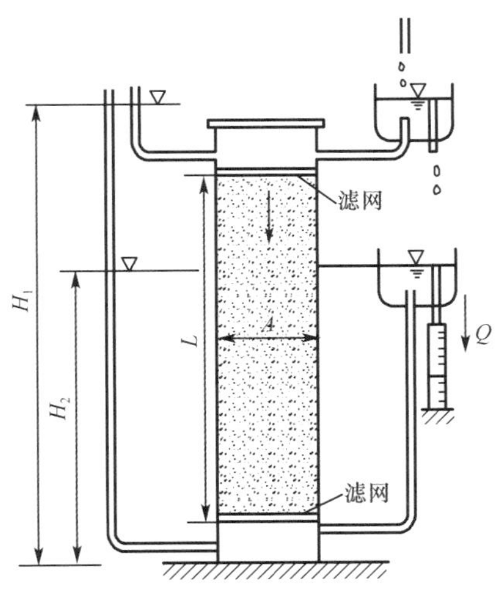

图 5-8 渗透试验装置

或

$$v=\frac{Q}{A}=kI \tag{5-5}$$

式中 Q——渗流量，m^3/d 或 cm^3/s；

A——过水断面面积，m^2 或 cm^2；

ΔH——水头损失，m 或 cm；

L——渗流距离，m 或 cm；

k——渗透系数，m/d 或 cm/s；

I——水力坡度；

v——渗流速度，m/d 或 cm/s。

式(5-5)表明，渗流速度与水力坡度成正比，故称其为 Darcy 线性渗透定律。天然条件下，地下水的实际流速很小，故该定律的适用范围很广，只有在宽大的裂隙或溶隙中运动时，水流速度较大，才可能出现湍流运动，不满足达西线性渗透定律。

1. 渗透系数(k)

由达西定律可知，渗透系数与渗流速度具有相同的单位量纲。当 $I=1$ 时，$k=v$，即渗透系数是单位水力坡度时的渗流速度。当水力坡度为定值时，渗透系数越大，渗流速度越大。由此可见，渗透系数可定量说明岩土的渗透性能。渗透系数越大，岩土的透水能力越强。k 值可在室内做渗透试验测定或在野外做抽水试验测定。一些松散岩土的渗透系数参考值见表 5-6。

表 5-6　一些松散岩土的渗透系数参考值

名称	渗透系数 $k/\mathrm{m \cdot d^{-1}}$	名称	渗透系数 $k/\mathrm{m \cdot d^{-1}}$
砾石	$6.0\times10^{-4}\sim1.8\times10^{-3}$	黄土	$3.0\times10^{-6}\sim6.0\times10^{-6}$
粗砂	$2.4\times10^{-4}\sim6.0\times10^{-4}$	粉质黏土	$1.2\times10^{-8}\sim6.0\times10^{-7}$
中砂	$6.0\times10^{-5}\sim2.4\times10^{-4}$	粉土	$6.0\times10^{-7}\sim6.0\times10^{-6}$
细砂	$6.0\times10^{-6}\sim1.2\times10^{-5}$	黏土	$<1.2\times10^{-8}$
粉砂	$6.0\times10^{-6}\sim1.2\times10^{-5}$		

2. 水力坡度(I)

水力坡度为沿渗透途径水头损失与相应渗透路径的比值。地下水在实际运动时，水质点受到空隙壁以及其自身的摩擦力，克服这些阻力保持一定的流速，就要消耗能量，产生水头损失。故水力坡度可理解为水流通过单位长度渗流途径时，为克服阻力，保持一定流速所消耗的水头。

3. 渗流速度(v)

式(5-4)中，过水断面面积包括岩土颗粒所占据的面积及空隙所占据的面积，而水流实际通过的过水断面面积 A_1 为空隙所占据的面积，即

$$A_1=An \tag{5-6}$$

式中　n——岩土的孔隙度。

5.3.2　非线性渗透定律

当地下水在宽大的基岩裂隙和溶隙中以相当快的速度运动时，往往呈现出湍流运动。此时，渗透不再服从达西线性渗透定律，而是服从 A. Chezy 定律，即

$$v=k\sqrt{I} \tag{5-7}$$

即渗透速度与水力坡度的 1/2 次方成正比。

5.4 地下水与工程

地下水是引起地质环境改变的重要因素。下面从地下水位变化、水环境改变、静水压力和渗透压力角度讨论地下水对工程建设的影响。

5.4.1 地下水位下降引起的地基沉降

在松散沉积层中进行深基础施工时，往往需要人工降低地下水位。若降水不当，会使周围地基土层产生固结沉降，轻则造成邻近建筑物或地下管线的不均匀沉降，重则使建筑物基础下的土体颗粒流失，甚至被掏空，形成管涌等灾害，导致建筑物开裂甚至倒塌等工程事故。

一方面，如果抽水井滤网和砂滤层的设计不合理或施工质量差，则抽水时会将软土层中的黏粒、粉粒甚至细砂等细小土颗粒随同地下水一起带出地面，使周围土层很快产生不均匀沉降，造成地面建筑和地下管线不同程度的损坏。另一方面，井管开始抽水时，井内水位下降，井外含水层中的地下水不断流向滤管，经过一段时间后，在井周围形成漏斗状的弯曲水面——降水漏斗。在这一降水漏斗范围内的软土层会发生渗透固结而造成地基土沉降。而且，由于土层的不均匀性和边界条件的复杂性，降水漏斗往往是不对称的，因而使周围建筑物或地下管线产生不均匀沉降甚至开裂等灾害。

5.4.2 动水压力产生的流沙现象

地下水自下而上渗流，当向上的渗流力克服了土体向下的重力，则土颗粒向上浮起，处于悬浮状态失去稳定，土粒随水一起流动，这种现象称为流沙。此现象多发生在饱和粉细砂以及粉土层中，一般是突发性的，对工程危害很大。在可能产生流沙的地区，若其上面有一定厚度的土层，则应尽量利用上面的土层做天然地基，也可用桩基穿过流沙，尽可能避免开挖。如果一定要考虑开挖，可用以下方法处理流沙：

(1)人工降低地下水位。使地下水位降至可能产生流沙的地层以下，然后再开挖。

(2)打板桩。在土中打入板桩，一方面可以加固坑壁，另一方面增大了地下水的渗流路径以减小水力坡度。

(3)水下挖掘。在基坑或沉井中使用机械进行水下挖掘，避免因排水而造成产生流沙的水头差。为了提高砂的稳定性，也可向基坑中注水并同时进行挖掘。

此外，处理流沙的方法还有化学加固法、冻结法、爆炸法及加重法等。在基槽开挖的过程中局部地段出现流沙时，立即抛入大块石等，可以克服流沙的活动。

5.4.3 管涌现象和潜蚀作用

在渗透水流作用下，土中的细颗粒在粗颗粒形成的空隙中移动，以至流失；随着土的空隙不断扩大，渗流速度不断增加，较粗的颗粒也相继被水流逐渐带走，最终导致土体中形成贯通的流动通道，造成土体塌陷，这种现象称为管涌，严重者整体移动，称为潜蚀。

潜蚀作用包括机械和化学作用两种。机械潜蚀是指土粒在地下水的动水压力作用下受到冲刷而被冲走，使土的结构破坏，形成洞穴的作用；化学潜蚀是指地下水溶解土中易溶岩，使土粒间结合力和土的结构破坏，土粒被水带走，形成洞穴的作用。这两种作用一般是同时进行的。土是否发生管涌首先取决于土的性质，管涌多发生在砂性土中。无黏性土产生管涌必须具备两个条件：①几何条件，土中粗颗粒所构成空隙直径必须大于细颗粒直径，这是必要条件，一般不均匀系数大于 10 的土才会发生管涌；②水力条件，渗流力能带动细颗粒在空隙间移动是发生管涌的水力条件。

5.4.4 承压水对基底产生的基坑突涌

当基坑下伏有承压含水层时，开挖基坑减小了底部隔水层的厚度。开挖基坑所留底板经受不住承压水头压力作用而被承压水顶裂或冲毁的现象称为基坑突涌。

为避免基坑突涌的发生，必须验算基坑底层的安全厚度 M，如图 5-9 所示。根据基坑底层厚度与承压水头压力的平衡关系式

$$\gamma M=\gamma_{w} H \tag{5-8}$$

可求出隔水层的安全厚度为

$$M \geqslant \frac{\gamma_{w}}{\gamma} H \tag{5-9}$$

式中 H——承压水头，m；

γ_{w}——水的重度，kN/m^3；

γ——土的重度，kN/m^3。

由于工程施工需要，当开挖基坑后的坑底黏土层厚度小于安全厚度时，为防止基坑突涌，必须对承压水层进行预先降水，以降低承压水头压力，如图 5-10 所示。降低后的基坑中心承压水位 H_{w} 必须满足下式

$$H_{w} \leqslant \frac{\gamma}{\gamma_{w}} M \tag{5-10}$$

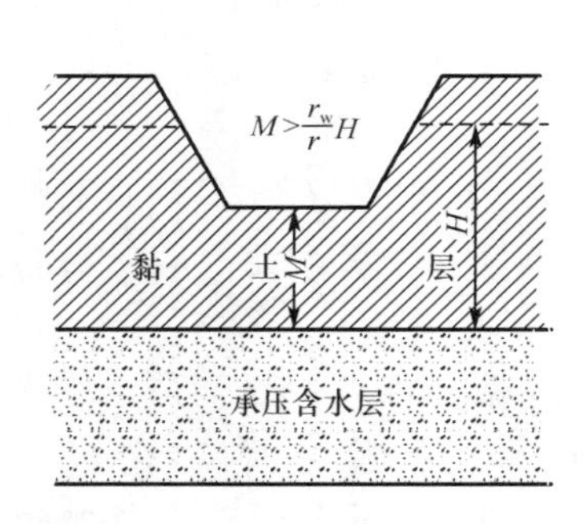

图 5-9 基坑底黏土层安全厚度

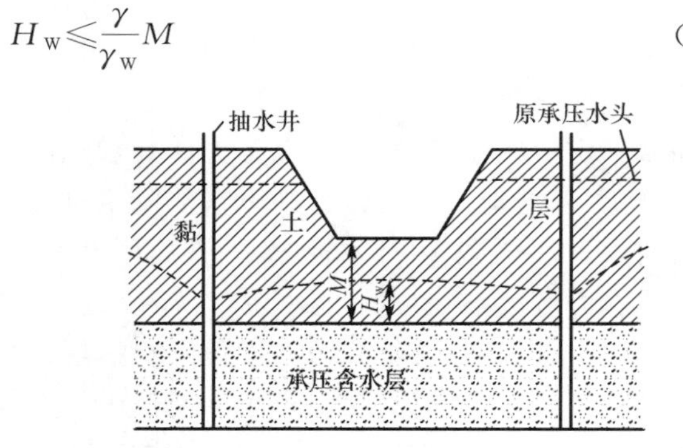

图 5-10 防止基坑突涌的排水降压

5.4.5 地下水的浮托作用

当建筑物基础底面位于地下水位以下时，地下水对基础底面产生静水压力，即产生浮托力。如果基础位于粉土、砂土、碎石土和节理裂隙发育的岩石地基上，则按地下水位 100% 计算浮托力；如果基础位于节理裂隙不发育的岩石地基上，则按地下水位 50%计算浮托力；如果基础位于黏性土地基上，其浮托力较难确切地确定，应结合地区的实际经验考虑。

地下水不仅对建筑物基础产生浮托力，同样对其水位以下的岩石、土体产生浮托力。故

《建筑地基基础设计规范》(GB 50007—2011)中规定:确定地基承载力设计值时,无论是基础底面以下土的天然重度还是基础底面以上土的加权平均重度,地下水位以下一律取有效重度。

5.4.6 地下水对钢筋混凝土的腐蚀

硅酸盐水泥遇水硬化,并且形成 $Ca(OH)_2$、水化硅酸钙($CaO \cdot SiO_2 \cdot 12H_2O$)、水化铝酸钙($CaO \cdot Al_2O_3 \cdot 6H_2O$)等,这些物质往往会遭到地下水的腐蚀。地下水对建筑材料腐蚀类型分为结晶类腐蚀、分解类腐蚀、结晶分解复合类腐蚀。

1. 结晶类腐蚀

如果地下水中 SO_4^{2-} 离子的含量超过规定值,那么 SO_4^{2-} 离子将与混凝土中的 $Ca(OH)_2$ 反应,生成二水石膏结晶体($CaSO_4 \cdot 2H_2O$),这种石膏再与水化铝酸钙($CaO \cdot Al_2O_3 \cdot 6H_2O$)发生化学反应,生成水化硫铝酸钙,这是一种铝和钙的复合硫酸盐,习惯上称为水泥杆菌。由于水泥杆菌结合了许多的结晶水,因而其体积比化合前增大很多,约为原体积的221.86%,于是在混凝土中产生很大的内应力,使混凝土的结构遭受破坏。

2. 分解类腐蚀

地下水中含有 CO_2 和 HCO_3^-,CO_2 与混凝土中的 $Ca(OH)_2$ 作用,生成碳酸钙沉淀。

$$Ca(OH)_2 + CO_2 \rightleftharpoons CaCO_3 \downarrow + H_2O$$

由于 $CaCO_3$ 不溶于水,它可填充混凝土的孔隙,在混凝土周围形成一层保护膜,防止 $Ca(OH)_2$ 的分解。但当地下水中 CO_2 的含量超过一定数值,而 HCO_3^- 离子的含量过低时,超量的 CO_2 再与 $CaCO_3$ 反应,生成 $Ca(HCO_3)_2$ 并溶于水,即

$$CaCO_3 + H_2O + CO_2 \rightleftharpoons Ca^{2+} + 2HCO_3^-$$

上述反应是可逆的:当 CO_2 含量增加时,平衡被破坏,反应向右进行,固体 $CaCO_3$ 继续分解;当 CO_2 含量变少时,反应向左进行,固体 $CaCO_3$ 沉淀析出。当 CO_2 和 HCO_3^- 的浓度平衡时,反应就停止。故当地下水中 CO_2 的含量超过平衡时所需的数量时,混凝土中的 $CaCO_3$ 就被溶解而受腐蚀,这就是分解类腐蚀。超过平衡浓度的 CO_2 称为侵蚀性 CO_2。一方面,地下水中侵蚀性 CO_2 越多,对混凝土的腐蚀越强。地下水流量、流速都很大时,CO_2 易补充,平衡难建立,因而腐蚀加快。另一方面,HCO_3^- 离子含量越高,对混凝土腐蚀性越强。

3. 结晶分解复合类腐蚀

当地下水中 NH_4^+、NO_3^-、Cl^- 和 Mg^{2+} 离子的含量超过一定数量时,与混凝土中的 $Ca(OH)_2$ 发生反应,例如

$$MgSO_4 + Ca(OH)_2 \rightleftharpoons Mg(OH)_2 \downarrow + CaSO_4$$

$$MgCl_2 + Ca(OH)_2 \rightleftharpoons Mg(OH)_2 \downarrow + CaCl_2$$

$Ca(OH)_2$ 与镁盐作用的生成物中,除 $Mg(OH)_2$ 不易溶解外,$CaCl_2$ 则易溶于水,并随之流失;硬石膏($CaSO_4$)一方面与混凝土中的水化铝酸钙反应生成水泥杆菌

$$3CaO \cdot A1_2O_3 \cdot 6H_2O + 3CaSO_4 + 25H_2O \rightleftharpoons 3CaO \cdot A1_2O_3 \cdot 3CaSO_4 \cdot 31H_2O$$

另一方面,硬石膏遇水后生成二水石膏

$$CaSO_4 + 2H_2O \rightleftharpoons CaSO_4 \cdot 2H_2O$$

二水石膏在结晶时体积膨胀,破坏混凝土的结构。

通过上述三类腐蚀的分析可见,地下水对钢筋混凝土的腐蚀是一个复杂的物理化学过程,在一定的工程地质和水文地质条件下,对建筑材料的耐久性影响很大。为了评价地下水对建筑结构的长期腐蚀性,必须在现场同时采集两个水样。两个水样在现场立即密封后送实验室分析。分析项目有:pH、游离 CO_2、侵蚀性 CO_2、Ca^{2+}、Mg^{2+}、K^+、Na^+、NH_4^+、Fe^{3+}、Fe^{2+}、Cl^-、SO_4^{2-}、HCO_3^-、NO_3^-、CO_3^{2-}、OH^-、总硬度、总矿化度和有机质。根据水样的化学分析结果,对照国家标准《岩土工程勘察规范》[GB 50021—2001(2009 版)]进行地下水侵蚀性评价。评价时尚应考虑建筑场地的环境类别和含水层的透水性。

本章小结

本章首先介绍了地下水的含水介质、岩土的水理性质、地下水的物理性质和化学成分;其次讲解了地下水的埋藏类型和特征;再次介绍了地下水的运动规律;最后介绍了由于地下水的存在导致的一些工程地质问题。

思考题

1. 根据含水介质的不同,说明地下水的基本类型和特征。
2. 何为岩土的水理性质,包括哪几方面?
3. 根据埋藏条件,说明地下水的基本类型和工程地质特征。
4. 分析达西定律的适用条件。
5. 简述由于地下水的存在及其可能导致的工程地质问题。

第2篇

不良地质现象
与常见工程地质问题

第6章 滑坡及防治

滑坡及防治

学习目标

1. 掌握滑坡的形态及分类；
2. 掌握滑坡的影响因素及防治措施；
3. 了解滑坡形成的过程、识别及稳定性初步判断。

斜坡上大量的岩土体(或岩体、土体)在重力作用下，沿一定的滑动面或滑动带整体向下滑动的现象，称为滑坡。通常滑坡呈现缓慢、长期的下滑过程，其位移和速度多在突变阶段才显著增大，滑动过程可以延续几个月、几年甚至更长时间。但在地震触发条件下，滑坡滑动的速度很快，如2008年5月12日汶川地震引发的唐家山顺层滑坡最大滑速达到30 m/s。

滑坡是水利水电工程、道路和铁道工程、城市建筑基坑工程的主要灾害之一。边坡失稳常使水电站、厂房设施受到威胁，引发交通中断、邻近建筑物倾斜等严重灾害，给大型工程建设和防灾减灾带来极大的困难。大规模的滑坡还可能堵塞河道、摧毁公路、破坏厂矿、掩埋村庄，对山区建设和交通设施危害极大。特别是我国西南地区，是滑坡灾害分布最主要的地区，不仅滑坡数量多、规模大、分布广、发生频，而且滑坡诱发因素复杂，危害严重。四川、云南、贵州等西南山区几乎每天都有不同规模的滑坡发生，给当地的水利工程、水电设施、交通航运、公路铁路、矿山电力等工程领域的建设和正常运营带来了极大的危害。

6.1 滑坡的形态和特征

一个发育完整的滑坡，具有明显的边界和地形特征，如图6-1所示，在野外很容易识别。滑坡地区常形成一种特殊的滑坡地形，即在较平整的坡面上出现低于周围原始坡面的环谷状洼地，后缘顶部有圈椅状陡崖的滑坡后壁。典型滑坡的各部分结构和形态特征描述如图6-1所示。

1. 滑坡体

斜坡沿滑动面向下滑动的土体或岩体称为滑坡体。其内部一般仍保持着未滑动前的层位和结构，但产生许多新的裂缝，个别部位还可能遭受较强烈的扰动。

2. 滑动面(带)

滑坡体沿其向下滑动的面称为滑动面。一些情况下，滑动面是被揉皱的厚数厘米至数米的结构扰动带，称为滑动带，有些滑坡的滑动面(带)可能不止一个。滑动面(带)是表征滑坡内部结构的主要标志，它的位置、数量、形状、组成土石体的物理力学性质，对滑坡的推力

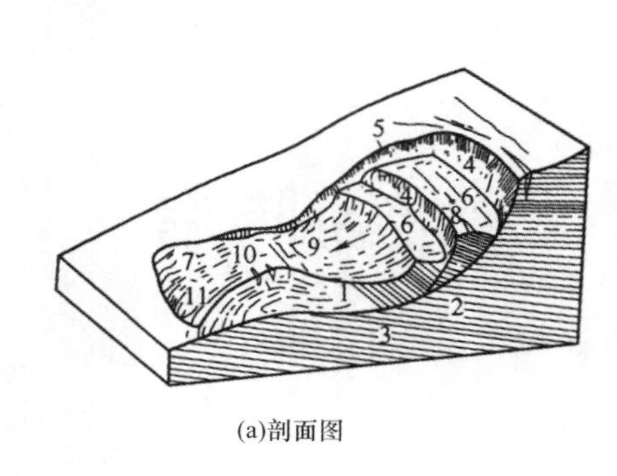

(a)剖面图

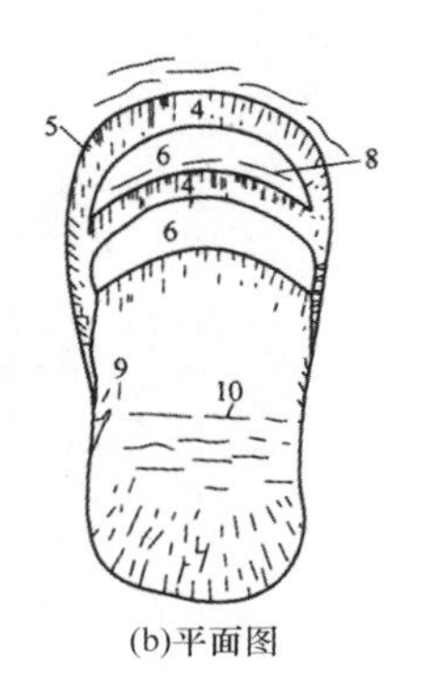

(b)平面图

图 6-1 滑坡的形态和构造

1—滑坡体;2—滑动面;3—滑坡床;4—滑坡壁;5—滑坡周界;6—滑坡台地;
7—滑坡舌;8—拉张裂缝;9—剪切裂缝;10—鼓胀裂缝;11—扇形张裂缝

计算和工程治理有重要意义。

一般情况下,滑动面(带)的土石挤压破碎,夹杂软弱物质,受扰动严重,且往往富含水。当滑动面(带)为黏土时,其剪切蠕变特性对滑坡后期蠕变变形影响较大;在滑动剪切作用下,滑动面(带)常产生光滑的镜面,有时还可见到与滑动方向一致的滑坡擦痕,这是野外勘探中鉴定滑动面位置的主要特征。滑动面的形状往往取决于地质和岩性条件,一般均质土层滑坡中的滑动面呈圆弧形;沿岩层层面或构造裂隙发育的滑坡,其滑动面多呈直线形或折线形。

3. 滑坡床

滑动面以下的稳定土体或岩体称为滑坡床,如果是多级滑坡,则最下面那一级滑动面以下的岩土体称为滑坡床,也称滑床。它完全保持原有的结构,但在滑动周界处可出现不同性质的裂隙。

4. 滑坡壁

滑动面的上缘,即滑动体与斜坡断开下滑后形成的陡壁,称为滑坡壁。它在平面上多呈圈椅状,其高度自几厘米至几十米不等,陡度一般为 60°～80°。

5. 滑坡周界

滑坡体与周围未滑动的稳定斜坡在平面上的分界线,称为滑坡周界。滑坡周界圈定了滑坡的范围,往往呈圈椅状。

6. 滑坡台地

有几个滑动面或经过多次滑动的滑坡,由于各段滑坡体的运动速度不同,而在滑坡体上出现的阶梯状的错台,出现数个陡坎和高程不同的平缓台面称为滑坡台地。

7. 滑坡舌

滑坡体的前缘形如舌头伸出的部分,称为滑坡舌。

8. 滑坡裂缝

滑坡体的不同部分,在滑动过程中,因受力性质不同,所形成的不同特征的裂缝称为滑坡裂缝。按受力性质不同,滑坡裂缝可分为以下四种类型:

(1)拉张裂缝:分布在滑坡体上部,与滑坡壁的方向大致吻合,多呈弧形,因滑坡体向下滑动时产生的拉力形成,裂缝张开。

(2)剪切裂缝:分布在滑坡体中部的两侧,因滑坡体下滑,在滑坡体内两侧所产生的剪切作用形成的裂缝。它与滑动方向大致平行,其两边常伴有呈羽毛状排列的次一级裂缝。

(3)鼓胀裂缝:主要分布于滑坡体的下部,滑坡体上、下部分运动速度的不同或滑坡体下滑受阻,致使滑坡体鼓胀隆起所形成的裂缝。鼓胀裂缝的延伸方向大体上与滑动方向垂直。

(4)扇形张裂缝:分布在滑坡体的中下部(尤以舌部为多),当滑坡体向下滑动时,滑坡体的前缘向两侧扩散引张而形成的张开裂缝。其方向在滑动体中部与滑动方向大致平行,在舌部则呈放射状,故称为扇形张裂缝。

滑坡滑动后,滑坡体与滑坡壁之间常拉开成沟槽,构成四周高、中间低的封闭洼地,称为滑坡洼地。滑坡洼地往往由于地下水在此处出露,或者由于地表水的汇集,常成为湿地或水塘。

6.2 滑坡的分类

为了深入认识和有效治理滑坡,需要对滑坡进行分类。但由于自然界地质条件和作用因素的复杂性,各种分类的目的、原则和指标又不尽相同,因此对滑坡的分类至今尚无统一的标准。结合我国行业和区域地质特点,从不同角度进行滑坡分类,其中需重点考虑滑坡体的主要物质组成和滑动时的力学特征。

6.2.1 按滑坡体的主要物质组成分类

1. 堆积层滑坡

堆积层滑坡是土木水利、交通铁道工程中经常碰到的一种滑坡类型,多出现在河谷缓坡地带或山麓的坡积、残积、洪积及其他重力堆积层中。它的产生往往与地表水和地下水直接参与有关。滑坡体一般沿下伏的基岩顶面、不同地质年代或不同成因的堆积物的接触面,以及堆积层本身的松散层面滑动。滑坡体厚度一般从几米到几十米不等。

2. 黄土滑坡

发生在不同时期的黄土层中的滑坡称为黄土滑坡,我国西北地区常见。它的产生常与裂隙及黄土对水的不稳定性有关,多见于河谷两岸高阶地的前缘斜坡上,常成群出现,且大多为中、深层滑坡。其中有些滑坡的滑动速度很快,变形急剧,破坏力强,属于崩塌性的滑坡。

3. 黏土滑坡

发生在均质或非均质黏土层中的滑坡称为黏土滑坡。该滑坡的滑动面呈圆弧形,滑动带呈软塑状。黏土的干湿效应明显,干缩时多张裂,遇水作用后呈软塑或流动状态,抗剪强度急剧降低,故黏土滑坡多发生在久雨或受水作用之后,多属中、浅层滑坡。

4. 基岩滑坡

发生在各种基岩岩层中的滑坡，多沿岩层层面或地质构造软弱面滑动，也有发生在强风化岩层中的弧形滑坡，如图 6-2(a)所示。沿岩层层面、堆积层与基岩交界面滑动的滑坡，称为顺层滑坡，如图 6-2(b)、图 6-2(c)所示。但有些岩层滑坡也可能切穿层面滑动而成为切层滑坡，如图 6-2(d)所示。

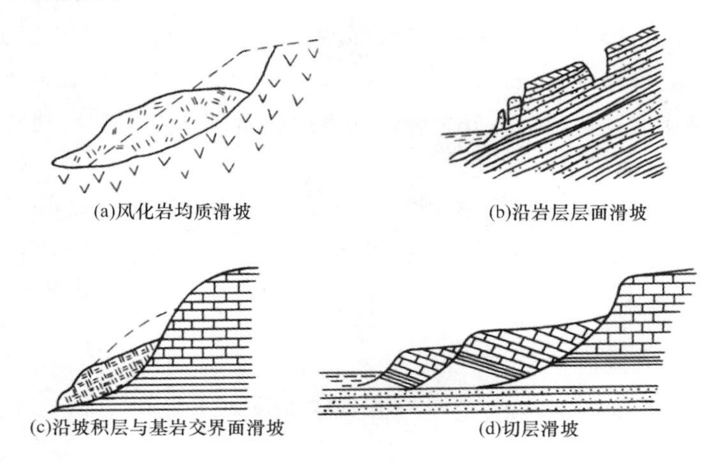

图 6-2　滑坡与地质结构的关系

6.2.2　按滑坡的力学特征分类

1. 牵引式滑坡

牵引式滑坡主要是由于坡脚被切割(人为开挖或河流冲刷等)使斜坡下部先变形滑动，使斜坡的上部失去支撑，引起斜坡上部相继向下滑动。牵引式滑坡的滑动速度比较缓慢，但会逐渐向上延伸，规模越来越大。

2. 推动式滑坡

推动式滑坡主要是由于斜坡上部不恰当地加荷(如建筑、填堤、弃渣等)或在各种自然因素作用下，斜坡的上部先变形滑动，并挤压推动下部斜坡向下滑动。推动式滑坡的滑动速度一般较快，但其规模在通常情况下不再有较大发展。

6.2.3　其他常见滑坡分类

(1)按滑坡体的厚度划分：浅层滑坡(滑坡体厚度小于 6 m)、中层滑坡(滑坡体厚度为 6～20 m)、深层滑坡(滑坡体厚度为 20～30 m)、超深层滑坡(滑坡体厚度大于 30 m)。

(2)按滑坡的规模划分：小型滑坡(滑坡体体积小于 3 万 m^3)、中型滑坡(滑坡体体积为 3 万～50 万 m^3)、大型滑坡(滑坡体体积为 50 万～300 万 m^3)、巨型滑坡(滑坡体体积大于 300 万 m^3)。

(3)按滑坡形成的年代划分：新滑坡；古滑坡。

各类滑坡的主要特征列于表 6-1。

表 6-1　　各类滑坡的主要特征

划分依据	类型		滑坡的特征
按滑坡物质组成成分	覆盖层滑坡	黏土滑坡	黏土本身变形滑动，或与其他成因的土层接触面或沿基岩接触面而滑动
		黄土滑坡	不同时期的黄土层中的滑坡，多群集出现，常见于高阶地前缘斜坡上
		碎石土滑坡	各种不同成因类型的堆积层体内滑动或沿基岩面滑动
		风化岩滑坡	风化岩表层间的滑动，多见于岩浆岩(尤其是花岗岩)风化岩中
	基岩滑坡	均质滑坡	发生在层理不明显的泥岩、页岩、泥灰岩等软弱岩层中，滑动面均匀光滑
		切层滑坡	滑动面与层面相切的滑坡，在坚硬岩层与软弱岩层相互交替的岩体中的切层滑坡等
		顺层滑坡	沿岩层面或裂隙面滑动，或沿坡积层与基岩交界面或基岩间不整合面等滑动
	特殊滑坡		如融冻滑坡、陷落滑坡等
按滑坡体厚度	浅层滑坡		滑坡体厚度在 6 m 以内
	中层滑坡		滑坡体厚度在 6～20 m
	深层滑坡		滑坡体厚度在 20～30 m
	超深层滑坡		滑坡体厚度在 30 m 以上
按滑坡的规模	小型滑坡		滑坡体体积小于 3 万 m^3
	中型滑坡		滑坡体体积为 3 万～50 万 m^3
	大型滑坡		滑坡体体积为 50 万～300 万 m^3
	巨型滑坡		滑坡体体积为超过 300 万 m^3
按形成的年代	新滑坡		开挖山体所形成的滑坡
	古滑坡		久已存在的滑坡，其中又可分为死滑坡、活滑坡及处于极限平衡状态的滑坡
按力学条件	牵引式滑坡		滑坡体下部先行变形滑动，上部失去支撑力量，因而随着变形滑动
	推动式滑坡		上部先滑动，挤压下部引起变形和滑动

6.3 滑坡的力学分析及影响因素

滑坡的发生是斜坡岩土体力的平衡条件被破坏而导致的结果。由于斜坡岩土体的特性不同，滑动面的形状有各种形式，最具代表性的有平面形滑坡、圆弧形滑坡和折线形滑坡三种模式，可以采用地质定性分析和理论计算法进行评价。其中地质定性评价包括成因历史分析法、工程地质类比法、赤平极射投影法等，而理论计算法主要是极限平衡法、有限元数值法和破坏概论计算法等。下面采用极限平衡法，对不同滑动面形式的三类滑坡进行力学分析。尽管三类滑坡模式有所不同，但平衡关系的基本原理是一致的。

6.3.1 滑坡的力学分析

1. 平面形滑坡

当斜坡岩土体(或土体)沿平面 AB 滑动时，其力系分析如图 6-3 所示。其平衡条件为由岩体或土体重力 G 所产生的侧向滑动分力 T 等于或小于滑动面的抗滑力 F。通常以稳

定系数 K 表示这两个力之比，即

$$K=\frac{\text{总抗滑力}}{\text{总下滑力}}=\frac{F}{T} \tag{6-1}$$

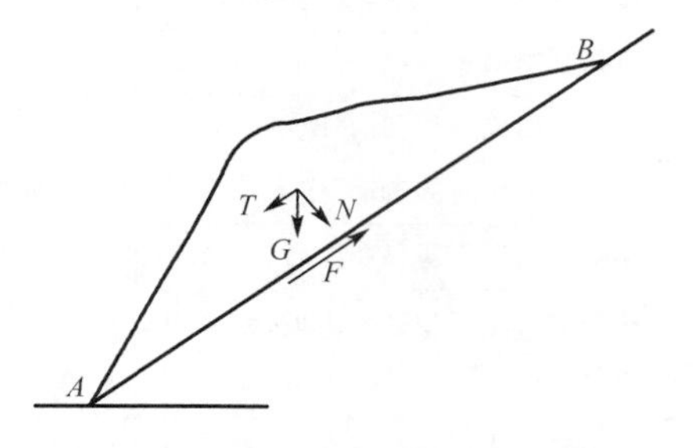

图 6-3　平面形滑坡的力平衡

很显然，若 $K\geqslant 1$，则斜坡处于稳定状态或极限平衡状态；若 $K<1$，则斜坡的平衡条件将遭破坏而发生滑坡。

2. 圆弧形滑坡

对于均质土坡或强风化岩边坡常发生圆弧形滑动破坏，可采用力矩平衡法(图 6-4(a))或力的极限平衡条分法(图 6-4(b))求解。

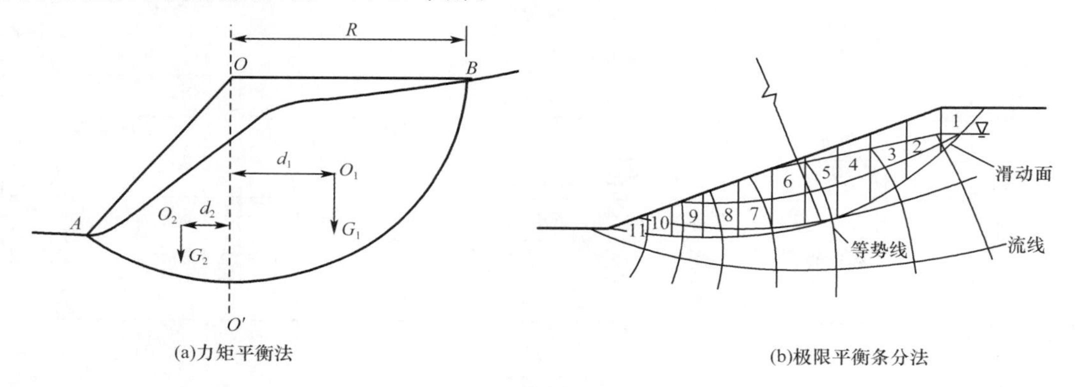

图 6-4　圆弧形滑坡求解

(1)力矩平衡法

圆弧形滑坡示意图如图 6-4(a)所示，图中 AB 为假定的滑动圆弧面，其相应的滑动中心为 O 点，R 为滑弧半径。过滑动圆心 O 作一铅垂线 OO'，将滑体分成两部分，在 OO' 右侧部分为滑动部分，其重心为 O_1，重力为 G_1，它使斜坡岩(土)体具有向下滑动的趋势，对 O 点的滑动力矩为 G_1d_1；在 OO_1 左侧部分为随动部分，起着阻止斜坡滑动的作用，具有与滑动力矩方向相反的抗滑力矩 G_2d_2。因此，其平衡条件为滑动部分对 O 点的滑动力矩 G_1d_1 等于或小于随动部分对 O 点的抗滑力矩 G_2d_2 与滑动面上的抗滑力矩 $\tau_f ABR$ 之和。即

$$G_1d_1\leqslant G_2d_2+\tau_f ABR \tag{6-2a}$$

式中　τ_f——滑动面上的抗剪强度，可表达为

$$\tau_f=c+\sigma\tan\varphi \tag{6-2b}$$

式中　c——滑动面上的黏聚力，kPa；

φ——滑动面上的内摩擦角，°；

σ——滑动面上的法向应力，kPa。

其稳定系数 K 为

$$K=\frac{\text{总抗滑力矩}}{\text{总滑动力矩}}=\frac{G_2d_2+\tau_f ABR}{G_1d_1} \tag{6-3}$$

同理，$K\geqslant 1$ 时斜坡处于稳定状态或极限平衡状态；$K<1$ 边坡不稳定性，可能发生滑坡。

(2)极限平衡条分法

圆弧形滑坡如图 6-4(b)所示，一般发生在均质土坡或节理化碎块体和散体斜坡中。岩土力学中通常假定为圆弧滑动面，采用极限平衡条分法进行整体稳定性计算。取单位长度 1 m 分析，整体稳定性安全系数表达为

$$K=\frac{\widehat{L}c+\tan\varphi\sum N}{\sum T} \tag{6-4}$$

式中　$\widehat{L}$——滑面圆弧长度；

N、T——条块重力的垂直于和平行于滑面的分量；

其他参数同前。

当斜坡上部出现张裂缝时，变形体只能从坡脚计算至拉裂面时为止。确定斜坡内地下水流网后，则应在每一条块中考虑孔隙水压力(图 6-4(b))，滑面的具体位置由计算程序试算确定，对应稳定性系数最小的那个面为临界滑动面。当划分的若干个土条底面的黏聚力不相等时(或内摩擦角不相等时)，应采用每一土条底面的黏聚力和内摩擦角参与式式(6-4)的求和计算。某些由复合结构发展而成的滑动面，也具有弧形特征，可近似采用这种计算方法。当有软弱夹层、倾斜基岩面等情况时，宜采用非圆弧滑动面进行计算。

当计算获得的稳定性系数值大于《岩土工程勘察规范》[GB 50021 2001(2009 版)]容许值[一般工程宜取 1.15(1.30)]，即认为边坡稳定，不会发生滑坡。

3. 折线形滑坡

对于节理裂隙和岩层层面等控制的岩质边坡，常发生折线形破坏模式，故这里采用折线形滑动面的极限平衡法求解，如图 6-5 所示。

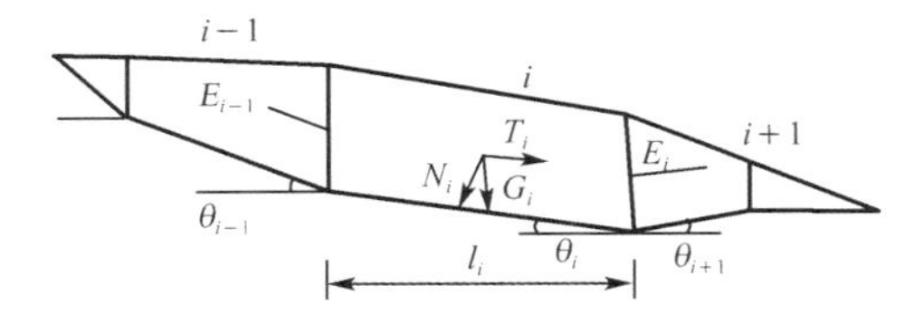

图 6-5　折线形滑坡的极限平衡分析

在折线滑动面情形下，可采用分段的力学分析。沿折线滑动面的转折处划分若干块段，从上至下逐块计算推力，每块滑坡体向下滑动的力与岩土体阻挡下滑力之差，称为剩余下滑力，是逐级向下传递的。即

$$E_i=F_sT_i-N_if_i-c_il_i+E_{i-1}\psi \tag{6-5}$$

式中　E_i——第 i 块滑坡体的剩余下滑力，kN/m；

E_{i-1}——第 $i-1$ 块滑坡体的剩余下滑力，kN/m，如为负值则不计入；

ψ——传递系数，$\psi=\cos(\theta_{i-1}-\theta_i)-\sin(\theta_{i-1}-\theta_i)\tan\varphi_i$；

T_i——作用于第 i 块段滑动面上的滑动分力，kN/m，$T_i=G_i\sin\theta_i$；

N_i——作用于第 i 块段滑动面上的法向分力，kN/m，$N_i=G_i\cos\theta_i$；

G_i——第 i 块段岩土体重力，kN/m；

f_i——第 i 块滑坡体沿滑动面岩土的内摩擦系数，$f_i=\tan\varphi_i$；

φ_i、c_i——第 i 块滑坡体沿滑动面岩土的内摩擦角，(°)、内聚力，kN/m²；

θ_i、θ_{i-1}——第 i 块、第 $i-1$ 块滑坡体的滑动面与水平面的夹角，(°)；

F_s——安全系数。

当任何一块剩余下滑力为零或负值时，说明该块对下一块不存在滑坡推力，当最终一块岩土体的剩余下滑力为负值或零时，表示整个滑坡体是稳定的。如为正值，则不稳定。应按此剩余下滑力设计支挡结构。由此可见，支挡结构设置在剩余下滑力最小位置处较合理。

6.3.2 影响斜坡稳定性(滑坡)的因素分析

斜坡是否发生失稳，取决于坡体内力的平衡条件；当这种平衡被打破时，就会发生滑坡。而斜坡的几何形状、岩土力学性质和岩体结构特征决定了斜坡内部不同部位的应力状态和抗剪强度(剪切力大小及其分布)。当斜坡内部的剪切力超过了岩土体的抗剪强度时，斜坡将发生剪切破坏而滑动。因此，恶化边坡性质的内部(软弱岩土介质、软弱结构面)和外部因素(地下水、地震、超载等)是影响滑坡形成的主要因素。

1. 软弱岩石和土层

滑坡主要发生在易于亲水软化的土层中和一些软岩中，当坚硬岩层或岩体内存在有利于滑动的软弱结构面时，在适当的条件下也可能形成滑坡。易于产生滑坡的土层有胀缩黏土、黄土以及黏性的山坡堆积层等，这些土体有的与水作用发生膨胀和软化效应，有的结构疏松，透水性好，遇水容易崩解，强度和稳定性容易受到破坏。易于产生滑坡的软质岩层有页岩、泥岩、泥灰岩、千枚岩、片岩等，这类岩层遇水易软化，从而沿层面发生滑坡。

2. 软弱结构面

埋藏于土体或岩体中，倾向与斜坡一致的层面、夹层、基岩顶面、古剥蚀面、不整合面、层间错动面、断层面、裂隙面、片理面等，一般都是抗剪强度较低的软弱面。当斜坡受力状态发生改变时，它们可能成为滑坡的滑动面。如黄土滑坡的滑动面，往往就是下伏的基岩面或是黄土的层面；有些黏土滑坡的滑动面，就是自身的裂隙面。

3. 地下水

地下水是诱发滑坡的主要外部环境荷载。当降雨、库水、河流等地表水渗入斜坡岩土体后，增大了斜坡的下滑力，同时也迅速改变了滑动面(带)岩土的性质，降低其抗剪强度，起到“润滑剂”的作用。故很多滑坡是沿着含水层的顶板或底板滑动的，不少黄土滑坡的滑动面往往就在含水层中。两级滑坡的衔接处常有泉水溢出，大规模的滑坡多在久雨之后发生，均表明地下水在滑坡形成和发展中的重要作用。

4. 地震

地震是诱发滑坡的另一个重要的外部环境荷载。在地震作用下，斜坡岩土体产生了巨大的惯性力，由于地震持续时间长、地面振动响应强烈，从而导致大规模滑坡发生。如 1976 年 5 月云南龙陵地震，7 月河北唐山地震，8 月四川松潘-平武地震，尽管区域地质构造和地貌条件不同,但地震烈度均在Ⅶ度以上,有不同类型、不同程度的大小滑坡发生,尤其在高山峻岭地区更为严重。2008 年 5 月 12 日四川汶川里氏 8.0 级地震,更是触发了大小数以万计的地质灾害点,其中绝大多数为滑坡灾害。这些滑坡中,不仅规模大(滑坡体体积超过 1 000 万 m^3 的达数十处,面积超过 50 000 m^2 的达上百处),而且呈现出一系列与通常重力环境下地质灾害不同的特征,给山区防震减灾带来了极大的挑战。

此外,降雨、风化作用、人为不合理的开挖(如切坡)、坡顶超载或堆载作用、地表水对坡脚的侵蚀和冲刷等,都会使斜坡发生滑动现象。

6.4　滑坡的野外识别和稳定性初判

预测斜坡未来滑动的可能性,识别野外滑坡的存在并初步判断其稳定性,是工程地质勘察、提出防灾减灾对策的重要内容。

6.4.1　滑坡的野外识别

斜坡在滑动之前,常有一些先兆。例如:地下水位发生显著变化,干涸的泉水重新出水并且混浊,坡脚附近湿地增多,范围扩大;斜坡上部不断下陷,外围出现弧形裂缝,坡面树木逐渐倾斜,建筑物开裂变形;斜坡前缘土石零星掉落,坡脚附近的土石被挤紧,并出现大量鼓胀裂缝等。这些现象,提供了在野外识别滑坡的地质标志。其中主要包括:

1. 地形地物标志

滑坡的存在常使斜坡不顺直、不圆滑而造成圈椅状地形和槽谷地形,其上部有陡壁及弧形拉张裂缝,中部坑洼起伏,有一级或多级台阶,其高程和特征与外围河流阶地不同,两侧可见羽毛状剪切裂缝;下部有鼓丘,呈舌状向外突出,有时甚至侵占部分河床,表面多鼓张扇形张裂缝;两侧常形成沟谷,出现双沟同源现象(图 6-6);有时内部多积水洼地,喜水植物茂盛,有“醉林”(图 6-7)及“马刀树”(图 6-8)和建筑物开裂、倾斜等现象。

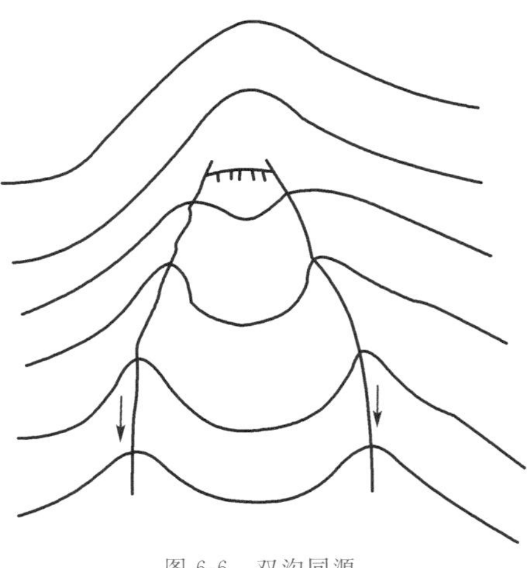

图 6-6　双沟同源

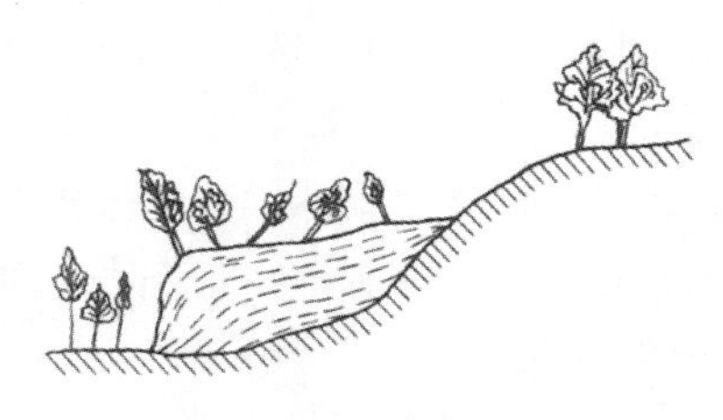

图 6-7 醉林

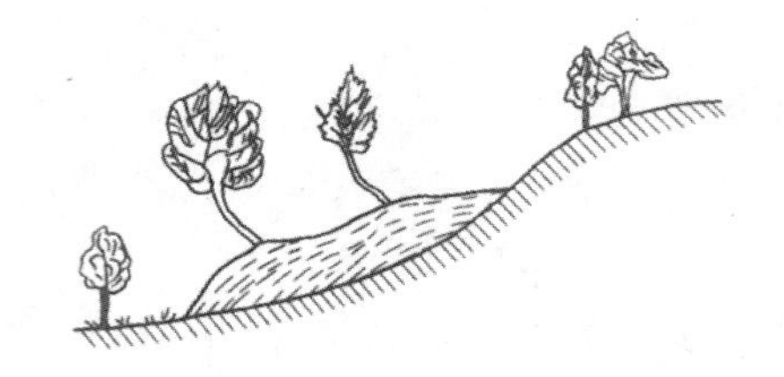

图 6-8 马刀树

2. 地层构造标志

滑坡范围内的地层整体上常因滑动而破坏，有扰乱松动现象，层位不连续，出现缺失某一地层、岩层层序重叠或层位标高有升降等特殊变化，岩层产状发生明显的变化，构造不连续（如裂隙不连贯、发生错动）等，这些都是滑坡存在的标志。

3. 水文地质标志

滑坡地段含水层的原有状况常被破坏，使滑坡体成为单独含水体，水文地质条件变得特别复杂，无一定规律可循。如潜水位不规则、无一定流向、斜坡下部有成排泉水溢出等。这些现象均可作为识别滑坡的标志。

上述各种变异现象，是滑坡运动的统一产物，它们之间有不可分割的内在联系。因此，在实践中必须综合考虑几个方面的标志，对照验证，才能准确无误，绝不能根据某一标志就轻率地得出结论。例如，某县快活岭地段，从地貌宏观上看，有圈椅状地形存在，且其内有几个台阶，曾被误认为是一个大型古滑坡，后经详细调查，发现圈椅范围内几个台阶的高程与附近阶地高程基本一致，应属同一期的侵蚀堆积面；圈椅范围内的松散堆积物下部并无扰动变形，基岩产状也与外围一致；外围的断裂构造均延伸至其中，未见有错断现象；圈椅状范围内，仅见一处流量微小的裂隙泉水，未见有其他地下水溢出。通过这些现象的分析研究，判定此圈椅状地形应为早期溪流流经的古河弯地段，而并非滑坡。

6.4.2 滑坡稳定程度的野外判断

通过现场调查，在充分掌握工程地质资料的基础上，从地貌形态比较、地质条件对比和影响因素变化分析等方面可综合判断滑坡的稳定程度。

1. 地貌形态比较

滑坡是斜坡地貌演变的一种形式，它具有独特的地貌特征和发育过程，在不同发育阶段具有不同的外貌形态。归纳总结相对稳定和不稳定滑坡的地貌特征（表 6-2），可供判断滑坡稳定性参考。

表 6-2 稳定滑坡与不稳定滑坡的形态特征

相对稳定的滑坡地貌特征	不稳定的滑坡地貌特征
1. 滑坡后壁较高，长满了树木，找不到擦痕和裂缝	1. 滑坡后壁高陡，未长草木，常能找到擦痕和裂缝
2. 滑坡台阶宽大且已夷平，土体密实，无陷落不均现象	2. 滑坡台阶尚保存台坎，土体松散，地表有裂缝，且沉陷不均
3. 滑坡前缘的斜坡较缓，土体密实，长满草木，无松散坍塌现象	3. 滑坡前缘的斜度较陡，土体松散，未生草木，并不断产生少量的坍塌
4. 滑坡两侧的自然沟谷切割很深，谷底基岩出露	4. 滑坡两侧多新生的沟谷，切割较浅，沟底多为松散堆积物
5. 滑坡体较干燥，地表一般没有泉水或湿地，滑坡舌部泉水清澈	5. 滑坡体湿度很大，地面泉水和湿地较多，舌部泉水流量不稳定
6. 滑坡前缘舌部有河水冲刷的痕迹，舌部的细碎土石已被河水冲走，残留有一些较大的孤石	6. 滑坡前缘正处在河水冲刷的条件下

2. 地质条件对比

考虑地层岩性、地质构造、水文地质条件等因素，针对需要判断稳定性的滑坡与附近相似条件下的稳定斜坡、不稳定斜坡以及不同滑动阶段的滑坡进行对比，分析其异同点，再结合未来地质条件可能发生的变化，即可判断整个滑坡体及各个部分的稳定程度。

3. 影响因素变化分析

滑坡发生后，随即转入相对稳定阶段，但在新条件下，又会出现不稳定因素，甚至产生叠加效应，导致滑坡再次滑动。只有当不稳定因素完全消除后，滑坡才能达到长期稳定。

调查表明，找出对滑坡起主要作用的因素及其变化规律，并结合建筑物使用年限找出这些因素中的最不利组合及其发展变化趋势，便可粗略判断斜坡稳定性及潜在滑坡风险。如四川某桥位北岸，属砂页岩互层地层结构，岩层倾向南西，倾角约为 7°，在一组张性裂隙和一对扭性裂隙的不利组合下，大量地表水（工业污水、生活污水和雨水）沿裂隙下渗，使深部页岩泥化，大大降低其强度，形成滑动面，曾引起较大规模的深层岩体滑坡。在采取排水等有效措施后，已基本趋于稳定。但考虑到建桥施工过程中还会切割坡脚，特别是桥梁设计使用年限内，下游还规划建造一高坝，蓄水后滑动面大部分将被回水淹没、浸泡而引起滑动面岩土体抗剪强度的再度削弱，可能导致该滑坡再次复活。基于上述认识，最终否定了该桥位方案。

6.5　滑坡防治原则与技术措施

6.5.1　滑坡防治原则

为了有效防治滑坡，应贯彻以防为主、治理为辅的原则。在选择防治措施前，要查清滑坡区的地形地貌、地层岩性、地质构造和水文地质条件，认真研究和确定滑坡的性质及其所处的发展阶段，了解产生滑坡的主要、次要原因及其相互间的联系，结合所涉工程的重要性程度、施工条件及其他情况综合考虑。具体的防治原则可概括为以下几点：

(1)以查清工程地质条件和了解影响斜坡稳定性的因素为基础：查清斜坡变形破坏地段的工程地质条件是最基本的工作环节；在此基础上，分析影响斜坡稳定性的主要及次要因素，并有针对性地选择相应的防治措施。

(2)整治前必须搞清斜坡变形破坏的规模和边界条件：变形破坏的规模不同，处理措施也不相同，要根据斜坡变形的规模、大小采取相应的措施。此外，还须掌握变形破坏面的位置和形状，以确定其规模和活动方式，否则就无法确切地布置防治工程。

(3)按工程的重要性采取不同的防治措施：对于滑坡后果严重的重大工程，要提高稳定安全系数，防治工程的投资要增加；而非重大的工程和临时工程，则可采取较简易的防治措施。

(4)防治措施要因地制宜，对于大型、复杂的滑坡，可采用多项工程综合治理，应做整治规划，工程安排要有主次缓急，并观察效果和变化，随时修正整治措施。

(5)整治滑坡一般应先做好临时排水工程,然后再针对滑坡形成的主要因素,采取相应措施。

此外,在选择防治滑坡措施前,应通过测绘和勘探等技术手段,提出滑坡工程地质图和滑坡主滑断面图。为滑坡防治工程的设计提供依据和计算参数,尚应进行滑坡工程地质试验,一般可包括滑坡区水文地质试验和滑带土的物理力学试验两部分。水文地质试验是为整治滑坡的地下排水工程提供数据,一般结合工程地质钻孔进行试验;必要时,做专门水文地质钻探以测定地下水的流速、流向、流量和各含水层的水力联系及渗透系数等。滑带土的物理力学试验,主要是为滑坡的稳定性检算和抗滑工程的设计提供依据和计算参数;除一般的常规项目外,主要是做滑带土的抗剪强度试验,确定内摩擦角 φ 值和黏聚力 c 值。

6.5.2 滑坡防治技术措施

防治滑坡的措施可归结为两点,一是提高抗滑力,二是减小下滑力,具体可分为排水、力学平衡及改变滑动面(带)岩土性质三类。目前常用的主要工程技术措施包括地表排水、地下排水、减重及支挡工程等,可参考相关行业的规程和手册,结合实际情况合理选用。滑坡防治技术措施的选择,必须针对滑坡的成因、性质及其发展变化的具体情况而定。

1. 排水

(1)地表排水

在滑坡区外围设置环形截水沟和排水渠以截排来自滑坡体外的坡面地表水流,在滑坡体上应充分利用地形和自然沟谷,布置成树枝状排水系统,以汇集旁引坡面径流于滑坡体外排出,如图 6-9 所示。排水沟渠应用片石或混凝土砌填。

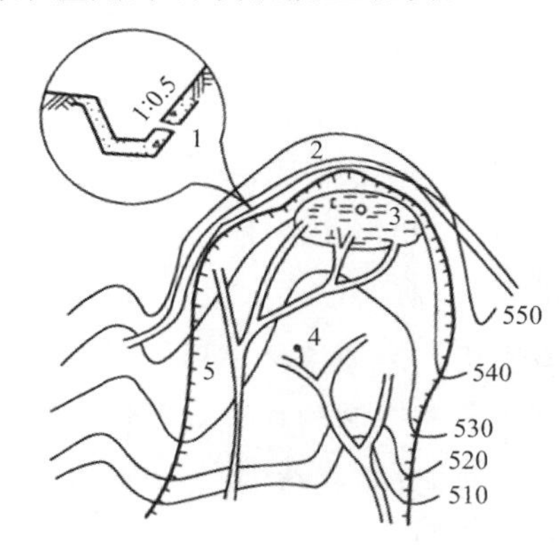

图 6-9 地表排水系统

1—泄水孔;2—截水沟;3—湿地;4—泉;5—滑坡周界

(2)地下排水

目前常用的排出地下水的工程是各种形式的渗沟或盲沟系统,以截取来自滑坡体外的地下水流,如图 6-10 所示。近几年不少地方也在推广使用平孔排出地下水的方法,平孔排水施工方便、工期短,节省材料和劳力,是一种经济有效的措施。

2. 力学平衡法

通过在滑坡体的上部刷方减重或削减坡角,以减小其滑动力;通过在滑坡体下部修筑抗

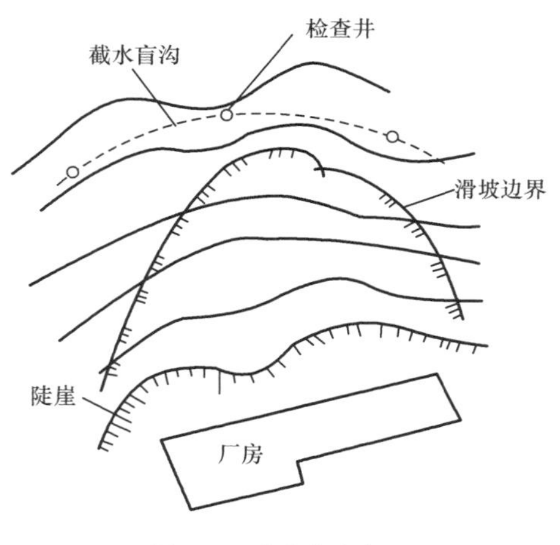

图 6-10　盲沟截水布置

滑挡墙、抗滑桩等支挡建筑物，以增大滑坡下部的抗滑力；通过对滑坡体本身施加预应力锚杆(索)以达到加固目的。

(1)削坡减荷

将较陡的边坡减缓或将滑坡体后缘的岩土体削去一部分，以降低滑坡体的下滑力，对推动式滑坡往往效果更佳。必要时将削坡减重与反压措施相结合，即将减荷削下的土石反压于滑体前缘的阻滑部位，使之起到既降低下滑力又增大抗滑力的双重效果。

(2)挡墙

挡墙是防治滑坡常用的有效措施之一，在滑坡体下部修筑挡墙(图 6-11)，并与排水等措施联合使用。它是借助自身的重力以支挡滑体的下滑力。挡墙的基础一定要砌置于滑动面之下，以避免其本身滑动而失去抗滑作用。挡墙下部应设置泄水孔，并与墙后盲沟相连，这样可使墙后积水尽快排出，减小作用于挡墙上的静水压力。

(3)抗滑桩

抗滑桩一般用于支挡大型滑坡体，多设置在滑坡体前部三分之一处，如图 6-12 所示。这种支挡工程对正在活动的中厚层滑坡效果更好。

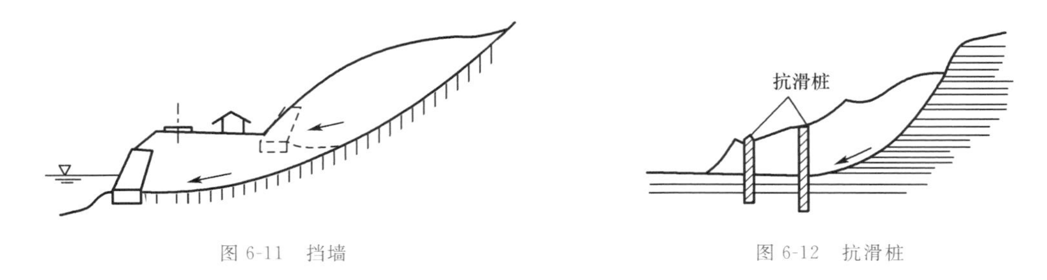

图 6-11　挡墙　　　图 6-12　抗滑桩

(4)锚杆(索)

岩质斜坡一般采用预应力锚杆或锚索加固，这是一种很有效的防治滑坡的措施。利用锚杆或锚索上所施加的预应力，以提高滑动面上的正应力，进而提高该面的抗滑力。锚杆(索)的方向和设置深度可视斜坡的结构特征并结合当地经验确定，如图 6-13 所示。

(5)支撑

支撑主要用来防治陡峭斜坡顶部的危岩体,防止其坍塌与崩落,如图 6-14 所示。施工时,将支撑的基础埋置于新鲜基岩中,且在危岩体中打入锚杆,将危岩与支撑相连接。

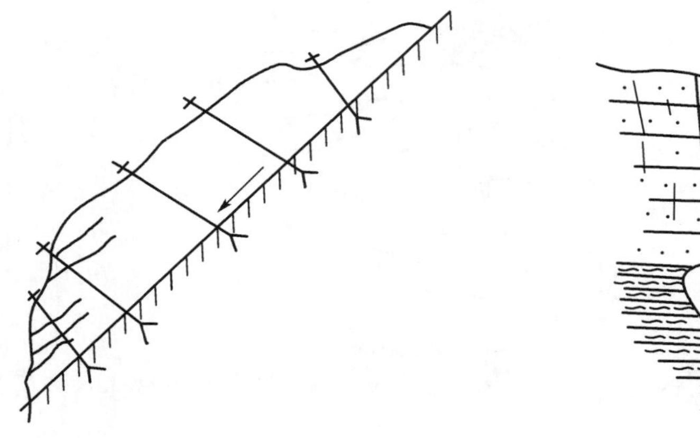

图 6-13　预应力锚杆(索)

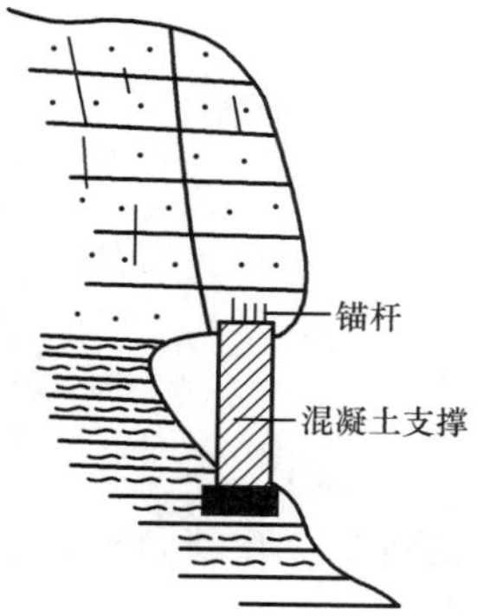

图 6-14　混凝土支撑保护危岩

3. 改善滑动面(带)岩土性质

改良岩土性质、结构,以增强坡体强度。如采用焙烧、电渗排水、冻结、固结灌浆、化学加固等方法提高滑带土(结构弱面)抗剪强度,以达到直接稳定滑坡目的。

4. 针对性治理

就某些影响滑坡的关键因素进行整治,如防止斜坡前缘被河水冲刷或海、湖、水库水的波浪冲蚀,一般进行防冲护坡,设置护坡、护堤(砌石、抛石、石笼)、水下防波堤、丁字坝及拦水坝等防护和导流工程(导流堤)。

5. 防御绕避

当铁路、公路等线状工程遇到严重不稳定斜坡地段时,若处理很困难,则可考虑采用防御绕避措施,包括明硐和御塌棚(图 6-15)、内移修建隧道或外移修建桥梁等。

图 6-15　危险路段防御结构措施

本章小结

本章首先介绍了滑坡的形态特征，根据滑坡体物质组成和滑坡形成的力学特征，对滑坡进行了分类；其次对滑坡的形成进行了力学分析，同时对滑坡形成的影响因素进行了分析；再次介绍了野外识别滑坡的基本方法；最后介绍了防治滑坡的工程方法。

思考题

1. 描述滑坡的基本形态特征。
2. 根据滑坡体物质组成和形成的力学特征，说明滑坡是如何分类的。
3. 简述平面形和圆弧形滑动面分析的适用条件及滑坡形成的影响因素。
4. 简述野外识别滑坡的基本方法。
5. 简述防治滑坡的常用工程方法。

第7章 崩塌及防治

学习目标

1. 了解崩塌和岩堆的定义；
2. 理解崩塌的产生条件、过程；
3. 掌握崩塌的防治技术。

巨大岩体或者土体在自重的作用下，在山区比较陡峭的山坡上，突然而猛烈地从高处坠落，这种现象称为崩塌(Dilapidation)，如图 7-1 所示。

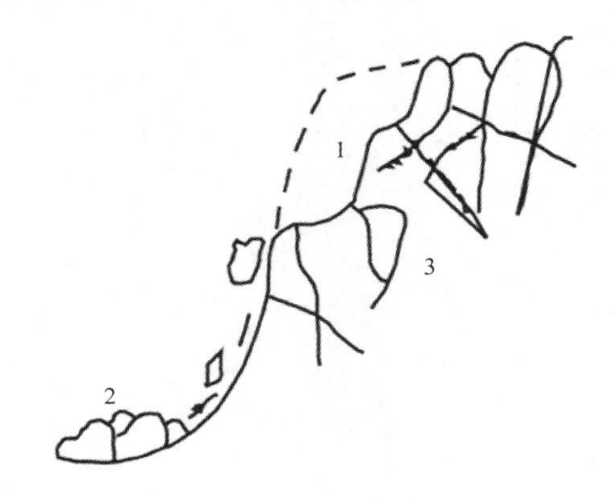

图 7-1 崩塌

1—崩塌体；2—堆积块石；3—裂隙切割的边坡岩体

崩塌可以发生在河流、湖泊及海边的高陡岸坡上，也可以发生在公路路堑的高陡坡上。规模巨大的崩塌也称为山崩。由于岩体风化、破碎比较严重，山坡上经常发生小块岩石的坠落，这种现象称为碎落，而较大的岩块的零星坠落称为落石。崩塌会对居民的建筑物造成破坏，或者使公路和铁路设施遭到破坏甚至被淹没。在崩塌地段修筑路基：小型的崩塌一般对行车安全及道路的养护工作造成影响，而雨季中的小型崩塌会堵塞道路边沟，导致水流冲毁路面、路基；大型崩塌不仅会损坏路面、路基，阻断交通，而且会迫使放弃已建成道路的使用。崩塌有时还会造成河流堵塞，形成堰塞湖，造成重大的危害，如 2008 年汶川地震中由于崩塌形成的堰塞湖(图 7-2、图 7-3)。

图 7-2　汶川地震中形成的堰塞湖(1)

图 7-3　汶川地震中形成的堰塞湖(2)

7.1　崩塌产生条件

1. 地形地貌

险峻陡峭的山坡是产生崩塌的基本条件。山坡坡度大于碎屑的休止角 45°时产生崩塌,而以 45°～75°出现的情况居多。

2. 岩性

节理发达的块状或层状岩石,如石灰岩、花岗岩、页岩、砂岩等均可形成崩塌。坚硬性脆或在外来因素的作用下产生裂缝的岩石容易产生崩塌,另外,若陡峭山坡是由厚层的硬岩覆盖在软弱岩层上组成的,由于软岩易被风化,会使硬岩层失去支持而发生崩塌,如图 7-4 所示。

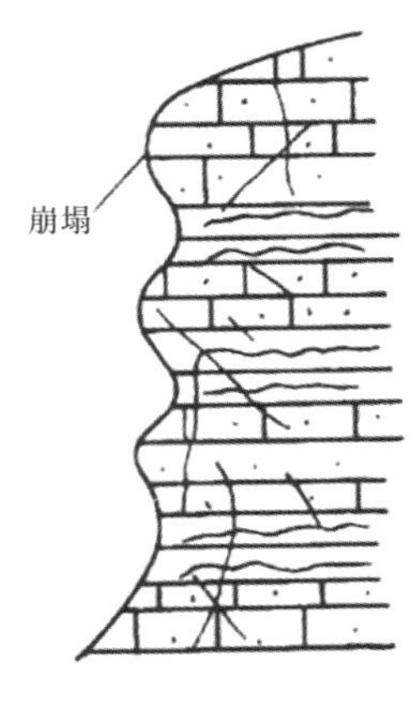

图 7-4　岩性条件的影响

3. 岩层构造

当各种构造面,如岩层层面、断层面、错动面、节理面等,或软弱夹层倾向临空面且倾角陡峭时,往往会构成崩塌的依附面。

4. 气候

温差变化大、降雨量大、风速大、冻融作用及湿度变化强烈等因素,是崩塌发生的主要原因。

5. 渗水

一般崩塌都发生在雨季。融雪、暴雨或者连续降雨后,地表水沿着裂缝深入岩层中,增加了岩体的重量,降低了岩石裂隙间的黏聚力和摩擦力,从而诱发了崩塌。

6. 冲刷

水流不断地冲刷坡脚或浸泡坡脚,会削弱坡体的支撑能力和软化岩土体,引起崩塌。

7. 地震

地震会造成强烈震动,引起土体松动,降低边坡各种结构面的强度,造成大规模的崩塌。

8. 人为因素

如在山坡上部增加荷重,大爆破等震动等;另外由于人工开挖边坡也会造成崩塌,如公路路堑开挖过深、边坡过陡等。

7.2 崩塌形成的过程及岩堆

7.2.1 崩塌的形成过程

崩塌的形成过程一般可分为三个阶段:陡坡形成阶段(准备阶段);软弱结构面发展和形成阶段(发展阶段);崩塌阶段。

陡坡形成后出现重力裂隙,这些裂隙不断扩展,最后形成崩塌。实际上第一阶段创造了地形条件,第二阶段是使原来软弱结构面进一步破坏形成连续弱面,在这个面上的力学强度显著降低;或者原来没有软弱结构面,由于岩体自重而在后期形成,此时危岩体基本形成。第三阶段是在外界因素作用下促使崩塌发生。

7.2.2 岩堆

岩堆即崩塌形成的堆积物,也被称为倒石堆。岩堆是沿斜坡崩落,以较缓的速度不断堆积在山坡坡脚形成的锥形体。

经常发生崩塌的山坡坡脚,由于崩落物不断堆积,就会形成岩堆。在岩堆地区,岩堆常沿山坡或河谷谷坡呈条带状分布,连续长度可达数千米至数十千米。

在不稳定的岩堆上修筑路基,容易发生边坡坍塌、路基沉陷及滑移等现象。

7.3 崩塌防治技术

要有效地防治崩塌,首要任务是查明崩塌形成的条件和诱因、发生的规模及其危害程度,从而采取有效的防治措施。崩塌的治理应以根治为原则,当不能根治或清除时,可采取下列综合措施:

1. 遮挡

可用明洞或棚洞等防护工程来遮挡,使线路通过,如图 7-5。

2. 拦截防御

当线路工程或建筑物与坡脚保持足够的距离时,可以在坡脚或者半坡设置落石平台、落石网、落石槽、拦石堤或者挡石墙、拦石网等设施来阻挡崩落石块,并及时清除堆积物,如图 7-6 所示。

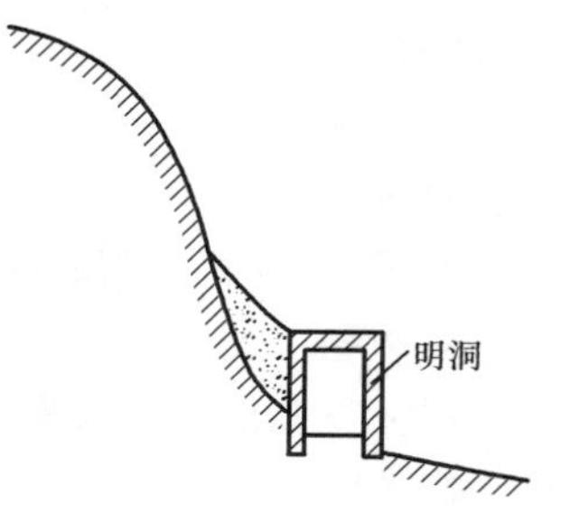

图 7-5　防崩塌明洞

3. 支撑加固

当邻近建筑物边坡上有悬空的危石或者巨大的危石,其不便清除而又影响到行车或者建筑物的安全时,可在危石下部修筑支柱或者支墙,也可以用锚索、锚杆将崩塌体与斜坡稳定部位连固,如图 7-7 所示。

4. 镶补勾缝

岩体中的空洞、裂缝可用片石填补或者混凝土灌注,如图 7-8 所示。

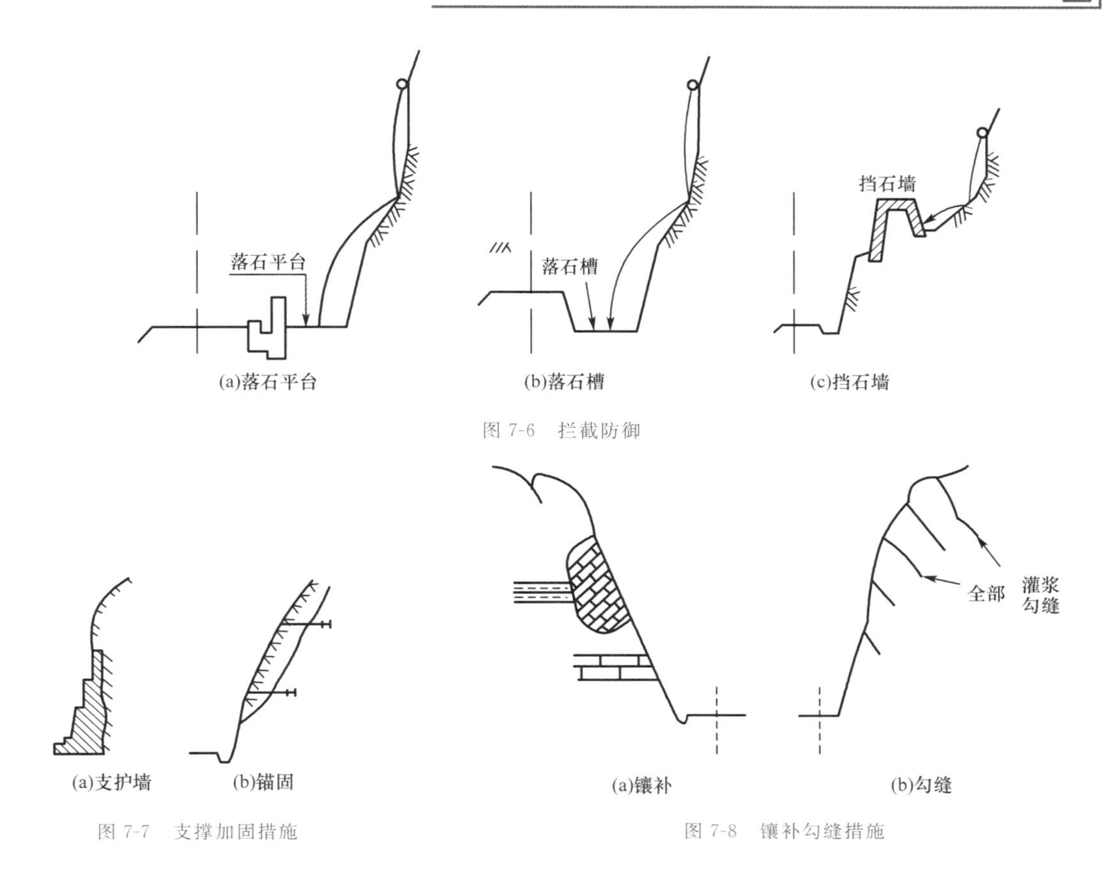

图 7-6 拦截防御

图 7-7 支撑加固措施

图 7-8 镶补勾缝措施

5. 护面

为了防止软弱岩层风化，可用沥青、砂浆或者浆砌片石护面。

6. 排水

为了防止水增加崩塌的可能性，建设排水工程来拦截和疏导斜坡的地表水和地下水。

7. 刷坡

在危石突出的山嘴及岩层表面风化破碎不稳定的山坡地段，可通过爆破或者打楔来刷缓山坡。

本章小结

本章首先介绍崩塌的定义，然后分析崩塌的产生条件、形成过程及岩堆的产生，最后提出了崩塌的防治技术。

思考题

1. 什么是崩塌？试述崩塌的产生条件。
2. 试述崩塌的形成过程和岩堆的定义。
3. 崩塌的防治技术有哪些？

第8章 泥石流及防治

学习目标

1. 掌握泥石流的概念及形成条件；
2. 熟悉泥石流的分类与防治。

泥石流是一种突发性的自然灾害现象。泥石流是产生在沟谷中或坡地上的一种包含大量泥沙石块和巨砾的固、液两相流体，它介于块体运动与水力运动之间，呈稀性紊流、黏性层流或塑性蠕流等状态运动，是各种自然因素和人类活动综合作用的产物。泥石流因其形成过程复杂，暴发突然，来势凶猛，与地震等自然灾害一样，已成为山区经济开发和建设中不可忽视的一大灾害。

8.1 泥石流的形成条件

泥石流是含有大量泥沙、石块等固体物质，由暴雨或融雪引发，暴发突然，具有很大破坏力的特殊洪流。泥石流形成的必备条件有丰富的松散固体物质、陡峻的地形、足够的突发性水源。而泥石流形成必须有强烈的地表径流，地表径流是暴发泥石流的动力条件。

泥石流的形成机制主要有：一是重力型机制。由滑坡、崩塌、泻溜或冰川运动而形成的残积物、坡积物、洪积物和冰碛物堆积于山坡和沟谷内。当这些物质的含水量达到饱和状态时，便在自重作用下变成流体沿沟床下泄，即重力泥石流。二是水动力型机制。这种形式主要是水流的动力强烈冲刷沟谷，使其崛起或坍塌而形成的泥石流，其一是水流冲蚀河床物质而形成泥石流，其二是水流冲蚀沟岸坡积物、残积物而形成泥石流。

除以上因素外，人为因素不可忽视。人类工程活动的不当可促进泥石流的发生、发展、复活或加重其危害程度。可能诱发泥石流的人类工程经济活动主要有以下几个方面：

1. 不合理开挖

有些泥石流就是因为修建铁路、公路、水渠以及其他工程建筑的不合理开挖破坏了山坡表面而形成的。如香港多年来修建了许多大型工程和地面建筑，几乎每个工程都要劈山填海或填方才能获得合适的建筑场地。1972 年的一场暴雨，使挖掘工程现场正在施工的 120 人死于滑坡造成的泥石流。

2. 不合理的弃土、弃渣、采石

这种行为形成的泥石流的事例很多。如四川省冕宁县泸沽铁矿汉罗沟，因不合理堆放弃土、矿渣，1972 年的一场大雨引发了矿山泥石流，冲出松散固体物质约 10 万 m^3，淤埋成昆铁路 300 m 和喜(德)一西(昌)公路 250 m,中断行车,给交通运输带来严重损失。

3. 滥伐乱垦

滥伐乱垦会使植被消失,山坡失去保护、土体疏松、冲沟发育,大大加重了水土流失,进而山坡的稳定性被破坏,崩塌、滑坡等不良地质现象发育,结果就很容易产生泥石流。例如甘肃省白龙江中游现在是我国著名的泥石流多发区。而在一千多年前,那里竹树茂密、山清水秀,后因伐木烧炭、烧山开荒,森林被破坏,才造成泥石流泛滥。当地群众说:“山上开亩荒,山下冲个光。”

典型的泥石流流域可划分为形成区、流通区和沉积区三个区段,各部分结构和形态特征描述如图 8-1 所示。

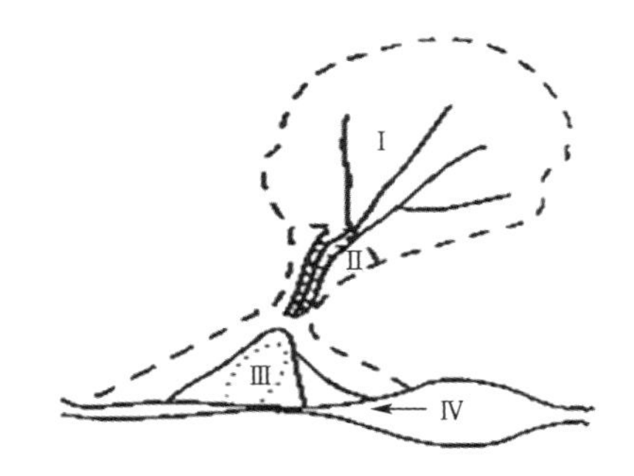

图 8-1 泥石流流域分区示意图

Ⅰ—形成区;Ⅱ—流通区;Ⅲ—沉积区;Ⅳ—由泥石流堵塞形成的堰塞湖

(1)形成区:形成区多为三面环山、一面出口的半圆形宽阔地带,周围山坡陡峻,沟谷纵坡坡降可达 30°以上。斜坡常被冲沟切割,且崩塌、滑坡发育,坡体光秃,无植被覆盖,有利于汇集周围山坡上的水流的固体物质。形成区内有大量的易于被水流侵蚀冲刷的疏松土石堆积物,是泥石流形成的重要条件。

(2)流通区:流通区多为狭窄而深切的峡谷或冲沟,谷壁陡峭,纵坡坡降较大,常出现陡坎和跌水,泥石流进入本区后极具冲刷能力。流通区为瓶颈状或喇叭状。非典型的泥石流沟可能没有明显的流通区。

(3)沉积区:沉积区一般位于山口外或山间盆地的边缘,地形较平缓。泥石流至此速度急剧变小,最终堆积下来,形成扇形、锥状堆积体,有的堆积区还直接为河漫滩或阶地。

8.2 泥石流的分类

为了防治泥石流,提出有效的整治措施,应对泥石流进行合理的分类,主要有以下几种分类方式。

(1)按泥石流固体物质组成分类:泥流,含有以黏土及粉砂为主的固体物质,呈现出不同稠度的泥浆状,具有较大黏度;泥石流,固体物质以黏土、砂粒、石块为主;水石流,固体物质以石块、砂粒为主,含有很少的黏土和粉砂。

(2)按流体性质分类:黏性泥流、黏性泥石流、稀性泥流、稀性泥石流、水石流。

(3)按泥石流规模分类:小型泥石流、中型泥石流、大型泥石流、特大型泥石流。

(4)按泥石流发育阶段分类：发育期泥石流、旺盛期泥石流、衰退期泥石流、间歇期泥石流。

(5)按水源分类：暴雨型泥石流、冰雪融水型泥石流、溃决型泥石流。

8.3 泥石流的防治

泥石流的防治措施选择应在查明泥石流的形成条件、规模及发展趋势等因素后综合评估选用。对于大型的严重发育的泥石流地段，一般以绕避为好。无法绕避的，在调查泥石流活动规律后，选择有利位置，采用适宜的建筑物通过。例如，一般情况下，道路、铁路工程通过泥石流区，应遵循以下原则：绕避处于发育旺盛期的特大型、大型泥石流或泥石流群，以及淤积严重的泥石流沟；远离泥石流堵河严重地段的河岸；线路高程应考虑泥石流发展趋势；峡谷河段以高桥大跨通过；宽谷河段，线路位置及高程应根据主河床与泥石流沟淤积率、主河摆动趋势确定；线路跨越泥石流沟时，应避开河床纵坡由陡变缓和平面上急弯部位；不宜压缩沟床断面、改沟并桥或沟中设墩；桥下应留足净空；严禁在泥石流扇上挖沟设桥或做路堑。

在泥石流防治实践中，人们逐步形成和总结出“以防为主、防治结合、因地制宜、因害设防、突出重点、综合治理”的灾害防治原则，结合所涉工程的重要程度、施工条件及其他情况综合考虑，有针对性地选择相应的防治措施。具体的主要防治措施可概括为以下几种：

1. 拦挡工程

拦挡工程主要用于上游形成区的后缘，主要建筑物是各种形式的坝，作用为拦泥滞流和护床固坡。用格栅坝防治泥石流如图 8-2 所示。

图 8-2　用格栅坝防治泥石流

2. 排导工程

排导工程主要用于下游的洪积扇上，目的是防止泥石流漫流改道，减小冲刷和淤积的破坏以保护附近的居民点、工矿点和交通线路。排导工程主要包括排导沟、渡槽、急流槽、导流堤、排洪道等。

3. 水土保持

水土保持是防治泥石流的治本措施，包括平整山坡、植树造林、保护植被等，以维持较优化的生态平衡。

4. 综合治理

一般在宜林而少植被的地区，应考虑综合治理，包括工程措施和生物水土保持措施，两者相辅相成。泥石流综合治理措施主要有三种：

(1)山坡整治：主要布置在泥石流流域水土流失严重的上游形成区。

(2)沟谷整治：主要是指修建在泥石流流通段的各种类型的拦沙坝，其作用是防止下切，稳定沟床和岸坡，对防治边岸滑坡、崩塌的继续发展有明显效果。

(3)堆积区整治：目的是将泥石流按照人为的意愿进行排泄、导流和停淤，防止对下游居民区、厂矿企业、道路交通等造成危害。

本章小结

本章介绍了泥石流的基本概念和形成条件、泥石流的分类情况、防治泥石流的常用工程方法。

思考题

1. 分析泥石流形成的基本条件。
2. 根据物质组成，泥石流是如何分类的？
3. 简述泥石流的防治方法。

第9章　岩溶及工程地质问题

学习目标

1. 掌握岩溶的概念、防治措施；
2. 了解和理解岩溶的形态特征、形成条件，岩溶地区的工程地质问题。

9.1　岩溶的形成及发育规律

岩溶又称喀斯特，是指可溶性岩层如碳酸盐类岩石（石灰岩、白云岩）、硫酸盐类岩石（石膏）和卤素类岩石（岩盐）等受水的化学和物理作用产生的沟槽、裂隙和空洞，以及由于空洞顶板塌落使地表产生陷穴、洼地等特殊的地貌形态和水文地质现象作用的总称。

岩溶是不断流动着的地表水、地下水与可溶岩相互作用的产物。可溶岩被水溶蚀、迁移、沉积的全过程称为岩溶作用过程。而由岩溶作用过程所产生的一切地质现象称为岩溶现象。例如，可溶岩表面上的溶沟、溶槽和奇特的孤峰、石林、坡立谷、天生桥、漏斗、落水洞、竖井以及地下的溶洞、暗河、钟乳石、石笋、石柱等皆是岩溶现象。“岩溶”这一术语是概括性的，是岩溶作用和岩溶现象的总称。

岩溶在我国分布广泛，以碳酸盐类岩石中发育的岩溶现象最为普遍，如石灰岩、白云岩等在我国西南各省几乎到处可见，岩溶地质现象奇丽壮观、引人入胜，尤其是广西桂林的岩溶现象更为著名，素有“桂林山水甲天下，阳朔山水甲桂林”之称，是世界旅游胜地之一。

9.1.1　岩溶的形成条件

岩溶的形成是水对岩石溶蚀的结果。因而其形成条件是必须有可溶于水且透水的岩石，同时水在其中是流动的、有侵蚀力的。也就是说，造成岩溶的物质基础有以下几个方面：

1. 岩石

岩石的可溶性是岩溶形成的基础条件。岩石的可溶性取决于岩石的成分和结构。根据岩石的溶解度，能造成岩溶的岩石可分为三大组：碳酸盐类岩石，如石灰岩、白云岩和泥灰岩；硫酸盐类岩石，如石膏和硬石膏；卤素岩，如岩盐。这三组岩石中以碳酸盐类岩石的溶解度最低，但当水中含有碳酸时，其溶解度将剧烈增大。应指出，碳酸盐类矿物中分布最广的是方解石和白云石，其中方解石的溶解度比白云石大得多。第二组为硫酸盐类岩石，其溶解度远远大于碳酸盐类岩石，硬石膏在蒸馏水中的溶解度几乎是方解石的190倍。第三组是卤素岩，其溶解度比前两类岩石都大。就我国分布的情况来看，以碳酸盐特别是石灰岩分布最广,次为石膏和硬石膏,岩盐最少。石灰岩和白云岩分布广泛,经过长期溶蚀,岩溶现象十分显著。

2. 水质

岩体中是有水的,特别是在地下水位以下的岩体。天然水是有溶解能力的,这是由于水中含有一定量的侵蚀性 CO_2。当含有游离 CO_2 的水与围岩的碳酸钙($CaCO_3$)作用时,碳酸钙被溶解,这时化学作用如下:

$$CaCO_3 + CO_2 + H_2O \rightleftharpoons Ca^{2+} + 2HCO_3^-$$

这种作用是可逆的,即溶液中含有的部分 CO_2 在反应后处于游离状态。一定的游离 CO_2 含量相当于水中固体 $CaCO_3$ 处于平衡状态时一定的 HCO_3 含量,这一与平衡状态相应的游离 CO_2 量称为平衡 CO_2。如果水中游离 CO_2 含量比平衡所需的数量要多,那么,这种水与 $CaCO_3$ 接触时,就会发生 $CaCO_3$ 的溶解。这一部分消耗在与碳酸钙发生反应上的碳酸称作侵蚀性 CO_2。

3. 水在岩体中的活动

水在可溶性岩体中的活动是造成岩溶的主要原因,主要表现为水在岩体中流动,地表水或地下水不断交替。因而造成水流一方面对其周围岩有溶蚀能力,另一方面对其围岩的冲刷。

岩溶地区地下水的循环交替运动是形成岩溶的必要条件。因为停滞不动的地下水对岩石的溶解很快就会达到饱和,失去继续溶蚀的能力。只有当水处于不断的流动状态,才会不断地溶解岩石中的可溶成分,并使其随水流走,长此以往,便会形成一系列的岩溶地貌。

9.1.2 岩溶的发育规律

岩溶的发育规律也是岩溶的分布规律。岩溶发育主要受气候、岩性及其产状地质构造和地壳运动的影响和控制,呈有规律的分布。

1. 气候的影响

气候是影响岩溶发育的一个重要因素。在温暖潮湿的热带、亚热带地区岩溶发育,在寒冷干燥的高纬度或高海拔地区岩溶不发育。虽然温度升高使水中二氧化碳含量减少,但温度升高一倍,化学反应速度增加十倍。此外,温暖潮湿的地区植被发育,土层厚,生物化学作用强烈,导致地下水中二氧化碳含量高,有的地方可达到1 000 mg/L 以上,为岩溶发育提供了充分的条件。例如:我国广西中部可溶岩年溶蚀量为 0.12～0.3 mm,长江流域为 0.06 mm,河北西北部为 0.02～0.03 mm,相差最高可达十倍。

2. 岩性及岩层产状的影响

岩石成分、成层条件和组织结构等直接影响岩溶的发育程度和速度。在可溶岩中,岩性越纯,结晶越好,岩溶越发育。一般厚层岩石含不溶物较少,故比薄层岩石岩溶发育好。当可溶岩石与非可溶岩石组合出现时,如上覆为可溶岩石,下伏为不透水的非可溶性岩石,则在两者接触截面处岩溶发育。当岩层产状水平或倾斜时,溶洞发育;当岩层产状直立时,漏斗、落水洞发育。

3. 地质构造的影响

岩溶发育与可溶岩节理裂隙的分布有关。所以岩溶与地质构造关系密切,常沿地质构造节理裂隙发育部位呈带状分布。

背斜核部承受张应力，垂直张节理发育，地下水沿张节理垂直下渗，然后向两翼运动。沿背斜轴部，岩溶多以漏斗、落水洞、竖井等垂直洞穴为主。背斜倾伏端，节理裂隙发育，岩溶也发育。

向斜核部是地下水汇集地点，当向斜轴与沟谷一致时，地表水和地下水共同向轴部汇集，并沿轴向流通，或向河流排泄，所以向斜轴部岩溶以水平溶洞或暗河为主。同时，向斜轴部也发育有各种垂直裂隙，也会形成溶洞、漏斗、落水洞等垂直岩溶形态。向斜仰起端节理裂隙发育，岩溶也发育。

褶曲翼部岩层倾斜，是地下水的径流通道，岩溶也发育。但褶曲节理裂隙由核部向翼部逐渐减弱，所以翼部岩溶没有核部发育，岩溶从核部向翼部逐渐减弱。

正断层属张性断裂，断层破碎带受张拉作用，断层角砾岩结构松散，张性裂隙发育，有利于地下水渗透溶解，是岩溶强烈发育地带。其两侧断层影响带，节理裂隙发育，也是岩溶发育地带。

逆断层属压性断裂，断层破碎带受挤压作用，断层角砾岩挤压紧密，有的甚至挤压成糜棱岩或断层泥，地下水不易流通，所以岩溶发育较差。在逆断层主动盘的断层影响带内，节理裂隙发育，并受下伏断层破碎带隔水的影响，该影响带内地下水富集，岩溶发育。扭性断层为张扭性时，岩溶发育强烈；为压扭性时，岩溶发育差。

4. 地壳运动的影响

地下水侵蚀基准面受地壳升降运动控制，当地壳处于稳定时期，侵蚀基准面在该时期稳定不变，地下水以水平运动为主，岩溶主要发育成水平的溶洞、暗河。当地壳处于抬升时期，侵蚀基准面下降，地下水以垂直运动为主，主要发育落水洞等垂直岩溶形态。当地壳抬升、稳定交替进行时，在地壳剖面上也形成垂直的落水洞与水平的溶洞交替出现的现象，有时可出现多层水平溶洞，中间由落水洞相通。它们分别反映了地壳不同的稳定和抬升阶段，并与阶地高程有相关关系。

9.2 岩溶形态及岩溶地貌

9.2.1 岩溶的形态及特征

岩溶形态是可溶岩被溶蚀过程中的地质表现，可分为地表岩溶形态和地下岩溶形态。地表岩溶形态有溶沟（槽）、石芽、漏斗、溶蚀洼地、坡立谷、溶蚀平原等。地下岩溶形态有落水洞（井）、溶洞、暗河、天生桥等，如图 9-1 所示。

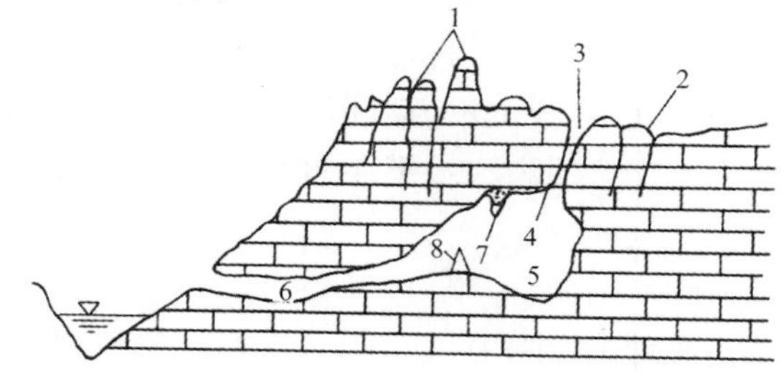

图 9-1 岩溶的形态

1—石林；2—溶沟；3—漏斗；4—落水洞；5—溶洞；6—暗河；7—钟乳石；8—石笋

1. 溶沟和石芽

地表水沿地表岩石低洼处或沿节理溶蚀和冲刷，在可溶岩表面形成的沟槽称为溶沟，溶沟(槽)是微小的地形形态。溶沟(槽)将地表刻切成参差状，起伏不平，这种地貌称为溶沟原野，这时的溶沟(槽)间距一般为2～3 m，其宽深可由数十厘米至数米不等。沟槽继续发展，以致各沟槽互相沟通，在地表残留下一些石笋状的岩柱，这种岩柱称为石芽。石芽一般高1～2 m，多沿节理有规则排列。如果溶沟继续向下溶蚀，石芽逐渐高大，沟坡近于直立且发育成群，远观像石芽林，称为石林。如云南路南县的石林奇观，堪称世界之最，其中石芽最高达50 m以上，峭壁林立，千姿百态，如图9-2所示。

图9-2 溶沟石芽断面示意图

2. 漏斗

漏斗是由地表水的溶蚀和冲刷并伴随塌陷作用而在地表形成的漏斗状形态，平面为圆形或椭圆形，直径为几米至几十米或更大，深度为1～15 m。漏斗常成群地沿一定方向分布，常沿构造破碎带方向排列。漏斗是地表水沿岩石裂隙下渗过程中，逐步溶蚀岩石，使上部岩石顶板塌落而形成的，故其底部常有坍塌物或流水带来的物质的堆积。漏斗底部常有裂隙通道，通常为落水洞的生成处，使地表水能直接引入深部的岩溶化岩体中。如果漏斗底部的通道被堵塞，则漏斗内积水而成湖泊。

3. 溶蚀洼地

由溶蚀作用为主形成的一种封闭、半封闭的洼地称为溶蚀洼地。溶蚀洼地多由地面漏斗群不断扩大汇合而成，面积为几十平方米至几万平方米不等。溶蚀洼地周围常有溶蚀残丘、峰丛、峰林，底部有漏斗和落水洞。

4. 坡立谷和溶蚀平原

坡立谷是一种大型封闭洼地，也称溶蚀盆地。面积为几平方千米至几百平方千米，进一步发展则成溶蚀平原。坡立谷谷底平坦，常有较厚的第四纪沉积物，谷周为陡峻斜坡，谷内有岩溶泉水形成的地表流水流至落水洞又降至地下，故谷内常有沼泽、湿地或小型湖泊。

5. 峰丛、峰林和孤峰

峰丛、峰林和孤峰是岩溶作用极度发育的产物。溶蚀作用初期，山体上部被溶蚀，下部仍相连通称峰丛；峰丛进一步发展成分散的仅基底岩石稍许相连的石林称为峰林；耸立在溶蚀平原中孤立的个体山峰称为孤峰，它是峰林进一步发展的结果。

6. 落水洞和竖井

落水洞和竖井皆是地表通向地下深处的通道，其下部多与溶洞或暗河连通。它们是岩层裂隙受流水溶蚀、冲刷扩大或坍塌而成。常出现在漏斗、槽谷、溶蚀洼地和坡立谷的底部，或河床的边部，呈串珠状排列。

7. 溶洞

溶洞是地下水沿裂隙溶蚀扩大而形成的各种洞穴。溶洞早期是岩溶水的通道，因而其延伸和形态多变，溶洞内常有支洞，有钟乳石、石笋和石柱等岩溶产物，如图9-3所示。

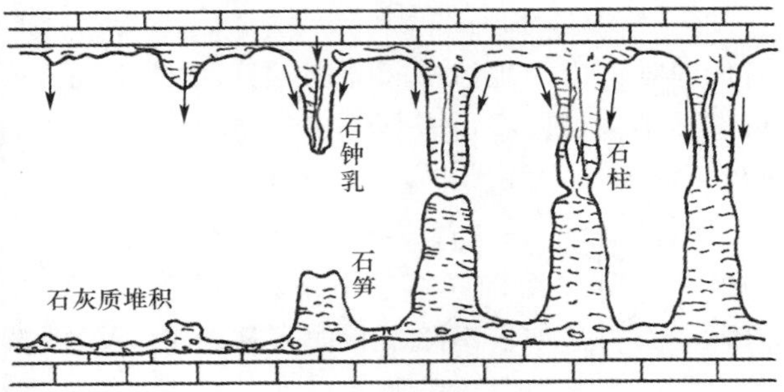

图 9-3　石钟乳、石笋和石柱生成示意图

这些岩溶沉积物是由于洞内的滴水为重碳酸钙水，因环境改变而释放二氧化碳，使碳酸钙沉淀而成。溶洞形态多变，洞身曲折、分岔，断面不规则。地面以下至潜水面之间，地表水垂直下渗，溶洞以竖向形态为主；在潜水面附近，地下水多水平运动，溶洞多为水平方向迂回曲折延伸的洞穴。

规模较大的溶洞长达几十千米，洞内宽如大厅，窄处似长廊。如：美国肯塔基州的猛犸洞长达 240 km，为世界之冠。水平溶洞有的不止一层，如江苏宜兴善卷洞，该洞有上、中、下三层，各层相互连通，上洞、中洞属同一水平溶洞系统，都很开阔，可容数百人；下洞中发育有近 100 m 的地下河，沿地下河行舟可以直通地面。

8. 暗河

岩溶地区地下沿水平溶洞流动的河流称暗河。暗河是地下岩溶水汇集和排泄的主要通道，其水源经常是通过地面的岩溶沟槽和漏斗经落水洞流入暗河内。因此可以根据这些地表岩溶形态的分布位置，大概地判断暗河的发展和延伸方向。

溶洞和暗河会对各种建筑物特别是地下工程建筑物造成较大危害，应予以特别重视。

9. 天生桥

溶洞和暗河洞道塌陷直达地表而局部洞道顶板不塌陷，形成的一个横跨水流的石桥，称为天生桥。天生桥常为地表跨过槽谷或河流的通道。

9.2.2　岩溶地貌

贮藏和运动在可溶岩空隙、裂隙及溶洞中的地下水称为岩溶水。岩溶的发育是以地下水流动为前提的，地下水流强度大的地方，也常常是岩溶发育较强的地方。按含水层性质，岩溶水可分为孔隙水、裂隙水和溶洞水。由岩溶水侵蚀出来的岩溶地貌（地表岩溶地貌和地下岩溶地貌）与岩溶水的分布和运动方式有着成因上的联系，主要表现在水平方向和垂直方向上。

1. 水平方向

在岩溶地区岩溶水向局部侵蚀基准面渗流，地下水交替强度通常由河谷向分水岭核部逐渐变弱。由岩溶侵蚀基准面向分水岭，岩溶地貌由溶蚀平原向溶蚀谷地、石林溶沟、石芽、岩溶剥蚀面依次过渡。

2. 垂直方向

（1）在地表

地表片流或土壤层水，在可溶岩表面顺坡向低洼处流动并沿岩石裂隙向下渗流，对岩石进行化学溶蚀和水力剥蚀，使洼地或裂隙扩大。在地表上形成的沟槽称为溶沟，深几厘米到几十米,溶沟之间凸起的石脊称为石芽,溶沟和石芽相间出现。在坡度较大的地面它们顺着最大倾斜方向排列,在平坦地面它们纵横交错。当溶沟和石芽加深扩大(有时伴随水洞的扩大连通),使石芽高达十几米到几十米,并成片出露时,远望之有如树木,称为石林。如云南路南石林,高达 50 余米,石峰林立,千姿百态,蔚为奇观。

(2)在地下

岩溶水在地下可分为四个运动特征明显的带,即垂直循环带、季节循环带、水平循环带和深部循环带,如图 9-4 所示。各带岩溶发育特征也不相同。

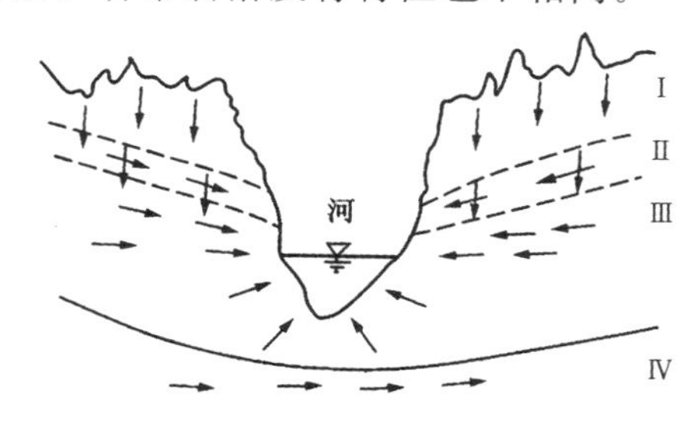

图 9-4 岩溶水垂直分带

Ⅰ—垂直循环带;Ⅱ—季节循环带;Ⅲ—水平循环带;Ⅳ—深部循环带

在地壳长期稳定的地区,溶洞得到充分发育,在同一标高上的溶洞层往往形成许多溶洞,沿河可见暗河河口与枯水位等高并流入河流的现象。溶洞中常有后期渗流水中碳酸钙沉积形成的石钟乳、石笋、石柱和石幕等。有时还伴有大量的溶洞洞顶坍塌堆积。

在溶洞发育的地区,随着溶洞的扩展,成片溶洞因上部岩层失去支撑而坍塌,在地表形成大片洼地,也称为溶蚀洼地,如图 9-5 所示,在下二叠统石灰岩洼地中,残留着许多上二叠统的玄武岩。大面积岩溶塌陷也能在地表形成坡立谷。

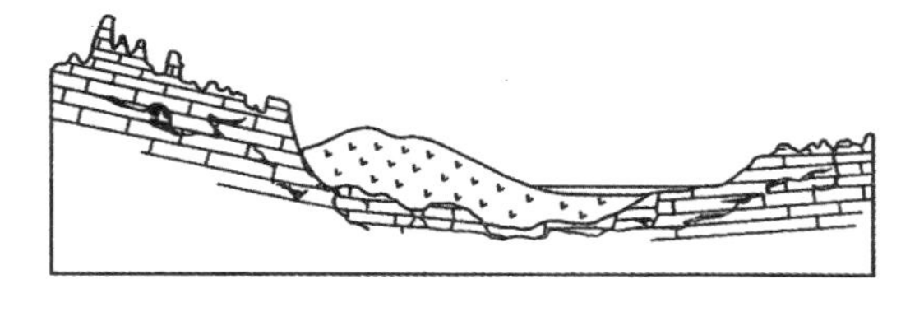

图 9-5 云南石林的一个溶蚀洼地

9.3 岩溶的工程地质问题

9.3.1 岩溶对工程建筑的影响及危害

随着社会建设的日益发展,必然会有更多的工程建筑物在岩溶地区兴建,因而会碰到一些较复杂的地质问题,且导致工程地质问题的原因也是多方面的,它对各项工程建筑均有不同程度的影响及危害。

1. 溶蚀岩石强度大为降低

岩溶水在可溶岩体中溶蚀,可使岩体发生孔洞。最常见的是岩体中有溶孔或小洞。所谓溶孔，是指在可溶岩石内部溶蚀有孔径不超过20～30 cm的，一般小于1～3 cm的微溶蚀的空隙。岩石遭受溶蚀可使岩石有孔洞、结构松散，从而降低岩石强度和增大透水性能。

2. 造成基岩面不均匀起伏

因石芽、溶沟(槽)的存在，使地表基岩参差不整、起伏不均匀。这就造成了地基的不均匀性以及交通的难行。因而，如利用石芽或溶沟发育的地区作为地基，则必须进行处理。

3. 漏斗对地面稳定性的影响

漏斗是包气带中与地表接近部位所发生的岩溶和潜蚀作用的现象。当地表水的一部分沿岩土缝隙往下流时，水便对孔隙和裂隙进行溶蚀和机械冲刷，使其逐渐扩大成漏斗状的垂直洞穴，是为漏斗。这种漏斗在表面近似圆形，深可达几十米，表面口径由几米到几十米。另一种漏斗是由于土洞或溶洞顶的塌落作用而形成。崩落的岩块堆于洞穴底部成一漏斗状洼地。这类漏斗因其塌落的突然性，使地表建(构)筑物面临遭到破坏的威胁。

4. 溶洞对地基稳定性的影响

溶洞地区地基稳定性必须考虑如下三个问题：

(1)溶洞分布密度和发育情况。一般认为，对于溶洞分布密度很密，并且溶洞的发育处在地下水交替最积极的循环带内，洞径较大，顶板薄，并且裂隙发育，此地不宜选择建筑场地和地基。

(2)溶洞或土洞的埋深对地基稳定性的影响。一般认为，溶洞特别是土洞如埋置很浅，则顶板可能不稳定，甚至会发生塌落。

(3)抽水对溶洞顶板稳定性的影响。一般认为，在有溶洞的场地，特别是如果进行地下水的抽取，由于地下水位大幅度下降，使保持多年的水位均衡遭到急剧破坏，大大减弱了地下水对土层的浮托力。再者，由于抽水时加大了地下水的循环，动水压力会破坏一些土洞顶板的平衡，从而引起一些土洞顶板的破坏和地表塌陷。

9.3.2 岩溶地基处理措施

在进行建(构)筑物布置时，应先将岩溶的位置勘察清楚，然后针对实际情况制定相应的防治措施。当建(构)筑物的位置可以移位时，为了减少工程量和确保建(构)筑物的安全，应首先设法避开有威胁的岩溶区，实在不能避开时，再考虑处理方案。

1. 换填、镶补、嵌塞与跨盖等

对于洞口较小的洞隙，挖出其中的软弱充填物，回填碎石、块石、素混凝土或灰土等，以增强地基的强度和完整性。必要时可以跨盖。

2. 梁、板、拱等结构跨越

对于洞口较大的洞隙，采用这些跨越结构，应有可靠的支撑面。梁式结构在岩石上的支承长度应大于梁高的1.5倍。也可以辅以浆砌块石等堵塞措施。

3. 灌浆加固、清爆填塞

用于处理围岩不稳定、裂隙发育、风化破碎的岩体。

4. 洞底支撑或调整柱距

对于规模较大的洞隙，可以采用这样的方法。必要时可以采用桩基。

5. 钻孔灌浆

对于基础下埋藏较深的洞隙，可通过钻孔向洞隙中灌注水泥砂浆、混凝土、沥青及硅液等，以堵填洞隙。

6. 设置“褥垫”

在压缩不均匀的土岩组合地基上，凿去局部突出的基岩（如石芽或大块孤石），在基础与岩石接触的部位设置“褥垫”（可采用炉渣、中砂、粗砂、土夹石等材料），以调整地基的变形量。

7. 调整基础底面积

当有平片状层间夹泥或整个基底岩体都受到较强烈的溶蚀时，可进行地基变形验算，必要时可适当调整基础地面面积，降低基底压力。当基底蚀余石基分布不均匀时，可适当扩大基础地面面积，以防止地基不均匀沉降造成的基础倾斜。

8. 地下水排导

对建筑物地基内或附近的地下水宜疏不宜堵。可采用排水管道、排水隧洞等进行疏导，以防止水流通道堵塞，造成场地和地基季节性淹没。

本章小结

本章介绍了岩溶的形成条件和发育规律特征；岩溶的形态特征；岩溶的存在可能导致的工程地质问题。

思考题

1. 岩溶有哪些形态特征？
2. 试述岩溶形成条件。
3. 岩溶对工程建筑有哪些危害？
4. 岩溶对地基稳定性有何影响？
5. 试述岩溶地基的处理措施。

第10章　风沙及防治

学习目标

1. 了解风沙地貌的概念及特征；
2. 掌握风沙运动的作用及防治措施。

10.1　风沙地貌特征

10.1.1　我国风沙区的自然特征

风沙地貌学是研究风力作用下地表沙粒和粉尘启动、传输与沉积的一门学科。

我国是世界上沙漠面积分布最广、沙漠化危害严重的国家之一。我国现有沙漠大约166.8万 km^2，沙漠的逐渐扩张，正严重威胁着人类的生存。沙漠化是在干旱、半干旱及部分半湿润地区由于气候变化及人地关系不协调所造成的一种以风沙活动为主要标志的土地退化过程。沙漠化以风沙活动为主要特征，以各种风沙地貌为主要景观标志。全球的风沙问题无不与风沙地貌密切相关。

风是地球表面所有地貌应力中可以携带物质最多的一种应力。风沙地貌是风应力携带沙子在地表面相互作用的产物。风沙地貌主要研究风力作用下物质运动形成的地貌形态特征、空间分布及其形成演变规律。

风沙地貌基本上可以分为风蚀地貌和风积地貌两大类。

1. 风蚀地貌

风蚀地貌是指在风力吹蚀、磨蚀作用下地表物质所形成的地表形态。

(1)风蚀柱

垂直于裂隙发育的基岩，经长期风蚀，形成一些孤立的石柱，称为风蚀柱，如图10-1所示。由于近地表的气流中含沙量较多，磨蚀较强，再加上岩性的差异，特别是下部岩性软于上部，易形成顶大基小的风蚀蘑菇，如图10-2所示。

图 10-1　风蚀柱

图 10-2　风蚀蘑菇

(2)风蚀谷与风蚀残丘

风常沿着暴雨冲刷而成的沟谷吹蚀，使之进一步加深扩大，形成风蚀谷。风蚀谷外形宽窄不一，底部崎岖不平。风蚀谷不断扩展，使谷间地不断缩小而形成岛状高地或孤立小丘，称为风蚀残丘，如图 10-3 所示。

(3)风蚀洼地或风蚀坑

由松散物质组成的地表，经长期吹蚀后在局部地方形成的凹地，称为风蚀洼地或风蚀坑。风蚀洼地呈椭圆形或马蹄形，背风坡较陡，如图 10-4 所示。

图 10-3　风蚀残丘

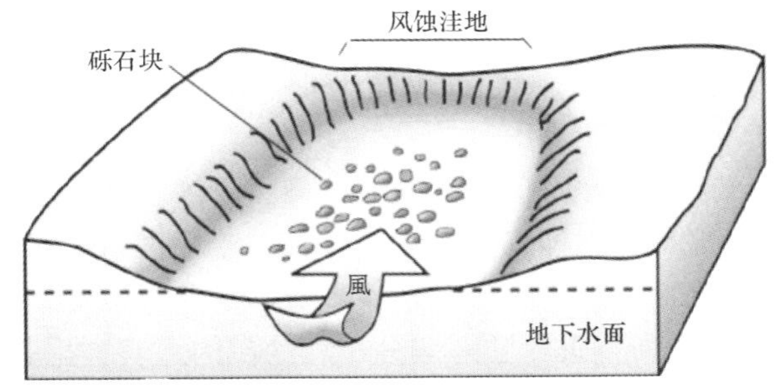

图 10-4　风蚀洼地

(4)雅丹

雅丹是维吾尔语，意即具有陡壁的风蚀垄槽。干旱地区湖积和冲积平原常因干缩而产生龟裂，主要由定向风沿着裂隙不断吹蚀，使裂隙逐渐扩大而成沟槽，沟槽之间形成高可达 10 米的垄脊。这种地貌在塔里木盆地的罗布泊地区最为典型，如图 10-5 所示。

图 10-5　雅丹地貌

2. 风积地貌

风积地貌主要是指各种类型的沙丘，往往在干旱与半干旱气候及风沙来源丰富的条件下，经风力搬运作用后堆积而形成的地貌。风积地貌的基本类型是沙丘。沙丘的主要类型有新月形沙丘、新月形沙丘链、复合新月形沙丘和沙丘链、抛物线沙丘、纵向沙垄、新月形沙垄、复合型纵向沙垄、金字塔形沙丘、蜂窝状沙丘、沙地等。部分典型沙丘如下：

(1)新月形沙丘

新月形沙丘又指横向沙丘，是在风向比较固定的风力作用下形成的堆积地貌，形似新月，其两翼顺着主风向延伸，迎风坡凸而平缓(10°～20°)，背风坡位于两翼之间，凹而较陡(28°～33°)，沙丘高度一般为数米至30余米，如图10-6所示。

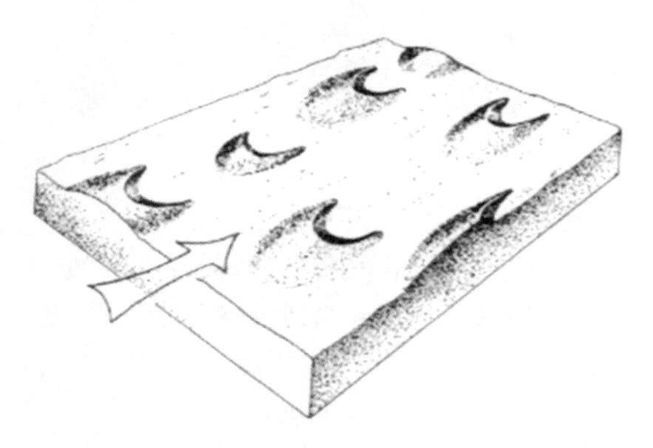

图10-6　新月形沙丘

新月形沙丘是由沙堆进一步发育而成的。沙堆的不断增高，使气流在越过沙堆时，沙堆顶部的风速高于背风坡的风速。风速的差异引起气流的压力差，压力差使气流从压力较大的背风坡脚流向压力较小的沙堆顶部，于是在背风坡形成涡流，使沙粒无法在此停积，形成马蹄形凹地，而沙粒被涡流带至凹地的周围堆积，出现沙丘的两翼。这时，沙堆演化为雏形新月形沙丘。随着沙量的继续供给，雏形新月形沙丘进一步扩大、增高，就形成了新月形沙丘。

新月形沙丘不断扩大，或不同大小沙丘移动速度的差别，使两个以上新月形沙丘联结起来，构成新月形沙丘链。规模巨大的沙丘链，在迎风坡上往往叠置着次一级新月形沙丘或沙丘链，因而形成复合新月形沙丘链。它常长达十余千米，高达100米以上。

单个新月形沙丘一般分布在沙漠的边缘地区。而新月形沙丘链发育在沙漠腹地，或是沙子来源丰富的地区。这类沙丘都属于垂直于风向的横向沙丘。

(2)纵向沙垄

在单风向或几个近似的风向的作用下，形成向主风向延伸的垄状堆积地貌，称为纵向沙垄。它的规模因地而异，在我国西北一般高十余米至数十米，长数百米至数千米，如图10-7所示。

图10-7　纵向沙垄

纵向沙垄的成因各有不同，以新月形沙丘演化而来的纵向沙垄，是一种鱼钩状的新月形纵向沙垄。在两种主次风向呈锐角斜交的情况下，新月形沙丘一翼延伸，另一翼相对萎缩。有的纵向沙垄是由单向风派生的涡流作用而成的。在纵向螺旋形涡流之间，地表的收敛空气狭长带内，由下降风对地面侵蚀，将沙粒带到沙丘两侧和顶部堆积而成，沙丘脊呈狭条状。

纵向沙垄还可由地形条件控制而成。在一些风力强烈的地区，如山口附近，亦可形成巨大的纵向沙垄。例如塔克拉玛干沙漠西部，一些山口前方的沙垄可延长10多千米，最长达

40 多千米。

在有些规模巨大的沙垄上，发育着密集而叠置的新月形沙丘链，形成复合纵向沙垄。这类沙丘都属于平行于风向的纵向沙垄。

此外，金字塔形沙丘、蜂窝状沙丘等是在多风向且风力又大致相似的情况下形成的。

10.1.2　风沙物质的来源

风积地貌的物源多来自古河流冲积物，现代河流冲积物，古代和现代的冲积-湖积物、洪积-冲积物，基岩风化的残积物和坡积物等。

影响风积地貌发育的因素很多，主要是含沙气流结构、风运动的方向和含沙量的多少。如风的类型，有单风向、双风向与多风向；风速的大小、起沙风的合成方向；地面起伏程度；地面组成物质的粗细与多少；地面的水分与植被分布状况等。

10.2　风沙运动

风力是沙漠区最主要的地貌作用应力，它不仅将风化碎屑中的细小颗粒和松散沉积物中的沙粒搬运到很远的地方，堆积成各种沙丘，而且能够侵蚀坚硬岩石或大块石，形成各式各样的风蚀地貌。

风的作用表现为气流沿地表流动时对地面物质的吹蚀、磨蚀、搬运和堆积等过程。下面介绍搬运作用和堆积作用。

10.2.1　搬运作用

风沙的搬运作用是指各种应力搬运沙粒碎屑的过程。由于所搬运的碎屑颗粒大小有别，不同大小粒级的物质搬运特点亦不相同。

沙粒碎屑的搬运方式取决于颗粒在介质中的受力状况。风应力作用下的沙粒碎屑上的力主要有浮力(F)、重力(G)、水平推移力(P)和垂直上举力(R)。水平推移力(简称推力)是风应力作用于颗粒上的顺风向的力，垂直上举力则是由风紊流的扬举作用和不同高度的速度差异而产生的一种向上的力。

按照沙粒的运动规律与受力情况，风沙运动过程中存在三种基本形式：悬移、跃移与蠕移，如图 10-8 所示。

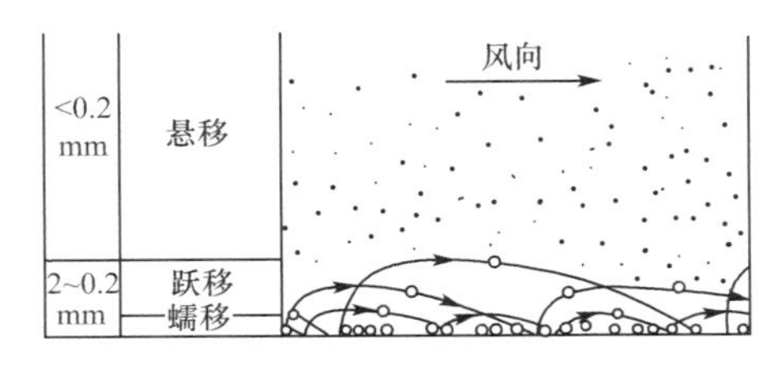

图 10-8　风应力三种搬运形式

1. 悬移

细小的沙粒碎屑在风场中，由于垂直上举力与浮力效应远远大于沙粒自重($R+F>$

G)，故不易沉到底部，总是呈悬浮状态被搬运，这种搬运方式称为悬移。悬移主要发生在风场紊流中，流体的紊流作用使得垂直上举力大于碎屑颗粒的重力，其结果使细小的物质悬浮在流体中搬运。

影响碎屑颗粒是否呈悬移方式搬运的因素，除紊流作用和颗粒大小之外，还与颗粒形状、密度及流体黏度有密切关系。在相同的流速条件下，粒径小、密度小的易于悬浮，而粒度大、密度大的颗粒则不易于悬浮。比如，轻细的沙粒，在气流的紊动旋涡上举力的作用下，使沉速小于上举力的沙粒随气流运移到较远距离。风速愈大，能悬移的粒径就大些，含量也会增多。风速是在变化的，当风速减小后，悬移质中较大的粒径就容易沉降到地表上来，而粒径小于 0.05 mm 的粉砂和尘土，因为体积细小，质量轻微，一旦悬浮后就不容易沉降，而随空气运离源地，甚至在 2 000 km 以外才沉落。

2. 跃移

在搬运过程中，碎屑物质沿地面呈跳跃方式向前移动的过程叫作跃移。一般来说，细砂、粉砂的搬运方式以跃移为主。当满足 $R \geqslant G-F$ 时，碎屑颗粒就会从地面上跃起，并在推力作用下向前移动。当颗粒上升到一定高度时，上举力就会大大减小，在重力作用下，颗粒再次落到地面上。上举力减小的原因是由于颗粒跃起后，颗粒上下的绕流线呈对称状，并且颗粒上下流体的速度差也明显变小，导致压力差减小，上举力也就降低。颗粒跃起、降落，再跃起、再降落。这种过程反复地进行，碎屑颗粒就不断地跳跃前进。跃移主要与受力状况和流体速度有关，但还与颗粒大小、形状、性质和排列情况等因素有关。

地面沙粒在风力的直接作用下发生滚动、跳跃。当地面是卵石时，沙粒反弹较高；当地面是沙粒时，沙粒插入沙粒之间，形成一个小孔穴，能量消耗，但同时把附近几个颗粒冲击跃起；当地面是粉砂时，沙粒就埋进粉沙中，使粉砂粒扰动扬起，产生扬尘作用。

在风速较高的情况下，跃移物质离开地面时的向上初速度大，上升高度大，受风力作用的机会多，对地面冲击的速度也大，因而使另一些颗粒被打散抛入空中的运动也更为强烈。

3. 蠕移

蠕移是一些跃移运动的沙粒在降落时对地面不断冲击，使地表较大沙粒受到冲击后缓缓向前移动。

在低风速时，滚动距离只有几毫米；但在风速增大时，滚动的距离就加大了，而且有较多的沙粒滚动；高风速时，整个地表每一层沙粒都在缓慢向前蠕动。

高速运动的沙粒，通过冲击方式可以推动 6 倍于它的直径或 200 倍于它的重量的表层沙粒运动，所以蠕移质沙粒比跃移质沙粒大；但蠕移的速度较小，一般不到 2.5 cm/s，而跃移质的速度快，一般可达数十到数百厘米每秒。

风对地表松散碎屑物搬运的方式，以跃移为主(其含量为 70%～80%)，蠕移次之(约为 20%)，悬移很少(一般不超过 10%)。对某一粒径的沙粒来说，随着风速的增大，可以从蠕移转化为跃移，从跃移转化为悬移，反之亦然。

10.2.2 堆积作用

1. 沉降堆积

在气流中悬浮运动的沙粒，由于风速减弱，当沉速大于紊流旋涡的垂直风速时，就要降落堆积在地表，称为沉降堆积。沙粒的粒径愈大，其沉速愈大，粒径愈小，沉速愈小。

2. 遇阻堆积

风沙流运行时，遇到障阻，沙粒便堆积起来，称为遇阻堆积。风沙流因遇障阻发生减速，而把部分沙粒卸积下来；也可能全部越过（或部分）绕过障碍物继续前进，在障碍物的背风坡形成涡流。

10.3　风沙的防治

在风沙防治方面，人们分别从降低风速和固结沙面着手，对风沙进行防治。一般主要采用植物防风固沙和工程防风固沙两种方式，间或采用化学方法固沙。

10.3.1　植物防风固沙

沙漠植物治理是指在沙漠地区播种沙生植物，以阻止沙漠扩张及改善沙漠土地。沙生植物具有水分蒸腾少，机械组织、输导组织发达等特点，可抵抗狂风袭击，为尽快将水分和养料输送到急需的器官，其细胞内经常保持较高的渗透压，具有很强的持续吸水能力，使植物不易失水，能够适应干旱少雨的环境。其治理的方法：

1. 在沙漠地区有计划地栽培沙生植物，造林固沙

一般是在沙丘迎风坡上种植低矮的灌木或草本植物，固住松散的沙粒，在背风坡的低洼地上种植高大的树木，阻止沙丘移动。

2. 在沙漠边缘地带造防风林，以削弱沙漠地区的风力，阻止沙漠扩张

防风林的效果与林带的高度有关，树木越高大，防风效果越好。此外，还与树木的疏密结构和透风性能有关。其类型有紧密结构林带、疏透结构林带及通风结构林带。植物治理的效果重点在于选择适当的树种和科学的林带结构。

10.3.2　工程防风固沙

工程防风固沙是指人为在沙漠设置合理的工程结构，以阻止沙漠扩张及改善沙漠土地。

1. 设置沙障

沙障主要有草方格沙障、黏土沙障、篱笆沙障、立式沙障、平铺沙障等。草方格沙障使用麦草、稻草、芦苇等材料，在流动沙丘上扎成挡风墙，以削弱风力的侵蚀，同时有截留降水的作用，能提高沙层的含水量，有利于沙生植物的生长。黏土沙障是将黏土在沙丘上堆成高 20～30 m 的土埂，间距为 1～2 m，走向与风向垂直。黏土固沙施工简单，固沙效果较好，且具有良好的保水能力，但需要大量的黏土。

2. 在沙面上覆盖致密物

国外尝试了一种塑料薄膜固沙法，即将塑料薄膜覆盖在沙漠上，并用石头等重物压住。这种方法可有效防止水分散失，但塑料薄膜易被风刮起，丧失固沙和保水功能，同时造成二次污染。利用废塑料治理沙漠，可有效固沙和保水。利用简单工艺将废塑料改性成为固沙胶结材料，然后在所种植物周围的沙表面喷洒一层固沙胶结材料，15～20 min 后固沙胶结材料就将表层沙胶结在一起，形成黏性固沙层。固沙层为柔性，很难开裂，且固沙层由固沙胶结材料与表层沙紧密黏结，重量较大，大风也很难将其刮起。

本章小结

本章介绍了风沙地貌的基本含义，风沙地貌的分类；风沙运动的形式和特征及风沙防治的工程方法。

思考题

1. 简述风沙地貌的基本概念，风沙地貌的分类。
2. 风沙防治的工程方法有哪些？

第11章 冻土及工程问题

学习目标

1. 了解冻土的概念，世界与我国冻土的分布；
2. 掌握冻土的不同分类与冻土的工程性质；
3. 理解冻土区各类工程的主要工程问题和解决途径。

11.1 冻土概述

国内外对冻土的研究已有近百年的历史。冻土是一种含冰的负温地质体，季节冻土遭受反复冻融作用，多年冻土常年保持冻结状态。以冻土作为建筑物地基时，含冰与反复的冻融作用，使地基情况更为复杂，增大了地基的不稳定性，一般认为冻土地基属不良地基类别，但保持冻结的地基既是阻止水渗透的屏障又为建筑物提供了强度保证。

我国位于欧亚大陆的东南部，就陆地而言，从北向南大致穿越了35个纬度（北纬53°～18°），东西相隔61个经度（东经135°～74°）。我国的地势西部高，东部低，辽阔的疆域和复杂的地形，使我国的冻土独具特色。我国冻土具体分布面积见表11-1。

表11-1　我国各地区多年冻土分布面积

地区	多年冻土分布面积/10^4 km^2
大小兴安岭	38.0～39.0
青藏高原	150.0
阿尔泰山（中国境内）	1.1
天山	6.3
祁连山	9.5
横断山	0.7～0.8
喜马拉雅山（中国境内）	8.5
其他	0.7

地球上多年冻土的分布面积约占大陆地表面积的 23%，主要分布在俄罗斯、加拿大、中国和美国的阿拉斯加等地，其中我国的多年冻土分布面积约为 $215\times10^4\ km^2$，仅次于俄罗斯($1\ 000\times10^4\ km^2$)和加拿大($390\times10^4\ km^2\sim490\times10^4\ km^2$)，约为美国多年冻土面积($140\times10^4\ km^2$)的 1.5 倍。由此可见，我国是世界上第三冻土大国，约占世界多年冻土分布面积的 10%，占我国国土面积的 22%，主要分布在东北大兴安岭、小兴安岭、西部高山和青藏高原等地。我国东北的多年冻土位于欧亚大陆高纬度多年冻土区的南缘，最南端达北纬 46.5°；青藏高原的多年冻土位于同纬度多年冻土南界以南，属高海拔多年冻土，是世界上中低纬度地带海拔最高、面积最大的多年冻土区，面积约为 $149\times10^4\ km^2$，约占中国多年冻土总面积的 70%。

11.2 冻土的分类与工程性质

11.2.1 冻土的分类

多年冻土是一种对温度敏感和易变的地质体，是低温的多相体系。冻土有多种多样的分类，常见的有：

(1)按冻土生存时间分类：多年冻土、隔年冻土、季节冻土与短时冻土。

(2)按冻土平面分布连续性分类：

①大片连续分布多年冻土，融区分布于大河、大江、大湖之下；

②融区呈岛状分布的多年冻土，融区与多年冻土相间分布，一般划分指标是多年冻土分布面积大于融区；

③岛状分布的冻土，冻土岛分布于融区中。

(3)按冻土温度分类：超高温冻土、高温冻土、中温冻土与低温冻土。

(4)按冻土含冰量分类：干寒土、少冰冰层、多冰冰层、富冰冰层、饱冰冰层与含土冰层。

(5)按冻土形成条件分类：共生冻土(与土层同时形成)、后生冻土(土层堆积之后形成)、多成因冻土。

(6)按季节融化层与多年冻土衔接与否分类：衔接多年冻土、非衔接多年冻土。

(7)按冻土硬度和密实度分类：坚硬冻土、塑性冻土与松散冻土。

(8)按母岩类型分类：

①冻结坚硬岩石，一般含冰量较小，冻融过程形状、体积一般不发生明显变化；

②冻结非泥质弱风化岩层，在反复冻融作用下，孔隙、裂隙会不断扩张，强度减弱；

③冻结强、中风化泥质岩(泥岩、泥灰岩、泥质片岩、页岩等)，常含大量冰透镜体、脉冰等，融化后呈泥状；

④冻结黏性土(黏土、亚黏土、亚砂土)，各种冰体均可在其中生存，为含冰量最大的松散土；

⑤冻结沙砾石土为孔隙胶结冰、斑状冰与包裹冰主要分布母体。

以上分类彼此之间有着紧密的联系。多年冻土几种分类之间的关系如图 11-1 所示。

(9)冻土按温度分类：

冻土温度是指冻土年平均温度，它能较好地综合反映冻土形成历史与分布、厚度特征。因为：

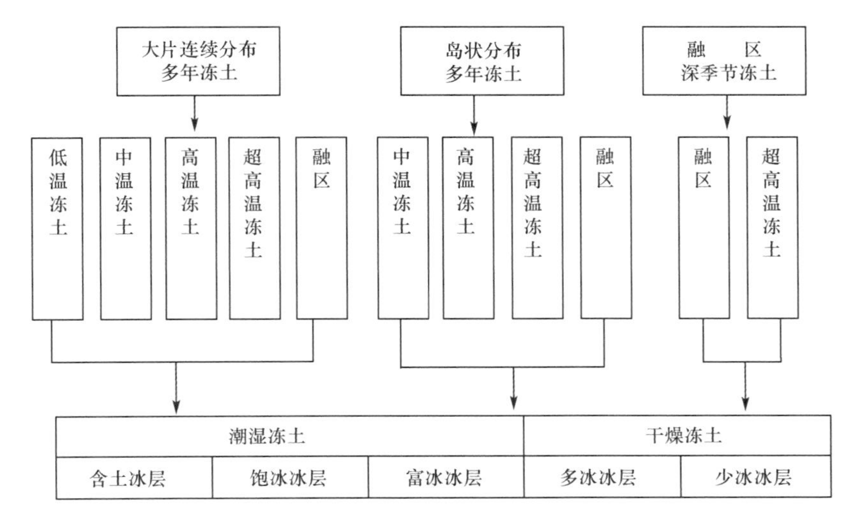

图 11-1 多年冻土分类关系

①冻土年平均温度能较好地反映冻土形成的历史；

②冻土温度可反映冻土分布的连续性；

③冻土温度可反映冻土自身的物理力学性质；

④冻土温度制约着地基土的稳定性。

表 11-2 是根据低温冻土、中温冻土、高温冻土、极高温冻土的温度指标对多年冻土进行的分类。此表可用来评估工程地基土。为应用方便，同时将所处地段的气温以及相对应的一般冻土厚度（从地表起算）也列入表中。

表 11-2 多年冻土按温度分类

冻土名称	低温冻土	中温冻土	高温冻土	极高温冻土
冻土年平均地温/℃	＜－2.0(－1.8)	－1.0～－2.0	－0.5～－1.0	≥－0.5(－0.3)
多年冻土厚度/m	＞70～80	50～70	30～50	＜30
所对应的气温/℃	＜－5.5	－4.5～－5.5	－4～－4.5	≥－4

(10)冻土按工程分类：

冻土按工程分类即以工程应用为目的的冻土分类，是在综合分析冻土的内在规律的基础上，并考虑与建筑物基础的相互联系，按其工程性质，将冻土人为地分成若干个等级。它对于工程地质勘察和设计工作都有一定的指导意义。

其分类原则是：

①冻土工程分类要能较充分反映多年冻土对工程建筑物破坏的主要因素。

②冻土工程分类除考虑工程性质上的差别外，更重要的是要能反映客观存在的差异，将冻土体组构与物理力学指标统一起来。

③分类既要适用于多年冻土，又要基本上适用于多年冻土之上的季节融化层。也就是说，可以同时评价同一垂直剖面上的多年冻土及其上的季节融化层的工程性质。

④注意科学性，以定量数据为依据，同时考虑现场应用的可能性和现实性。

根据以上分类原则，按照冻土总含水量和融沉性将地基土划分为五个等级，见表 11-3。表中：Ⅰ——不融沉土；Ⅱ——弱融沉土；Ⅲ——融沉土；Ⅳ——强融沉土；Ⅴ——强融陷含土冰层。

表 11-3 冻土工程分类

土的名称	冻土总含水量 W/%	融沉性	级别
碎卵石类土、砾砂、粗砂、中砂（粉黏粒含量<15%）	$W<10$	不融沉	Ⅰ
	$W\geqslant10$	弱融沉	Ⅱ
碎卵石类土、砾砂、粗砂、中砂（粉黏粒含量≥15%）	$W<12$	不融沉	Ⅰ
	$12\leqslant W<18$	弱融沉	Ⅱ
	$18\leqslant W<25$	融　沉	Ⅲ
	$W\geqslant25$	强融沉	Ⅳ
粉砂、细砂	$W<14$	不融沉	Ⅰ
	$14\leqslant W<21$	弱融沉	Ⅱ
	$21\leqslant W<28$	融　沉	Ⅲ
	$W\geqslant28$	强融沉	Ⅳ
黏性土	$W<W_p$	不融沉	Ⅰ
	$W_p\leqslant W<(W_p+7)$	弱融沉	Ⅱ
	$(W_p+7)\leqslant W<(W_p+15)$	融　沉	Ⅲ
	$(W_p+15)\leqslant W<(W_p+35)$	强融沉	Ⅳ
含土冰层	$W\geqslant(W_{p*}+35)$	强融陷	Ⅴ

注：粗颗粒土用起始融化下沉含水量代替 W_p，泥炭土和含腐殖质土不在本表之列。

11.2.2 冻土的工程性质

在冻土这个多相体系中，水和冰是最易相变的，其工程地质特性的变化是冻土各相随环境温度变化的综合反映。环境温度的变化就其原因一般包括两个方面：一方面，主要是通过热传导使土体增温或降温，从而影响到冻土的稳定性；另一方面，在热交换过程中，体系与环境发生不可忽略的物质交换，而物质交换又带来更大的能量交换。冻土体除了温度变化之外，其结构与构造还受到很大的扰动，工程性质随之也发生变化；冻土体是在一个开放体系中发生变化的。

多年冻土与自然界中其他岩土相比。因其温度和含冰特性而具有特殊的工程性质。在外部荷载（如路基填土）作用下，土体中水分在冻结过程中的重分布伴随着压力产生，使土粒结构、密度发生变化形成冻胀；当冻土融化时，在自重和外荷载作用下产生排水固结，土层压缩变形造成沉降。多年冻土区随着气候冷暖变化，路基及地基土产生周期性冻、融变形，这种变形由于受多重因素影响，特别是冰水作用，其发生、发展过程均与季节冻土地区不同。冻土的工程性质主要有以下几个方面。

1. 融沉特性

冻土融化过程中，在自重压密作用下会不断地产生排水固结下沉，即冻土的融沉性。融沉过程小，不仅冻土中冰转变为水时相变体积会缩小，还会产生孔隙水的消散与排泄。由融沉特性引起的构筑物下沉是冻土区工程的主要病害表现形式。

冻土的融沉性与冻土的粒度成分、含冰量、密度、孔隙水的消散条件等有密切关系。大量的现场与室内试验结果表明不论何种地质，在允许自由排水条件下，冻土融沉系数随冻土含水量的增加而急剧地增加，而且随着冻土密度的增大而减小；在相同的含水状况下，冻结粉质亚黏土、粉质黏土的融沉性最强，重黏土和细砂次之，砾石土最小。对于粗粒土来说，土中粉黏粒含量小于或等于12%时，融沉性一般变化不大，其值均小于3%，当粉黏粒含量大于12%时，融沉性则随粉黏粒含量的增加而急剧增大。

2. 冻胀特性

随着多年冻土季节融化层冻结过程而发生土中水分冻结，产生土体体积膨胀的现象称为土体的冻胀性，它取决于土体的粒度成分、矿物成分、含水量、冻结条件等。冻胀的主要表现是土层不均匀升高，当路基土层产生冻胀时会导致路基开裂、路面裂缝及破损。如果公路桥涵基础修建在冻胀土中，就会受到冻胀力的作用，当恒载不能克服冻胀力时，桥涵基、桩将被隆起而导致结构物破坏。

冻胀沿冻结深度的分布是不均匀的：表层(0～30 cm)占总冻胀量的3%～25%，中间(30～70 cm)占21%～56%，下层(>70 cm)占1.2%～8.0%。一般来说，当达到最大冻结深度的50%～70%时，其冻胀量达到峰值，冻胀量占总冻胀量的80%～90%。土的分散性越大，其冻胀性越大，颗粒粒径为0.005 0～0.007 4 mm的粉黏粒具有最大的冻胀性。当土体的密度较小时，冻胀性随密度增大而增大，当土体的干密度超过1.68～1.80 cm^3 时，冻胀性则随土体密度增大而减小。一般来说，冻胀量随土体中负温的降低而增大，黏性土剧烈冻土温为－1～－7 ℃，砂土为－0.5～－3.0 ℃，此范围内可达到总冻胀量的80%～90%。附加荷载对土体的冻胀会产生抑制作用，随着附加荷载强度的增加，上体的冻胀量会相应地减小。

3. 冰(水)害特性

温度是引起冻土地基融沉、冻胀的主要原因。若土中无水或含水量很小，则即使有温度的升降，土也不会产生融沉与冰胀，即“融而不沉”或“冻而不胀”。只有当土的含水量大于某一数值后，土才明显地出现融沉与冻胀，该界限分别称为土的起始融沉含水量和起始冻胀含水量。其值随土质而异，当地基土的含水量超过 ω'、ω_0 时，融沉、冻胀将随含水量的加大而递增，冻胀时若有水分补给就更为剧烈，由此可见。地基上的融沉与冻胀完全就是土中冰的融化与水的冻结作用，冰(水)是冻害之源。

4. 多年冻土的热稳定性

顾名思义，冻土就是冻结状态的岩土体。冻土处于负温状态，其得以保存的条件与温度息息相关，具有温度敏感的特性。随着温度的变化，冻土中冰的含量和冰水之比也会发生变化，从而其各种性质也发生变化，也就是说，冻土是一种具有较强可变性质的地质体。

研究表明，对于松散土，其冻结温度取决于土的矿物成分、水分和盐分。在其他条件相同的情况下．冻结温度随含水量的增加而升高，随含盐量的增大而降低。

冻土的热稳定性又称冻土的热惰性，是指任何一种冻土的热状况对外界条件变化响应的敏感程度。研究结果表明，冻土的热惰性可以用外界条件影响下多年冻土的融化速率定量表示，并且主要与冻土的温度及含冰量有关，前者决定冻土的热容量，后者决定冻土的相变热。

11.3 冻土的工程地质问题

由于冻土的地质特性，冻土区的路基工程、路面工程、桥梁工程、涵洞工程、隧道工程、房建工程、管道工程等往往会出现各种工程问题。其具体表现及防治措施如下：

1. 路基病害

路基病害主要是指冻土路基在公路营运过程及路基设计使用年限内，路基产生超过路基容许变形的沉降变形、边坡滑塌、路基纵向裂缝、冻胀及积冰等病害。

路基病害的防治：冻土路段适当加大路基高度；道路选线尽量选择少冰冻土带与融区；使用浅色路面和浅色材料；做好冻土路基的防水、排水工作；保护边坡；使用工业保温材料；使用降温热管；使用通风管；抛石护坡；使用遮阳板；使用低架旱桥。

2. 沥青路面病害

裂缝是沥青路面固有的病害，在多年冻土区表现得更为严重。这类病害在多年冻土区所占比例最大，包括纵向裂缝、横向裂缝、网裂和龟裂。变形类病害在多年冻土区出现亦较多，包括小波浪、大变形、推移、车辙等病害。冻土区沥青路面多因施工环境恶劣，营运环境严酷造成松散、坑槽类病害。

沥青路面病害的防治：做好沥青路面结构设计，包括选材和结构层次；沥青混合料应具有良好的低温抗裂性；沥青混合料应孔隙率小、密实度高以增强抗冻耐久性；防止高原特殊气候条件下沥青混合料的快速老化；沥青混合料应均匀不离析，摊铺易成型不推挤，碾压密实不松散。

3. 桥梁冻害

冻土区桥梁的主要病害表现为冻土地基融化，桥基下沉；桥跳；地基土冻胀，基础冻拔、变形，进而引起桥墩和板梁的破坏。

桥梁冻害的防治：加强桥基的工程地址勘探工作；防治桥基冻胀；防治桥基融化下沉；防治桥台冻害；防治桥跳。

4. 涵洞冻害

冻土区常见的涵洞冻害主要有如下类型：涵凸涵跳；涵凹涵跳；涵洞洞口冻害；浆砌片石衬砌破坏；过水期水渗入地基，地基融沉，土壤流失，造成涵洞坍塌；涵壁破裂倾覆；冰塞等。

涵洞冻害的防治：正确选择涵洞类型，减少涵洞冻害；涵洞基础类型要与冻土地基类型相适应，与涵洞类型相匹配，尽量少挖，减少对多年冻土的扰动和破坏；应确定基础的合理埋深；防水防渗漏，防止涵洞进出口积水，适当加大涵洞轴向坡度和涵洞孔径，以保证径流畅通，不产生积水；选择好有利于保护冻土的施工时间和施工工艺。

5. 隧道冻害

隧道的主要冻害表现在如下几方面：混凝土衬砌层的破裂；渗漏水；排水沟(洞)被冻；隧道洞口路堑积雪和春融水结冰；突发性涌水(突水)等。

隧道冻害的防治：隧道冻害的根源是水和含水岩土的反复冻融作用。因此，冻害防治原则是“防水、排水、防冻胀”，在具体方法上应采用“多道防护、综合治理”。对寒区隧道内冻结含水围岩，尤其是富水的破碎带和含水裂隙围岩层采用围岩注浆；对多年冻土区隧道工程采用洞内与洞外防水、排水技术;应用保温材料是冻土区隧道工程减少围岩冻结深度与多年冻土(岩)融化深度的一种有效措施;做好隧道选型,提高衬砌层强度;采用锅炉蒸汽加热、电缆加热、太阳能加热等是冻土区隧道防治冻害的有效方法和救急措施;对突发涌水情况,应加强破碎围岩的监测,及时发现及时处理,避免冻害发生。

6. 冻土区房屋病害

冻土区房屋病害主要是冻土地基不均匀融沉。

冻土区房屋病害的防治:选址于多年冻土中的融区,做好防冻胀工作;少冰冻土上可采用普通条形基础;多冰和高含冰量冻土上的房屋可采用桩、桩基和架空、通风结构;使用轻型组装房屋等。

7. 冻土区管线病害

冻土区管线主要病害有:

(1)管线因土层冻胀而断裂。埋入地中的通信线路,中小直径油气管道,小口径的给排水、采暖管道均可能因土层冻胀隆起而被扯断。

(2)管线因土层冻胀差异而断裂。在不同冻胀性土层交界处,刚性体与柔性土壤的过渡带等,管线最易因冻胀差异而断裂。

(3)管线因土温快速下降的收缩力而断裂。

(4)悬架输电线、通信线因积冰荷载而压断。在平缓地面上的和浅埋地下的管线可能因放线过紧,没有留足温差变形与冻融变形的伸缩线,或者接头焊接不牢而被拉断。

(5)管线因冻融滑塌、融冻泥石流作用而破坏。

(6)明线因柱杆在冻融作用下倾倒而拉断。

(7)管线因所依附的结构物(桥涵隧)的冻害而受损。

冻土区管线冻害的防治:正确选择敷设方式;保温、防水、加热;选择适宜的基础类型等。

本章小结

本章介绍了冻土的基本概念和冻土在我国的分布情况;冻土的分类和工程性质;建筑工程和道路工程中冻土的主要地质问题。

思考题

1. 冻土如何分类?
2. 冻土的工程性质有哪几个方面?
3. 冻土区的工程问题有哪些? 如何防治?

第12章　地震及工程防震

学习目标

1. 掌握地震的概念，地震的结构构成；
2. 掌握地震震级与地震烈度的概念及分类。

12.1　地震概述

12.1.1　地震的概念

地震是地壳发生的颤动或振动以弹性波的形式传递到地表的现象，是由地球内动力作用引起的。海底发生的地震称海震或海啸。地震是地壳运动的一种特殊形式，是一种与地质构造有密切关系的物理现象。由于地震作用，地表会产生一系列的地质现象，如地面隆起及陷落、滑坡及山崩、褶皱和断裂、地下水的流失与集中、喷水冒砂等。

12.1.2　地震的类型

1. 按成因分类

(1)构造地震

构造地震是由地壳运动而引起的地震。地壳运动使组成地壳的岩层发生倾斜、褶皱、断裂、错动或大规模岩浆侵入活动等，与此同时，地壳也就随之发生地震，称为构造地震。世界上90%的地震属于构造地震。

(2)火山地震

火山地震是由火山活动而引起的地震。岩浆突破地壳和冲出地面时是十分迅速和猛烈的，同时从火山口喷出大量水蒸气和其他物质，引起地壳的振动。这类地震的影响范围不大，强度也不大，地震前有火山喷发作为预兆。火山地震占世界总地震次数的7%左右。

(3)陷落地震

陷落地震是由山崩、巨型滑坡或地面塌陷引起的地震。地面塌陷多发生在可溶岩分布地区，若地下溶蚀或潜蚀形成的各种洞穴不断扩大，上覆地表岩、土层顶板发生塌陷，就会引发地震。陷落地震约占地震总数的3%。

(4)人工诱发地震

人工诱发地震是由人类工程活动引起的地震。大型水库的修建、大规模人工爆破、大量深井注水及地下核爆炸试验等都能引起地震。由于近几十年来人类工程活动规模愈来愈多、愈来愈大,人工诱发地震问题已日益引起人们的关注。

2. 按震源深度分类

(1)浅源地震:震源深度小于 70 km 的地震。

(2)中源地震:震源深度为 70 km～300 km 的地震。

(3)深源地震:震源深度大于 300 km 的地震。

3. 按震级大小分类

(1)微震:震级小于 2～2.5 级的地震。

(2)有感地震:震级在 2～4 级的地震。

(3)破坏性地震:震级在 5～6 级的地震。

(4)强烈地震或大地震:震级大于或等于 7 级的地震。

12.1.3　震源、震中和地震波

在地壳内部振动的发源地叫作震源。震源在地面上的垂直投影叫作震中。震中到震源的距离叫作震源深度。地面上任何地方到震中的距离称为震中距。地面上地震影响相同地点的连线称为等震线,如图 12-1 所示。

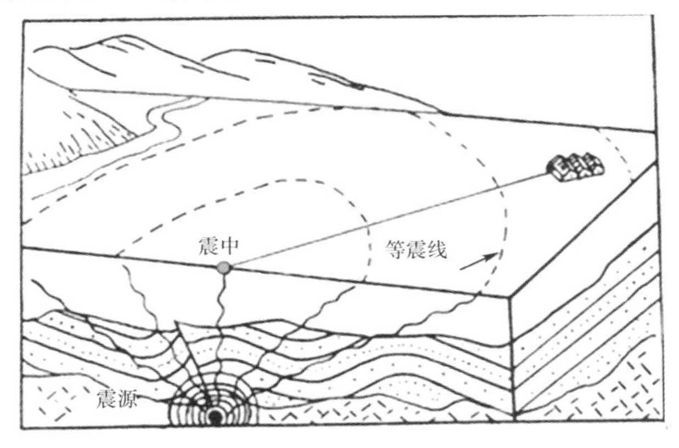

图 12-1　震源、震中和等震线

地震发生时,震源处产生剧烈振动,以弹性波方式向四周传播,此弹性波称为地震波。地震波在地下岩土介质中传播时称为体波,体波到达地表面后,引起沿地表面传播的波称为面波。

体波包括纵波和横波。纵波又称压缩波或 P 波,它是由岩土介质对体积变化的反应而产生的,靠介质的扩张和收缩而传播,质点振动的方向与传播方向一致。纵波传播速度最快,平均为 7～13 km/s。纵波既能在固体介质中传播,也能在液体或气体介质中传播。横波又称剪切波或 S 波,它是介质形状变化反应的结果,质点振动方向与传播方向垂直,各质点间发生周期性剪切振动。横波只能在固体介质中传播,其传播速度平均为 4～7 km/s,比纵波慢。

面波只限于沿地表面传播,一般可以说它是体波经地层界面多次反射形成的次生波,包括沿地面滚动传播的瑞利波和沿地面蛇形传播的乐甫波两种。面波传播速度最慢,平均速度为 3～4 km/s。

地震对地表面及建筑物的破坏是通过地震波实现的。纵波引起地面上下颠簸，横波使地面水平摇摆，面波则引起地面波状起伏。地震发生后，纵波先到达地表，横波和面波随后到达。由于横波、面波振动更剧烈，因此造成的破坏也更大。随着震中距的增加，振动逐渐减弱，因而震中距愈大，地震造成的破坏程度愈小，直至消失。受破坏最严重的是震中区，也称极震区。

12.2 地震震级与地震烈度

地球上的地震有强有弱，地震震级与地震烈度是衡量地震大小的两个概念，这两个概念既有联系又有区别。地震震级好像不同瓦数的日光灯，瓦数越高能量越大，震级越高；而地震烈度好像屋子里光亮的程度，对同一盏日光灯来说，距离日光灯的远近不同，各处受光的照射也不同，所以各地的烈度也不一样。也就是说，震级是地震能量的大小，烈度是地震造成的破坏程度的大小，而烈度才是工程建设人员更为关心的问题。

12.2.1 地震震级

地震震级是衡量地震大小的一种度量。每一次地震只有一个震级，它是根据地震时释放能量的多少来划分的。震级可以通过地震仪器的记录计算出来，震级越高，释放的能量也越大。我国使用的震级标准是国际通用震级标准，即“里氏震级”。震级相差一级，能量大约相差 32 倍。地震震级与能量的关系表见表 12-1。

表 12-1 地震震级与能量的关系表

M(级)	E(尔格)	M(级)	E(尔格)
1	2.0×10^{13}	6	6.3×10^{20}
2	6.3×10^{14}	7	2.0×10^{22}
3	2.0×10^{16}	8	6.3×10^{23}
4	6.3×10^{17}	8.5	3.6×10^{24}
5	2.0×10^{19}		

12.2.2 地震烈度

地震烈度是某地区地表面和建筑物受地震影响和破坏的程度。一次地震只有一个震级，但同一次地震却在不同地区有不同烈度。一般认为，当环境条件相同时，震级愈高，震源愈浅，震中距愈小，地震烈度愈高，由此可知震中烈度最大。地震烈度的大小除与地震震级、震中距、震源深浅有关外，还与当地地质构造、地形、岩土性质等因素有关。

地震烈度是根据地面上人的感觉、房屋震害程度、其他震害现象、水平向地面峰值加速度、峰值速度评定的，将地震影响的强弱程度排列成一定的次序作为确定地震烈度的标准，这就是地震烈度表，我国现行的地震烈度表见表 12-2。

表 12-2　　　　中国地震烈度表(GB/T 17742—2008)

地震烈度	人的感觉	房屋震害			其他震害现象	水平向地震动参数	
		类型	震害现象	平均震害指数		峰值加速度/($m \cdot s^{-2}$)	峰值速度/($m \cdot s^{-1}$)
Ⅰ	无感	—	—	—	—	—	
Ⅱ	室内个别静止中的人有感觉	—	—	—	—	—	—
Ⅲ	室内少数静止中的人有感觉	—	门、窗轻微作响		悬挂物微动	—	—
Ⅳ	室内多数人、室外少数人有感觉,少数人梦中惊醒	—	门、窗作响	—	悬挂物明显摆动,器皿作响	—	—
Ⅴ	室内绝大多数人、室外多数人有感觉,多数人梦中惊醒	—	门窗、屋顶、屋架颤动作响,灰土掉落,个别房屋墙体抹灰出现细微裂缝,个别屋顶烟囱掉砖	—	悬挂物大幅度晃动,不稳定器物摇动或翻倒	0.31 (0.22～0.44)	0.03 (0.02～0.04)
Ⅵ	多数人站立不稳,少数人惊逃户外	A	少数中等破坏,多数轻微破坏和/或基本完好	0.00～0.11	家具和物品移动;河岸和松软土出现裂缝,饱和砂层出现喷砂冒水;个别独立砖烟囱轻度裂缝	0.63 (0.45～0.89)	0.06 (0.05～0.09)
		B	个别中等破坏,少数轻微破坏,多数基本完好				
		C	个别轻微破坏,大多数基本完好	0.00～0.08			
Ⅶ	大多数人惊逃户外,骑自行车的人有感觉,行驶中的汽车驾乘人员有感觉	A	少数毁坏和/或严重破坏,多数中等和/或轻微破坏	0.09～0.31	物体从架子上掉落;河岸出现塌方,饱和砂层常见喷水冒砂,松软土地上地裂缝较多;大多数独立砖烟囱中等破坏	1.25 (0.90～1.77)	0.13 (0.10～0.18)
		B	少数中等破坏,多数轻微破坏和/或基本完好				
		C	少数中等和/或轻微破坏,多数基本完好	0.07～0.22			
Ⅷ	多数人摇晃颠簸,行走困难	A	少数毁坏,多数严重和/或中等破坏	0.29～0.51	干硬土上出现裂缝,饱和砂层绝大多数喷砂冒水;大多数独立砖烟囱严重破坏	2.50 (1.78～3.53)	0.25 (0.19～0.35)
		B	个别毁坏,少数严重破坏,多数中等和/或轻微破坏				
		C	少数严重和/或中等破坏,多数轻微破坏	0.20～0.40			

（续表）

地震烈度	人的感觉	房屋震害			其他震害现象	水平向地震动参数	
		类型	震害现象	平均震害指数		峰值加速度/(m·s^{-2})	峰值速度/(m·s^{-1})
Ⅸ	行动的人摔倒	A	多数严重破坏或/和毁坏	0.49～0.71	干硬土上多出现裂缝，可见基岩裂缝、错动，滑坡、塌方常见；独立砖烟囱多数倒塌	5.00（3.54～7.07）	0.50（0.36～0.71）
		B	少数毁坏，多数严重和/或中等破坏				
		C	少数毁坏和/或严重破坏，多数中等和/或轻微破坏	0.38～0.60			
Ⅹ	骑自行车的人会摔倒，处于不稳定状态的人会摔离原地，有抛起感	A	绝大多数毁坏	0.69～0.91	山崩和地震断裂出现，基岩上拱桥破坏；大多数独立砖烟囱从根部破坏或倒毁	10.00（7.08～14.14）	1.00（0.72～1.41）
		B	大多数毁坏				
		C	多数毁坏和/或严重破坏	0.58～0.80			
Ⅺ	—	A	绝大多数毁坏	0.89～1.00	地震断裂延续很大，大量山崩滑坡	—	—
		B		0.78～1.00			
		C					
Ⅻ	—	A	几乎全部毁坏	1.00	地面剧烈变化，山河改观	—	—
		B					
		C					

注："个别"为10%以下；"少数"为10%～45%；"多数"为40%～70%；"大多数"为60%～90%；"绝大多数"为80%以上。

其中，房屋震害程度是指地震时房屋遭受破坏的轻重程度。震害指数是将房屋震害程度用数字来表示，通常以"1.00"表示全部倒塌，以"0.00"表示完好无损，中间按需要划分若干震害等级，用0.00～1.00的适当的数字来表示。平均震害指数是一个建筑物群或一定地区范围内所有建筑的震害指数的平均值，即受各级震害的建筑物所占的比例与其相应的震害指数的乘积之和。

表12-2将地震烈度分为12度，评定烈度时，Ⅰ～Ⅴ度以地面上人的感觉及其他震害现象为主；Ⅵ～Ⅹ度以房屋震害和其他震害现象综合考虑为主，人的感觉仅供参考；Ⅺ～Ⅻ度以地表震害现象为主。在高楼上人的感觉要比在地面室内人的感觉明显，应适当降低评定值。表中房屋为未经抗震设计或加固的单层或数层砖混合砖木房屋。相对建筑质量特别差或特别好以及地基特别差或特别好的房屋，可根据具体情况，对表中各烈度相应的震害程度和平均震害指数予以提高或降低。凡有地面强震记录资料的地方，表中所列水平向地面峰值加速度和峰值速度可作为综合评定烈度的依据。

评定烈度的房屋类型：

A类：木构架和土、石、砖建造的旧式房屋；

B类：未经抗震设防的单层或多层砖砌房屋；

C类：按照Ⅶ度抗震设防的单层或多层砖砌房屋。

房屋破坏等级：

基本完好：承重构件和非承重构件完好，或个别非承重构件轻微损坏，不加修理可继续使用。对应的震害指数范围为 $0.00 \leqslant d < 0.10$。

轻微破坏：个别承重构件出现可见裂缝，非承重构件有明显裂缝，不需要修理或稍加修理即可继续使用。对应的震害指数范围为 $0.10 \leqslant d < 0.30$。

中等破坏：多数承重构件出现轻微裂缝，部分有明显裂缝，个别非承重构件破坏严重，需要一般修理后可使用。对应的震害指数范围为 $0.30 \leqslant d < 0.55$。

严重破坏：多数承重构件破坏较严重，非承重构件局部倒塌，房屋修复困难。对应的震害指数范围为 $0.55 \leqslant d < 0.85$。

毁坏：多数承重构件严重破坏，房屋结构濒于崩溃或已倒毁，已无修复可能。对应的震害指数范围为 $0.85 \leqslant d \leqslant 1.00$。

表中给出的“峰值加速度”和“峰值速度”是参考值，括号内给出的是变动范围。

地震烈度Ⅴ度以下的地区，具有一般安全系数的建筑物是足够稳定的，不会引起破坏。地震烈度达到Ⅵ度的地区，一般建筑物可不采取加固措施，但要注意地震可能造成的影响。地震烈度达Ⅶ～Ⅸ度的地区，会引起建筑物的损坏，必须采取一系列防震措施来保证建筑物的稳定性和耐久性。Ⅹ度及以上的地震区有很大的灾害，选择建筑物场地时应予避开。

根据使用特点的需要，将地震烈度划分为基本烈度、建筑场地烈度、设计烈度三种。

1. 基本烈度

地震基本烈度是指一个地区今后一定时期内，在一般场地条件下可能遭遇的最大地震烈度。地震基本烈度是为了对地震区的工程建设进行抗震设防，并研究预测某一地区在今后一定期限的烈度，作为抗震验算和采取抗震构造措施的依据。因此，基本烈度与抗震工作有着密切的关系。

2. 建筑场地烈度

建筑场地烈度也称小区域烈度，它是指建筑场地因地质条件、地形地貌条件和水文地质条件的不同而引起基本烈度的降低或提高的烈度。一般来说，建筑场地烈度比基本烈度提高或降低半度至一度。

3. 设计烈度

设计烈度是指抗震设计所采用的烈度，它是根据建筑物的重要性、永久性、抗震性以及工程的经济性等条件对基本烈度的调整。设计烈度一般可采用国家批准的基本烈度。但遇不良的地质条件或有特殊重要意义的建筑物，经主管部门批准，可将基本烈度提高一度作为设计烈度，如特大桥梁、长大隧道、高层建筑等；对于一般建筑物，可将基本烈度降低一度作为设计烈度，如一般工业与民用建筑物。但是，为保证属于大量的Ⅶ度地区的建筑物都有一定的抗震能力，基本烈度为Ⅶ度或以上时，不再降低。对于临时建筑物，可不考虑设防。

在一定的地区范围内，在震源深度等条件相近的情况下，震级与烈度之间可以建立起一定的联系，见表12-3。

表12-3　震级与烈度对应关系

震级	2	3	4	5	6	7	8	>8
震中烈度	1～2	3	4～5	6	7～8	9～10	11	12

12.3 工程震害与防震原则

12.3.1 工程震害

1.地表破坏造成的影响

地震对地表造成的破坏可归纳为地面断裂、地基效应和斜坡破坏三种基本类型。

(1)地面断裂

地震造成的地面断裂和错动,能引起断裂附近及跨越断裂的建筑物发生位移和破坏。

(2)地基效应

地震使建筑物地基的岩土体产生振动压密、下沉、振动液化及疏松地层发生塑性变形,从而导致地基失效、建筑物破坏。

(3)斜坡破坏

地震使斜坡失去稳定,发生崩塌、滑坡等各种变形和破坏,引起在斜坡上或坡脚附近建筑物位移或破坏。

2.地震对建筑物的影响

地震力是由地震波直接产生的惯性力。它能使建筑物变形和破坏。地震力的大小取决于地震波在传播过程中质点简谐振动所引起的加速度。地震力对地表建筑物的作用可分为垂直方向和水平方向两个振动力,竖直力使建筑物上下颠簸,水平力使建筑物受到剪切作用,产生水平扭动或拉、挤。这两种力同时存在、共同作用,但水平力危害较大,地震对建筑物的破坏主要是由地面强烈的水平晃动造成的,垂直力破坏作用居次要地位,因此在工程设计中,通常只考虑水平方向地震力的作用。

此外,如果建筑物的振动周期与地震振动周期相近,则引起共振,使建筑物更易破坏。

12.3.2 防震原则

《建筑抗震设计规范》的设防目标要求建筑物做到“小震不坏,中震可修,大震不倒”。《建筑抗震设计规范》适用于Ⅵ～Ⅸ度地区。为了使高层建筑有足够的抗震能力,达到“小震不坏,中震可修,大震不倒”的要求,应考虑下述的抗震设计基本原则:

(1)合理选择结构体系。对于钢筋混凝土结构,一般来说纯框架结构抗震能力较差,框架-剪力墙结构性能较好,剪力墙结构和筒体结构具有良好的空间整体性,刚度也较大,历次地震中震害都较小。

(2)平面布置力求简单、规则、对称,避免应力集中的凹角和狭长的缩颈部位,避免在凹角和端部设置楼电梯间;避免楼电梯间偏置,以免产生扭转的影响。

(3)竖向体型尽量避免外挑,内收也不宜过多、过急,力求刚度均匀渐变,避免产生变形集中。

(4)结构的承载力、变形能力和刚度要均匀连续分布,适应结构的地震反应要求。某一部位过强、过刚也会使其他楼层形成相对薄弱环节而导致破坏。顶层、中间楼层取消部分墙柱形成大空间层后,要调整刚度并采取构造加强措施。底层部分剪力墙变为框支柱或取消部分柱后，比上层刚度削弱更为不利，应专门考虑抗震措施。不仅主体结构，而且非结构墙体（特别是砖砌体填充墙）的不规则、不连续布置也可能引起刚度的突变。

(5)高层建筑突出屋面的塔楼必须具有足够的承载力和延性，以承受高振型产生的鞭梢效应影响。必要时可以采用钢结构或型钢混凝土结构。

(6)在设计上的构造上实现多道设防。如框架结构采用强弱梁设计，梁屈服后柱仍能保持稳定，框架-剪力墙结构设计成连梁首先屈服，然后是墙肢，框架作为第三道防线，剪力墙结构通过构造措施保证连梁先屈服，并通过空间整体性形成高次超静定等。

(7)合理设置防震缝。一般情况下宜采取高速平面形状与尺寸，加强构造措施，设置后浇带等方法尽量不设缝、少设缝。必须设缝时必须保证有足够的宽度。

(8)节点的承载力和刚度要与构件的承载力和刚度相适应。节点的承载力应大于构件的承载力。要从构造上采取措施防止反复荷载作用下承载力和刚度过早退化。装配式框架和大板结构必须加强节点的连接结构。

(9)保证结构有足够刚度，限制顶点和层间位移。在小震时，应防止过大位移使结构开裂而影响正常使用；中震时，应保证结构不至于严重破坏，可以修复；在强震下，结构不应发生倒塌，也不能因为位移过大而使主体结构失去稳定或基础转动过大而倾覆。

(10)构件设计应采取有效措施防止脆性破坏，保证构件有足够的延性。脆性破坏指剪切、锚固和压碎等突然而无事先警告的破坏形式。设计时应保证抗剪承载力大于抗弯承载力，按“强剪弱弯”的方针进行配筋。为提高构件的抗剪和抗压能力，加强约束箍筋是有效措施。

(11)保证地基基础的承载力、刚度和有足够的抗滑移、抗转动能力，使整个高层建筑成为一个稳定的体系，防止产生过大的差异沉降和倾覆。

(12)减轻结构自重，最大限度地降低地震的作用。

本章小结

本章介绍了地震的基本概念，地震的分类，地震震级和地震烈度的划分，主要的工程震害和防震原则。

思考题

1. 地震的定义是什么？地震的主要类型有哪些？工程实际中地震烈度的分类有哪些？

2. 试述地震震级与地震烈度的联系和区别。

第 13 章　岩体结构与岩体稳定性分析

岩体结构与岩体稳定性分析

学习目标

1. 掌握岩体、结构面、结构体、岩体结构的概念；
2. 熟悉结构面的主要类型及主要特征；
3. 了解岩体结构的主要类型及其特征；
4. 熟悉岩体边坡稳定性评价方法。

岩体经常被各种结构面(如岩层面、节理、断层等)所分割，成为一种多裂隙的不连续结构。岩体的多裂隙性决定了岩体与岩石(单一岩块)的工程性质有明显不同。二者最根本的区别，就是岩体中的岩石被各种结构面所切割。这些结构面的强度与岩石相比要低得多，并且破坏了岩体的连续完整性。岩体的工程性质首先取决于这些结构面的性质，其次才是组成岩体的岩石的性质。因此，在工程实践中，研究岩体的特征比研究单一岩石的特征更为重要。

岩体稳定性是指在一定的时间内，一定的自然条件和人为因素的影响下，岩体不产生破坏性的剪切滑动、塑性变形或张裂破坏的性质。岩体的稳定性、岩体的变形与破坏，主要取决于岩体内各种结构面的性质及其对岩体的切割程度。大量的工程实践表明，边坡岩体的破坏、地基岩体的滑移以及隧道岩体的塌落，大多数是沿着岩体中的软弱结构面发生的。岩体结构在岩体的变形与破坏中起主导作用。因此，在岩体稳定分析中，除了力学分析和对比分析外，对岩体结构的分析也具有重要意义。而要从岩体结构的观点分析岩体的稳定性，首先就必须研究岩体的结构特征。

13.1　岩体的结构特征

岩体的结构特征是指岩体中结构面和结构体的组合特征。结构面是指岩体内存在的不同成因、不同特性的各种地质界面的统称，如层面、节理、断层、裂隙等。结构面不是几何学上的面，而往往是具有一定张开度的裂缝，或被一定物质充填，具有一定厚度的层或带。结构体是指岩体受结构面切割而成的块体或岩块。结构面和结构体的排列与组合便形成了岩体结构。

13.1.1　结构面的成因类型

不同成因的结构面，其形态与特征、力学特性等也往往不同。按地质成因，结构面可分为原生结构面、构造结构面、次生结构面三大类。各类岩体结构面的类型及特征见表 13-1。

表 13-1 岩体结构面的类型及特征

成因类型		地质类型	主要特征			工程地质评价
			产状	分布	性质	
原生结构面	沉积结构面	1.层理面 2.软弱夹层 3.不整合面、假整合面 4.沉积间断面	一般与岩层产状一致，为层间结构面	海相岩层中此类结构面分布稳定，陆相岩层中呈交错状	层面、软弱夹层等结构面较为平整；不整合面及沉积间断面多由碎屑泥质物构成，且不平整	国内外较大的坝基滑动及滑坡很多是由此类结构面所造成的，如奥斯汀、圣·弗朗西斯、马尔帕塞坝的破坏，瓦依昂水库附近的巨大滑坡
原生结构面	岩浆结构面	1.侵入体与围岩接触面 2.岩脉岩墙接触面 3.原生冷凝节理	岩脉受构造结构面控制，而原生节理受岩体接触面控制	接触面延伸较远，比较稳定，而原生节理往往短小密集	与围岩接触面可具融合及破碎两种不同的特征，原生节理一般为张裂面，较粗糙不平	一般不造成大规模的岩体破坏，但有时与构造断裂配合，也可形成岩体的滑移，如有的坝肩局部滑移
原生结构面	变质结构面	1.片理 2.片岩软弱夹层	产状与岩层或构造方向一致	片理短小，分布极密，片岩软弱夹层延展较远，具固定层次	结构面光滑平直，片理在岩层深部往往闭合成隐蔽结构面，片岩软弱夹层具片状矿物，呈鳞片状	在变质较浅的沉积岩，如千枚岩等，路堑边坡常见塌方。片岩夹层有时对工程及地下洞体稳定也有影响
构造结构面		1.节理（X形节理、张节理） 2.断层（冲断层、捩断层、横断层） 3.层间错动 4.羽状裂隙、劈理	产状与构造线呈一定关系，层间错动与岩层一致	张性断裂较短小，剪切断裂延展较远，压性断裂规模巨大，但有时为横断层切割成不连续状	张性断裂不平整，常具次生充填，呈锯齿状；剪切断裂较平直，具羽状裂隙；压性断层具多种构造岩，成带状分布，往往含断层泥、糜棱岩	对岩体稳定影响很大，在上述诸多岩体破坏过程中，大都有构造结构面的配合作用。此外常造成边坡及地下工程的塌方、冒顶
次生结构面		1.卸荷裂隙 2.风化裂隙 3.风化夹层 4.泥化夹层 5.次生夹泥层	受地形及原生结构面控制	分布上往往呈不连续状、透镜状，延展性差，且主要在地表风化带内发育	一般为泥质物充填，水理性质很差	在天然及人工边坡上造成危害，有时对坝基、坝肩及浅埋隧洞等工程亦有影响，但一般在施工中予以清基处理

1. 原生结构面

原生结构面是成岩时形成的，其特征与岩体的成因密切相关，又分为沉积结构面、岩浆结构面和变质结构面三种类型。

(1)沉积结构面

沉积结构面是沉积岩在沉积和成岩过程中形成的，有层理面、软弱夹层、沉积间断面和不整合面等。其共同特点是与沉积岩的成层性有关，一般延伸性强，常贯穿整个岩体，产状随岩层变化而变化。例如，在海相沉积岩中分布稳定而清晰；在陆相沉积岩中常呈透镜体，还往往有沉积间断及遗留风化壳，成为软弱夹层。此外，无论是海相还是陆相沉积岩，常夹有性质相对较差的夹层，如页岩、泥岩及泥灰岩等。在后期构造运动及地下水的作用下，易成为泥化夹层。这些对工程岩体稳定性威胁很大，应予特别注意。

(2)岩浆结构面

岩浆结构面是岩浆侵入及冷凝过程中形成的结构面，包括原生节理(冷凝过程中形成)、流纹面、与围岩的接触面、火山岩中的凝灰岩夹层等。岩浆岩体与围岩的接触面通常延伸较远且较稳定，原生节理往往短小而密集，且具张性破裂面特征。

(3)变质结构面

变质结构面可分为残留结构面和重结晶结构面两类。残留结构面主要为沉积岩经浅变质后所具有，层理、层面仍保留，只在层面上有绢云母、绿泥石等鳞片状矿物富集并呈定向排列，如板岩中的板理面。重结晶结构面主要有片理和片麻理面等，是由于岩石发生深度变质和重结晶作用，使片状或柱状矿物富集并呈定向排列形成的结构面，它改变了原岩的面貌，对岩体特性起到控制性作用。

2. 构造结构面

构造结构面是在构造应力作用下，于岩体中形成的断裂面、错动面(带)、破碎带的统称。包括断层、节理和层间错动面等，除已胶结者外，绝大部分是脱开的。规模较大者，如断层、层间错动等，多数充填有厚度不等，性质和连续性各不相同的充填物。其中部分已泥化，或者已变成软弱夹层，因此，其工程地质性质很差，强度多接近于岩体的残余强度，往往导致工程岩体的滑动破坏。规模小的构造结构面，如节理等，多发育短小而密集。一般无充填或薄的充填，主要影响岩体的完整性及力学性质。另外，构造结构面的力学性质还取决于它的力学成因、应力作用历史及次生变化等。

3. 次生结构面

次生结构面是岩体中由卸荷、风化、地下水等次生作用所形成或受其改造的结构面，如卸荷裂隙、风化裂隙、风化夹层、泥化夹层等。

卸荷裂隙是因岩体表部被剥蚀卸荷而成的，产状与临空面近于平行，具张性特征。如在河谷斜坡上见到的顺坡向裂隙及谷底的近水平裂隙等，其发育深度一般达基岩以下 5～10 m，局部可达十余米，受断层影响大的部位则更深，对边坡危害很大。

风化裂隙一般仅限于地表风化带内，常沿原生结构面及构造结构面发育，使其性质进一步恶化。新生成的风化裂隙延伸短，方向紊乱，连续性差，降低了岩体的强度和变形模量。

泥化夹层是原生软弱夹层在构造及地下水的作用下形成的，次生夹层则是地下水携带的细颗粒物质及溶解物质沉淀在裂隙中形成的。它们的性质都比较差，属软弱结构面。

13.1.2 结构面的基本特征

结构面的特征包括结构面的规模、形态、物质组成、延展性、密集程度、张开度和充填胶结特征等，它们对结构面的物理力学性质有很大影响。

1. 结构面的规模

不同类型的结构面，其规模大小不一：大者如延展数十千米、宽度达数十米的破碎带，小者如延展数十厘米至数十米的节理，甚至是很微小的不连续裂隙。它们对工程的影响是不一样的。有时小的结构面对岩体稳定也可起控制作用。实践证明，结构面对岩体力学性质及岩体稳定的影响程度，首先取决于结构面的延展性及其规模。可将结构面的规模分为五级。

（1）一级结构面

一级结构面一般泛指对区域构造起控制作用的断裂带，它包括大、小构造单元接壤的深大断裂带，是地壳或区域内巨型的构造断裂面，走向上延展一般在数十千米以上，而且破碎带的宽度至少也在数米以上。一级结构面沿纵深方向至少可以切穿一个构造层，它的存在直接关系到工程区域的稳定性，一般在规划选址时应尽量避开。

（2）二级结构面

二级结构面一般指延展性强而宽度有限的地质界面，如不整合面、假整合面、原生软弱夹层以及延展数百米至数千米的断层、层间错动带、接触破碎带、风化夹层等。它们的宽度一般是几厘米至数米。二级结构面主要是在一个构造层中分布，可能切穿几个地质时代的地层。它与其他结构面组合，会形成较大规模的块体破坏。

（3）三级结构面

三级结构面一般为局部性的断裂构造，主要指的是小断层，延展十米或数十米，宽度半米左右。除此以外，还包括宽度在数厘米的、走向和纵深延伸断续的原生软弱夹层、层间错动带等。这种断层往往仅在一个地质时代的地层中分布，有时仅仅在某一种岩性中分布。它与二级结构面相组合，会形成较大的块体滑动。如果它自身组合，仅能形成局部的或小规模的破坏。

（4）四级结构面

四级结构面一般延展性较差，无明显的宽度，主要指的是节理面，仅在小范围内分布，但在岩体中很普遍。这种结构面往往受上述各级结构面控制，其分布是比较有规律的。其存在使岩体被切割成岩块，破坏了岩体的完整性，并且与其他结构面组合可形成不同类型的岩体破坏方式，大大降低岩体工程的稳定性。这种结构面不能直接反映在地质图上，只能进行统计了解其分布规律。

（5）五级结构面

五级结构面一般延展性甚差，无宽度之别，分布随机，是为数甚多的细小的结构面，主要包括微小的节理、劈理、隐微裂隙及不发育的片理、线理、微层理等。它们的发育受上述诸级结构面限制。这些结构面的存在，降低了由Ⅴ级结构面所包围的岩块的强度。若十分密集，又因风化，则可形成松散介质。

2. 结构面的形态

结构面的平整、光滑和粗糙程度对结构面的抗剪性能有很大的影响。自然界中结构面的几何形状非常复杂，大体上可以分为四种类型。

第一种，平直的，包括大多数层面、片理和剪切破裂面等。

第二种，波状起伏的，如波痕的层面、轻度揉曲的片理、呈舒缓波状的压性及压扭性结构面等。

第三种，锯齿状的，如多数张性和张扭性结构面。

第四种，不规则的，其结构面曲折不平，如沉积间断面、交错层理及沿原有裂隙发育的次生结构面等。

一般用起伏度和表面粗糙度表征结构面的形态特征。

结构面的形态对结构面抗剪强度有很大的影响。一般平直光滑的结构面有较低的摩擦角，粗糙起伏的结构面则有较高的抗剪强度。

3. 结构面的物质构成

有些结构面上物质软弱松散，含泥质物及水理性质不良的黏土矿物，如黏土岩或页岩夹层，假整合面（包括古风化夹层）及不整合面，断层夹泥、层间破碎夹层、风化夹层、泥化夹层及次生夹泥层等抗剪强度很低，对岩体稳定的影响较大。对于这些结构面，除进行一般物理力学性质的试验研究外，还应对其矿物成分及微观结构进行分析，预测结构面可能发生的变化（含泥化作用是否会发展等），比较可靠地确定抗剪强度参数。

4. 结构面的延展性

结构面的延展性也称连续性。有些结构面延展性较强，在一定工程范围内切割整个岩体，对稳定性影响较大。但也有一些结构面比较短小或不连续，岩体强度一部分仍为岩石（岩块）强度所控制，稳定性较好。因此，在研究结构面时，应注意调查研究其延展长度及规模。结构面的延展性可用线连续性系数及面连续性系数表示。

5. 结构面的密集程度

结构面的密集程度反映了岩体的完整性，它决定了岩体变形和破坏的力学机制。有时在岩体中，虽然结构面的规模和延展长度均较小，但却平行密集；有时结构面相互交织切割，使岩体稳定性大为降低，且不易处理。试验表明，岩体内结构面愈密集，岩体变形愈大，强度愈低，而渗透性愈高。通常用结构面间距和线密度来表示结构面的密集程度。间距指同一组结构面法线方向上两相邻结构面的平均距离（表 13-2）。线密度指结构面法线方向单位测线长度上交切结构面的条数（条/m）。间距与线密度互为倒数关系。

表 13-2　结构面间距分级

描述	间距/mm
极密集的间距	<20
很密集的间距	20～60
密集的间距	60～200
中等的间距	200～600
宽的间距	600～2 000
很宽的间距	2 000～6 000
极宽的间距	>6 000

6. 结构面的张开度和填充胶结特征

结构面的张开度是指结构面两壁面间的垂直距离，结构面的张开度通常不大，一般小于 1 mm，按张开程度可分为四级：闭合的小于 0.2 mm，微张的为 0.2～1.0 mm，张开的为 1.0～5.0 mm，宽张的大于 5.0 mm。

闭合的结构面的力学性质取决于结构面两壁的岩石性质和结构面的粗糙程度。微张的结构面，因其两壁岩石之间常常多处保持点接触，故抗剪强度比张开的结构面大。张开的和宽张的结构面，抗剪强度则主要取决于充填物的成分和厚度：一般充填物为黏土时，强度要比充填物为砂质的更低；而充填物为砂质者，强度又比充填物为砾质者更低。因此，不同的充填类型，结构面的变形与强度性质不同，在实际工作中应予以注意。

13.1.3　软弱夹层

软弱夹层是岩体内存在的层状或带状的软弱薄层。软弱夹层的厚度一般比相邻岩层小，力学强度和变形模量也较低，饱和抗压强度仅为干抗压强度的二分之一或更低，有些遇水崩解。按成因，软弱夹层可分为原生的、构造的和次生的三类。

原生软弱夹层是与周围岩体同期形成，但性质软弱的夹层。构造软弱夹层主要沿原有的软弱面或软弱夹层经构造错动而形成，也有的是沿断裂面错动或多次错动而成，如断裂破碎带等。次生软弱夹层是沿薄层状岩石、岩体间接触面、原有软弱面或软弱夹层，由次生作用（主要是风化作用和地下水作用）参与形成的。

软弱夹层危害很大，常是工程的关键部位。研究软弱夹层最为重要的是那些黏粒和黏土矿物含量较高，或浸水后黏性土特性表现较强的岩层、裂隙充填、泥化夹层等。这些泥质的软弱夹层分为：松软的，如次生充填的夹泥层、泥化夹层、风化夹泥层；固结的，如页岩、黏土岩、泥灰岩；浅变质的，如泥质板岩、千枚岩等。岩石的状态不同，其软弱的程度也不同，主要取决于它们与水作用的程度，这是黏性土最突出的特征。

地下水对于泥质软弱夹层的作用主要表现在软化和泥化两个方面。软化是指泥岩夹层在水的作用下失去干黏土坚硬的状态而成为软黏土状态的过程。泥化是软化的继续，使软弱夹层的含水量增大到大于塑限的程度，表现为塑态，原生结构发生改变，强度很低，摩擦系数 f 值一般在 0.3 以下。

软弱夹层的泥化是有条件的，黏土质岩石是物质基础，构造作用使其破坏形成透水通道，水的活动使其泥化，三者必不可少。

13.1.4　结构体的特征

结构体的特征主要指结构体的规模、形态及产状。不同级别的结构面，切割成的结构体的规模不同，在工程岩体稳定性中的作用也不同。结构体的形状极为复杂，基本形状有柱状、块状、板状、楔状、锥形、菱形等。此外，在强烈破碎的部位，还可有片状、鳞片状、碎块状及碎屑状等。结构体形状在岩体稳定性评价中关系很大，形状不同，稳定程度不同。一般来说，板状结构体比柱状、块状差，楔状比菱形及锥形差，但还需结合其产状及与工程作用力的关系做具体分析。

结构体的产状一般用结构体表面上最大结构面的长轴方向表示。它对岩体稳定性的影响需结合临空面及工程作用力来分析。一般来说，平卧的板状结构体比竖直的板状结构体对岩体稳定性的影响要大一些；楔状体也是如此。

13.1.5　岩体结构类型

为了概括岩体的力学特性和评价岩体稳定性，按结构面对岩体的切割程度和结构体组合形式，尤其是结构面性状，可将岩体划分如下结构类型：整体块状结构；层状结构；碎裂结构；散体结构四大类，见表 13-3。

表 13-3　岩体结构类型

岩体结构类别		地质背景	结构面特征	结构体特征
整体块状结构	整体结构	岩性单一，构造变形轻微的巨厚层沉积岩、变质岩和火山熔岩、火成侵入岩	结构面少，一般不超过3组，延续性极差，多成闭合状态，无填充或含少量碎屑	巨型块状
	块状结构	岩性较单一，受轻微构造作用的巨厚层沉积岩和变质岩、火成岩侵入体	结构面一般为2～3组，裂隙延续性极差，多成闭合状态，层面有一定结合力	块状、菱形块状
层状结构	层状结构	受构造破坏或较轻的中厚层(大于30 cm)岩体	结构面为2～3组，裂隙延续性极差，有时也有软弱夹层或层间错动面，其延续性较好，层间结合力较差	块状、柱状、厚板状
	薄层状结构	厚度小于30 cm，在构造作用下发生强烈褶曲和层间错动	层理、片理发达，原生软弱夹层、层间错动面和小断层不时出现，结构面多为泥膜、碎屑和泥质充填	板状、薄板状
碎裂结构	镶嵌结构	一般发育于脆硬岩层中，结构组数较多，密度较大	以规模不大的结构面为主，但组数多，密度大，延续性差，闭合无填充或充填少量碎屑	形状不规则，但棱角显著
	层状碎裂结构	受构造裂隙切割的层状岩体	以层面、软弱夹层和层间错动面等为主，构造裂隙甚发达	以碎块状、板状、短柱状为主
	碎裂结构	岩性复杂，构造破碎较强烈，弱风化带	延续差的结构面，密度大，相互交切	碎屑和大小不等的岩块，形状多种，不规则
散体结构		构造破碎带，强风化带	裂隙和节理很发达，无规则	岩屑、碎片、碎块、岩粉

13.2　岩体稳定性分析

岩体的失稳破坏，往往是一部分不稳定的结构体沿着某些结构面裂开，并沿着另外一些结构面向着一定的临空面滑移的结果，这就揭示了切割面、滑动面和临空面是岩体稳定性破坏必备的边界条件。因此，需对岩体结构要素(结构面和结构体)进行分析，弄清岩体滑移的边界条件是否具备，才可以对岩体的稳定性做出评价。这是岩体稳定性结构分析的基本内容和实质。

岩体稳定性结构分析的步骤：第一步，对岩体结构面的类型、产状及其特征进行调查、统计、分类研究；第二步，对各种结构面及其空间组合关系等进行图解分析，在工程实践中多采用赤平极射投影的图解方法分析；第三步，根据上述分析，对岩体的稳定性做出评价。

13.2.1 赤平极射投影的原理

赤平极射投影利用一个球体作为投影工具，如图 13-1 所示。通过球心所做的球体赤道平面 $EAWC$，称为赤平面。以球体的一个极点 S 或 N（南极或北极）为视点，发出射线（视线）SB，称为极射。射线与赤平面的交点 M，即 B 点的赤平极射投影。所以，赤平极射投影实质上就是把物体置于球体中心，将物体的几何要素（点、线、面）投影于赤平面上，化立体为平面的一种投影。如图 13-1 所示，$ABCD$ 为一通过球心的倾斜结构面，与赤平面相交于 A、C，与赤平面的夹角为 α。自 S 极仰视上半球 ABC 面，则其在赤平面上的投影为一圆弧 AMC。若将赤平面 $EAWC$ 从球体中拿出来，则如图 13-2 所示。从图中可知：AC 线实际上是结构面 $ABCD$ 的走向；MO 线段的方向实际上就是结构面的倾向；OM 线段的长短随 $ABCD$ 面与赤平面的夹角 α 的大小而变，当 α 等于 90°时，M 点落在球心上，O 与 M 重合，长度为 0；当 α 等于 0°时，M 点落在圆周上，与 K 点重合，这时 OM 最长，等于圆的半径，若把 KO 划分为 90°，则 KM 的长度实际上就表示结构面 $ABCD$ 的倾角的大小。

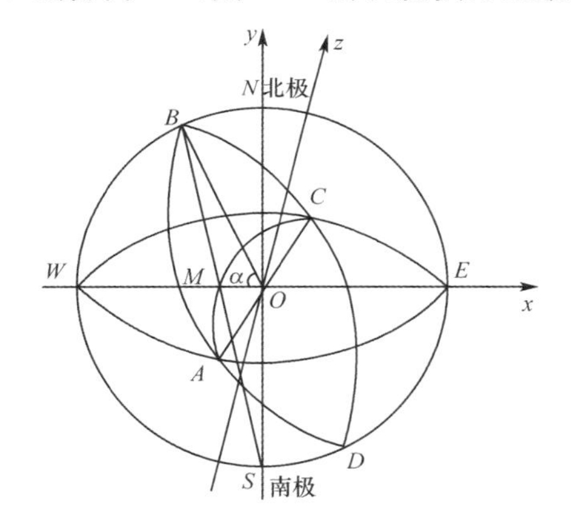

图 13-1 赤平极射投影原理

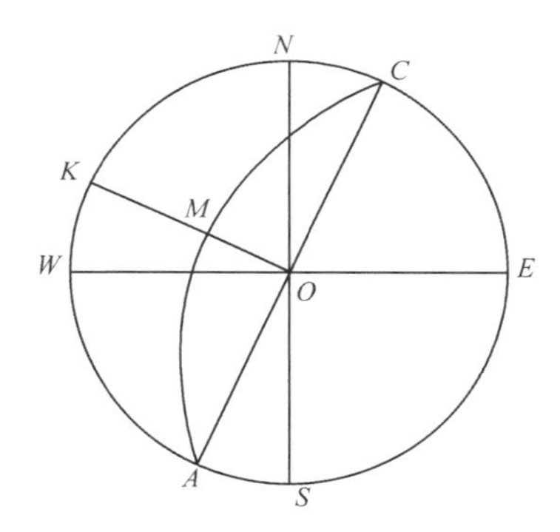

图 13-2 赤平面

由此可知，赤平极射投影能以二维平面的图形来表达结构体几何要素（点、线、面）的空间方位及它们之间的夹角与组合关系。因此，凡具有方向性的岩体滑动边界条件、受力条件等，都可纳入统一的投影体系中进行分析，判断岩体稳定性。

13.2.2 赤平极射投影的作图方法

从上述可知，利用赤平极射投影，可以把空间线段或平面的产状化为平面来反映，且可以在投影图上简便地确定它们之间的夹角、交线和组合关系。因此，如果已知结构面的产状，就可以通过赤平极射投影的作图方法来表示。

在实际工作中，为了简化制图方法，常采用预先制成的投影网来制图。常用的投影网是俄国学者伍尔夫制作的投影网，如图 13-3 所示。伍尔夫投影网的网格由 2°分格的一组经线和一组纬线组成。

由于赤平极射投影表达的内容较为广泛，且作图方法又不尽相同，下面只就最基本的面(结构面、边坡面等)的产状、面与面交线的产状的作图方法做如下介绍。

已测得两结构面的产状见表 13-4。

表 13-4　　结构面产状表达示例

结构面	走向	倾向	倾角
J_1	N30°E	SE	40°
J_2	N20°W	NE	60°

作此两结构面的赤平极射投影图，并求其交线的倾向和倾角。其步骤如下：

(1)先准备一个等角度赤平极射投影投影网(亦称伍尔夫网)，如图 13-3 所示。

(2)将透明纸放在该投影网上，按相同半径画一圆，并注上南北、东西方向，如图 13-4 所示。

(3)利用投影网在圆周的方位读数上，经过圆心绘 N30°E 及 N20°W 的方向线，分别注为 AC 及 BD。

(4)转动透明纸，分别使 AC、BD 与投影网的上下垂直线(南北线)相合，在投影网的水平线(东西线)上找出倾角为 40°及 60°的点(倾向为 NE、SE 时在网的左边找，倾向为 NW、SW 时在网的右边找)，分别注上 K 及 F。通过 K、F 点分别描绘 40°、60°的经度线，即得结构面 J_1、J_2 的赤平极射投影弧 AKC 和 BFD。再分别延长 OK、OF 至圆周交于 G、H 点，就完成所求结构面 J_1、J_2 的投影图，如图 13-4 所示。图中 AC、BD 分别为 J_1、J_2 的走向；GK、HF 表示 J_1、J_2 的倾角；KO、FO 的方向为 J_1、J_2 的倾向。

(5)找 AKC 和 BFD 的交点，注上 M，连 OM 并延长至圆周交于 P。MO 的方向即 J_1、J_2 交线的倾向，PM 表示 J_1、J_2 交线的倾角。

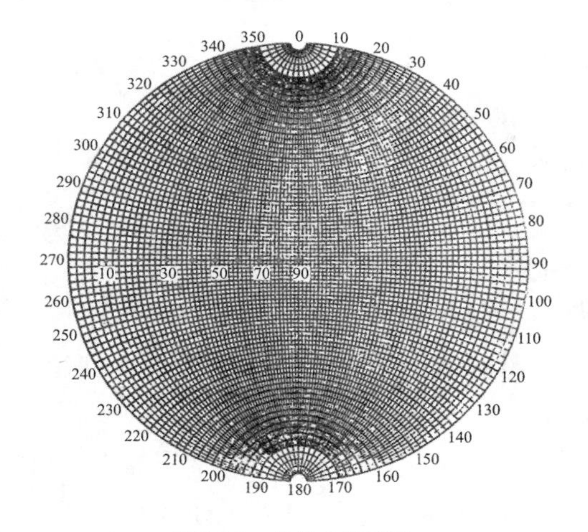

图 13-3　伍尔夫投影网

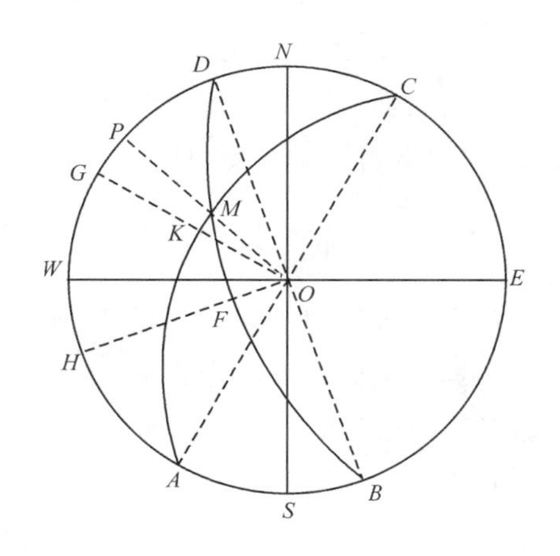

图 13-4　伍尔夫水平极射投影

13.2.3　赤平极射投影的应用

赤平极射投影广泛应用于天文学、地图学、晶体学、构造地质学，在洞室及边坡等工程勘察中应用也较广泛。用赤平极射投影可表示各软弱结构面(层面、断层面、矿脉等)的产状，也可表示各构造线(擦痕、倾斜线、断层面交线及各结构面交线等)的产状，同时可定性评价岩质边坡稳定问题。下面以边坡岩体为例，介绍岩体稳定的结构分析方法。

从边坡岩体的结构特点来看，分析边坡岩体的主要任务是：初步判断岩体结构的稳定性和推断稳定倾角，同时为进一步进行定量分析提供边界条件及部分参数，如确定滑动面、切割面、临空面和不稳定结构体的形态、大小及滑动的方向等。下面仅以一组结构面的分析为例。

1. 结构推断

(1)当岩层(结构面)的走向与边坡的走向一致时

边坡岩体的稳定性可直接应用赤平极射投影图来判断。在赤平极射投影图上，当结构面投影弧弧形与边坡投影弧弧形的方向相反时，边坡属稳定边坡；当二者的方向相同且结构面投影弧弧形位于边坡面投影弧之内时，边坡属基本稳定；当二者的方向相同，而结构面的投影弧形位于坡面投影弧之外时，边坡属不稳定边坡。

如图 13-5(a)所示，边坡的投影弧为 AMB。J_1、J_2、J_3 为三个与边坡走向一致的结构面。其中，J_1 与坡面 AB 倾向相反，如图 13-5(b)所示，边坡属稳定结构。J_2 与坡面 AB 倾向相同，但其倾角大于边坡倾角，如图 13-5(c)所示，边坡属基本稳定结构。J_3 与坡面 AB 倾向相同，但其倾角小于边坡倾角，如图 13-5(d)所示，边坡属不稳定结构。

至于稳定坡角，对于反向边坡，如图 13-5(b)所示，结构面对边坡的稳定性没有直接影响，从岩体结构的观点来看，即使坡角达到 90°也还是比较稳定的。对于顺向边坡，如图 13-5(c)、图 13-5(d)所示，结构面的倾角即可作为稳定坡角。

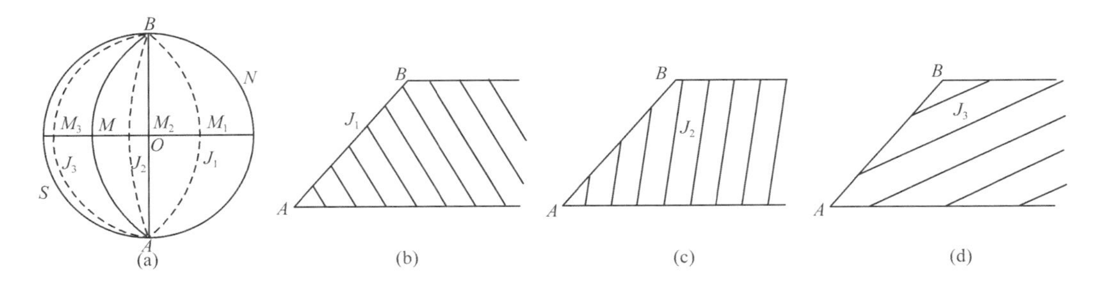

图 13-5　结构面产状和边坡产状的关系

(2)当岩层(单一结构面)走向与边坡走向斜交时

边坡的稳定性发生破坏，从岩体结构的观点来看，必须同时具备两个条件：

①边坡稳定性的破坏一定是沿结构面发生的；

②必须有一个直立的并与结构面垂直的最小抗切面($\tau=C$)DCB，如图 13-6 所示。图中最小抗切面是推断的，边坡破坏之前是不存在的。但是，如果发生破坏，则首先沿着最小

抗切面发生。这样，结构面与最小抗切面就组合成不稳定体 $ADCB$。为了求得稳定的边坡，将此不稳定体清除，即可得到稳定坡角 θ_v。这个稳定坡角大于结构面坡角，且不受边坡高度的控制。其做法如图 13-7 所示。

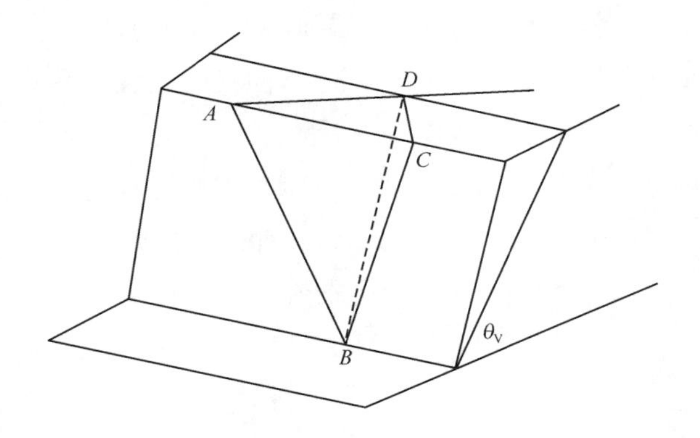

图 13-6 岩层走向和边坡走向斜交

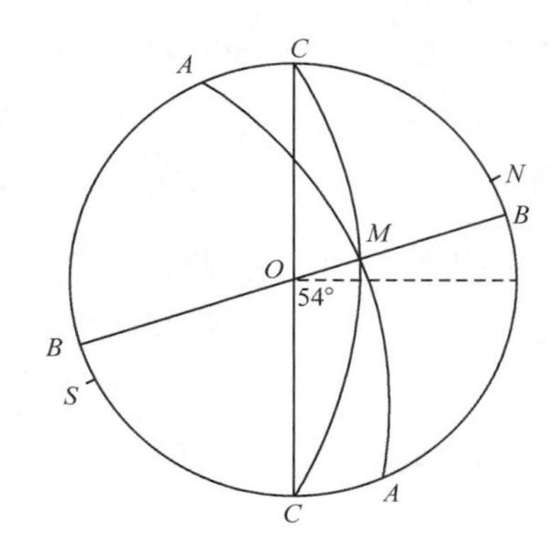

图 13-7 岩层走向和边坡走向斜时极射投影

如已知结构面走向为 N80°W，倾向为 SW，倾角为 50°，与边坡斜交。边坡走向为 N50°W，倾向为 SW。求稳定坡角。

根据结构面的产状，绘制结构面的赤平投影 $A-A$。

因为最小抗切面垂直于结构面并直立，因此，最小抗切面的走向为 N10°E，倾角为 90°。按此产状绘制其赤平投影 $B-B$，与结构面 $A-A$ 交于 M。MO 即二者的组合交线。

根据边坡的走向和倾向通过 M 点，利用投影网求得边坡投影线 CMC。

根据边坡投影线 CMC，利用投影网可求得坡面倾角为 54°。此角即推断的稳定坡角。

当结构面走向与边坡走向成直交(图 13-8)时，稳定坡角最大，可达 90°；当结构面走向与边坡走向平行(图 13-9)时，稳定坡角最小，即等于结构面的倾角。因此可知，结构面走向与边坡走向的夹角由 0°变到 90°时，稳定坡角 θ_v 可由结构面倾角 α 变到 90°。

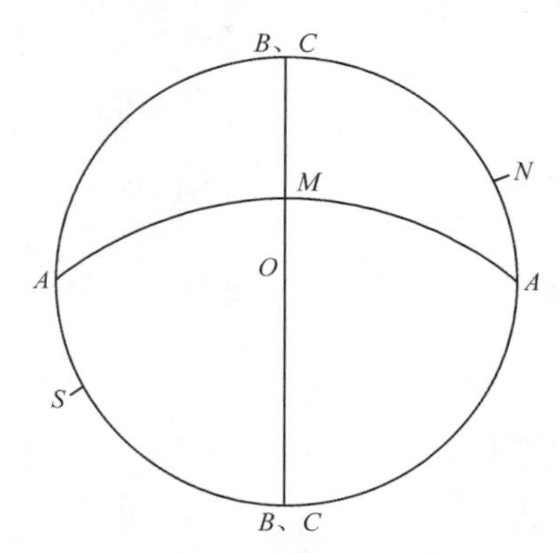

图 13-8 结构面走向和边坡走向呈直交极射投影

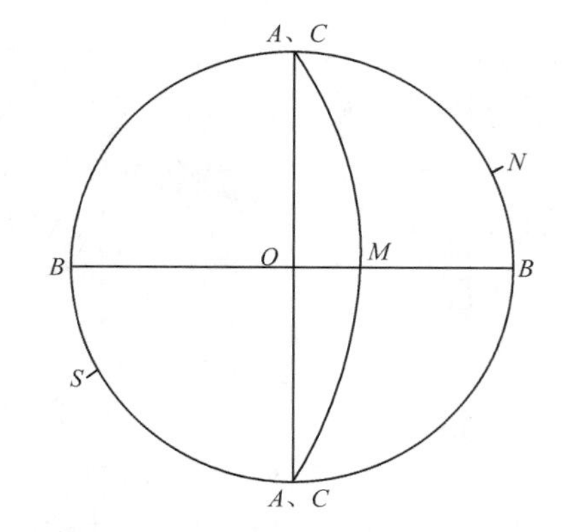

图 13-9 结构面走向和边坡走向呈平行极射投影

2. 力学讨论

分析边坡岩体在自重作用下的稳定性，如图 13-10 所示。其总下滑力就是由岩体本身

自重 G 产生的平行于滑动面的分力 T。而其抗滑力 F，按库仑定律，由滑动面上的摩擦力和黏聚力组成。因此可有

$$K=\frac{F}{T}=\frac{N\tan\varphi+cL}{T}=\frac{G\cos\alpha\tan\varphi+cL}{G\sin\alpha} \tag{13-1}$$

式中　K——岩体稳定安全系数；

G——滑动岩体自重；

N——由自重 G 产生的法向分力；

T——由自重 G 产生的切向分力；

φ——滑动面上岩体的内摩擦角；

c——滑动面上岩体的黏聚力；

L——滑动面的长度；

α——滑动面的倾角。

当结构面走向与边坡走向一致(图 13-10)，边坡稳定系数 $K=1$ 时，极限平衡状态下的滑动体高度 h_v 为

$$h_v=\frac{2c}{\gamma\cos^2\alpha(\tan\alpha-\tan\varphi)} \tag{13-2}$$

在给定边坡高度的情况下，只要求得 h_v，即可通过作图求得极限稳定坡角 θ_v 的大小。如图 13-11 所示，某一不稳定结构面 AB 的倾角为 α，需要开挖的深度为 H，在不稳定面 AB 上选 C 点作垂线 CD，恰好使 CD 等于滑动体极限高度 h_v，连接 AD，即所求的开挖边坡线，它与水平线的夹角 θ_v，即求得的极限稳定坡角。一般来说，滑动体的实际高度 h 小于极限高度 h_v 时，边坡处于稳定状态；反之，边坡处于不稳定状态。

另外，当结构面走向与边坡走向斜交时，可以分直立边坡和倾斜边坡两种情况来分析。

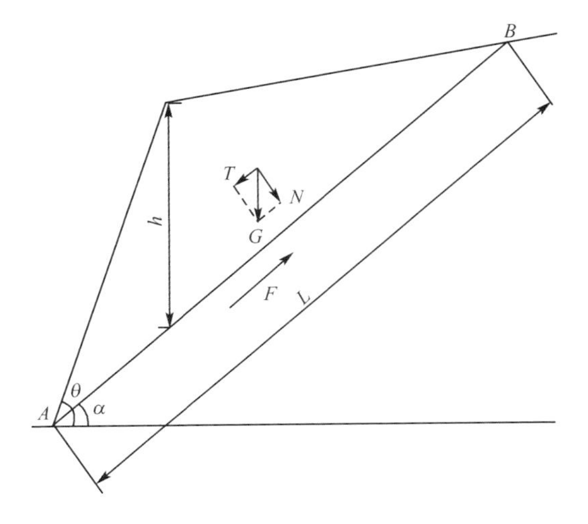

图 13-10　结构面走向和边坡走向一致时

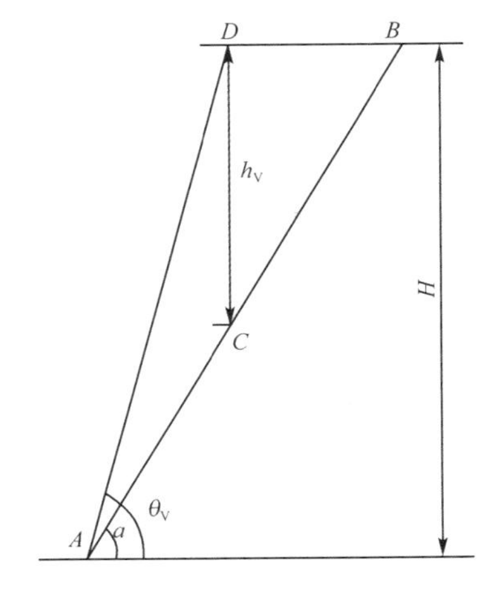

图 13-11　作图法确定极限稳定坡角

本章小结

本章介绍了岩体结构特征(包括结构面成因分类、结构面基本特征、软弱夹层和岩体结构类型),赤平极射投影在岩体稳定性分析中的应用。

思考题

1. 如何分析和评述岩体结构的各级别类型?
2. 简述软弱夹层的含义及其工程地质意义。
3. 简述岩体稳定性分析的基本方法。

第 14 章 水的地质作用及工程地质问题

学习目标

1. 掌握河流地质作用、海岸带地质作用；
2. 掌握地下水渗透变形及相应的工程地质问题。

水的地质作用及工程地质问题

14.1 河流地质作用及工程地质问题

河流在地球表面广泛分布，是改造地表的主要地质营力之一。由河流作用所形成的狭长谷地称为河谷。在横剖面上，河谷一般呈现近 V 字形或 U 字形。河谷的形态要素包括谷坡和谷底两大部分，如图 14-1 所示；其中谷底包括河床和河漫滩，谷坡包括阶地等，由谷坡、谷底、河床、河漫滩、阶地等构成河谷要素。

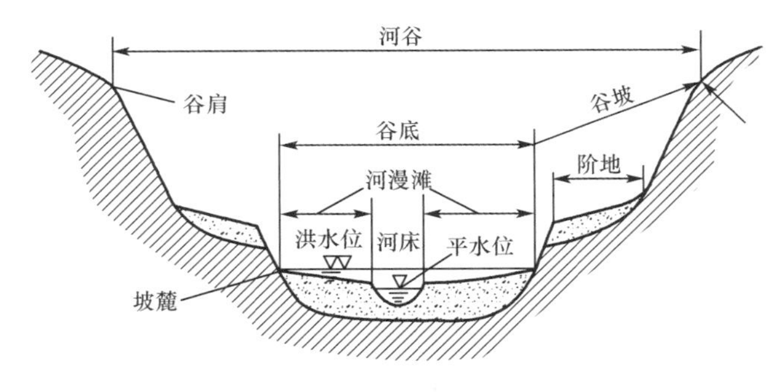

图 14-1 河谷要素

(1)河床：河床是平水期为河水所占据的部分，或称河槽。

(2)河漫滩：河漫滩是在洪水期为河水淹没的河床以外的平坦地段。

(3)谷底：谷底是河谷地貌的最低部分，地势一般比较平坦，谷底上分布有河床和河漫滩。

(4)谷坡：谷坡是高出于谷底的河谷两侧的坡地，由河流侵蚀作用而形成。谷坡上部的转折处称为谷缘或谷肩，下部的转折处称为坡麓或坡脚。

(5)阶地：阶地是沿着谷坡走向呈条带状或断续分布的阶梯状平台，洪水常年不能淹没。

一般情况下，河流洪水期的持续时间相对较短，然而其流量和含沙量都远远远超过平水期，是河流侵蚀、搬运和沉积作用最活跃时期。河流的长期作用形成了河床、河漫滩、河流阶地和河谷等各种河流地貌。河谷形态的塑造及冲积土的形成主要都在洪水期。在重力作用下，河水沿河床流动时，产生一定的动能(E)。动能的大小决定于河水的流量(M)和河水的

流速(v),可用下列公式表示

$$E=\frac{1}{2}Mv^2 \tag{14-1}$$

因此,流量与流速均直接与水流的动能有关。水流的动能则消耗于河流的侵蚀和搬运作用,当河流流速改变时,这种动能平衡被打破,河水中所携带的泥沙碎石将有一部分沉积下来,从而产生沉积作用。河水通过侵蚀、搬运和沉积作用形成河床,并使河床的形态不断发生变化,河床形态的变化反过来又影响着河水的流速场,从而促使河床发生新的变化,两者互相作用、互相影响。河流的侵蚀、搬运和沉积作用,是河水与河床动态平衡不断发展的结果,构成了河床水流的地质作用。

14.1.1 河流的地质作用

1.侵蚀作用

河水在流动过程中不断加深和拓宽河床的地质作用称为河流的侵蚀作用。河流的侵蚀作用按其作用的方式,可分为机械侵蚀和化学溶蚀两种类型。机械侵蚀是指流动的河水对河床组成物质的直接冲蚀和夹带的沙砾、卵石等固体物质对河床的磨蚀;机械侵蚀是山区河流的主要侵蚀方式。化学溶蚀是指河水对组成河床的可溶性岩石不断地进行化学溶解,使之逐渐随水流失,这种溶蚀作用在石灰岩、白云岩等可溶性岩石分布地区比较普遍,同时溶蚀也加剧了机械侵蚀作用。

河流的侵蚀作用按照河床不断加深和拓宽的发展过程,可分为下蚀作用和侧蚀作用,二者是河流侵蚀过程中互相制约和互相影响的两个重要方面。在河流的不同发育阶段,或同一条河流的不同位置,由于河水动力条件的差异,不仅下蚀和侧蚀作用有明显的区别,而且河流的侵蚀和沉积优势也会有显著差别。

(1)下蚀作用

河水在流动过程中使河床逐渐下切加深的作用,称为河流的下蚀作用。其作用强度取决于河水的流速和流量,也与河床的岩性和地质构造等因素密切相关。

当河水的流速和流量大时,则下蚀作用的能量大。当遇到岩性松软或地质构造带,则下蚀作用易于进行,河床下切过程加快,下切深度增大。下蚀作用使河床不断加深,切割成槽形凹地,形成河谷。在山区,河流的下蚀作用强烈,可形成深而窄的峡谷。如长江三峡,谷深达1 500 m;金沙江虎跳峡,谷深达3 000 m;金沙江河谷在滇西北部,平均每千年下蚀60 cm;北美科罗拉多河谷,平均每千年下蚀40 cm。

河流的下蚀作用并不是无止境地进行下去,而是有它自己的基准面。随着下蚀作用的发展,河床不断加深,河流的纵坡逐渐变缓,流速降低,侵蚀能量削弱,达到一定的基准后,河流侵蚀作用将趋于消失。河流下蚀作用消失的平面,称为侵蚀基准面。流入主流的支流,基本上以主流的水面为其侵蚀基准面;流入湖泊、海洋的河流,则以湖面或海平面为其侵蚀基准面。陆地上的河流绝大多数流入海洋,且海平面相对稳定,故把海平面称为基本侵蚀基准面。

(2)侧蚀作用

河水在流动过程中,一方面深切河谷,另一方面也不断冲刷河床两岸。这种使河床不断加宽的作用,称为河流的侧蚀作用。河水运动过程中水质点的横向环流作用,是河流产生侧蚀的主要因素。在天然河道上形成横向环流的地方很多,但在河湾部分最为显著,如图14-2(a)所示。当运动的河水进入河湾后,由于受离心力的作用,表层水质点以很大的流速冲向凹岸，产生强烈冲刷，使凹岸岸壁不断坍塌后退，并将冲刷下来的碎屑物质由底层流速带向凸岸堆积下来，形成如图 14-2(b)所示的堆积状态。由于河湾部分横向环流作用显著，因此易发生坍岸，并产生局部剧烈冲刷和堆积作用，河床易发生平面摆动，对桥梁不利；在山区河谷中，河道弯曲产生横向环流，沿凹岸布设的公路、铁路，其边坡常因水毁而导致“局部断路”。

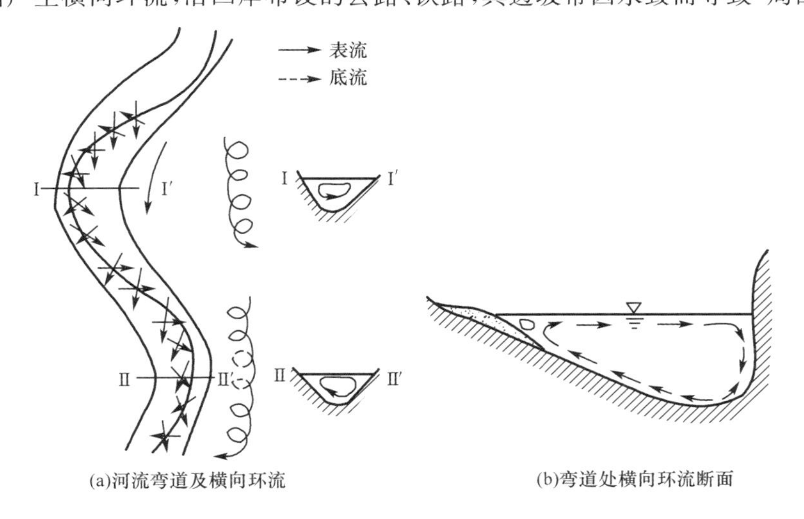

图 14-2　横向环流

由于横向环流的作用，凹岸不断受到强烈冲刷，凸岸不断发生堆积，因此河湾的曲率增大，并受纵向流的影响，使河湾逐渐向下游移动，因而导致河床发生平面摆动。长此以往，整个河床就被河水的侧蚀作用逐渐地拓宽。

在平原地区，曲流对河流凹岸的破坏力更大，往往形成“蛇曲”现象。河流侧蚀的不断发展，致使河流一个河湾接着一个河湾，并使河湾的曲率越来越大，河流的长度越来越长，使河床的比降(比降就是单位水平距离内铅直方向的落差，即高差和相应的水平距离比值)逐渐减小，流速不断降低，侵蚀能量逐渐削弱，直至常水位时已无能量继续发生侧蚀为止，这时河流所特有的平面形态，称为蛇曲(图 14-3)。有些处于蛇曲形态的河湾，彼此之间十分靠近。一旦流量增大，会截弯取直，流入新开拓的局部河道，而残留的原河湾的两端因逐渐淤塞而与原河道隔离，形成状似牛轭的静水湖泊，称为牛轭湖(图 14-3)。由于主要承受淤积作用，牛轭湖逐渐演变成沼泽，以至于最后消失。

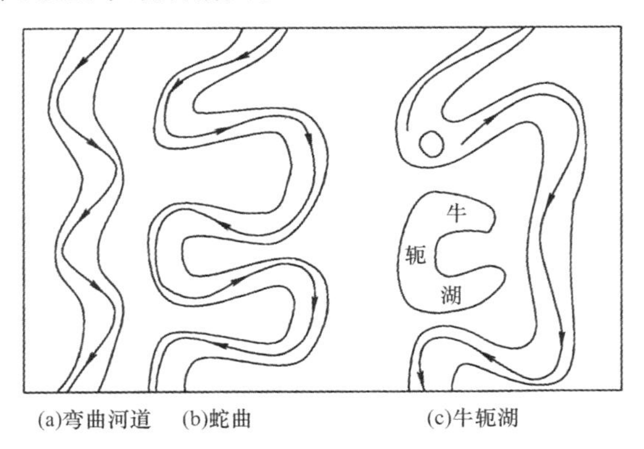

图 14-3　蛇曲及牛轭湖的形成

下切侵蚀和侧向侵蚀常常是共同存在的，只是在不同时期、不同河段这两种侵蚀作用的强度不同。一般在河流的上游，多以下切侵蚀和向源侵蚀(向河源方向侵蚀发展)为主，侧向侵蚀相对较弱，河床横剖面常呈现深而窄的“V”字形；而在中下游则以侧向侵蚀为主，河谷多浅而宽。

2. 搬运作用

河流在流动过程中夹带沿途冲刷侵蚀下来的物质(如泥沙、碎石等)离开原地向前移动的现象，称为搬运作用。河水搬运能量的大小，取决于河水的流量和流速；在流量相同时，流速是影响搬运能量的主要因素，河流搬运物的粒径与水流流速的平方成正比。

河流的搬运作用有浮运、推移和溶运三种形式。浮运是指一些颗粒细和密度小的物质悬浮于水中随水搬运，如我国黄河中的大量黄土就是通过悬浮的方式被搬运至黄河三角洲直至入海口。推移是指砂、砾石等，受河水冲动，沿河底推移前进。溶运是指河水中大量处于溶液状态的溶解物随水流走的现象。

3. 沉积作用

当河流的流速低于推移临界流速时，泥沙便沉积下来，形成沉积作用。沉积物质的数量取决于河流含砂量与搬运能力的对比关系。河流在洪水期侵蚀、搬运和沉积作用强烈，其原因是河流的流量、流速显著增大，河水动能显著增强。

14.1.2 河流阶地

在河谷发育过程中，由于受地壳上升、侵蚀面下降等因素的影响，河流下切，河床不断加深，原先的河床或河漫滩抬升，高出一般洪水位，形成沿河谷呈带状分布的阶梯状平台，称为阶地(图 14-4)。一般河谷上常常出现多级阶地，从高于河漫滩或河床算起，向上依次为一级阶地、二级阶地等。一级阶地形成的时代最晚，一般保存较好，越老的阶地形态相对保存越差。

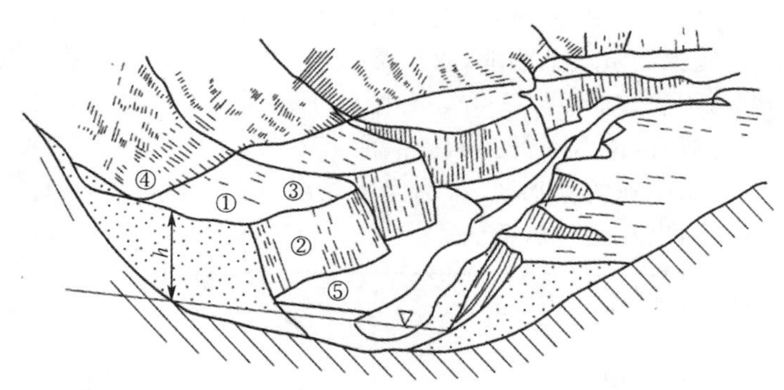

图 14-4 阶地形态要素

①—阶地面；②—阶地；③—前缘；④—后缘；⑤—坡脚；h—阶地高度

河流阶地是一种分布较普遍的河谷地貌类型。阶地上往往保留着大量的第四纪冲积物，主要由泥沙、砾石等碎屑物组成，颗粒较粗，磨圆度好，并具有良好的分选性，是房屋建筑、道路等的良好地基。

根据成因、结构和形态特征，阶地可划分为侵蚀阶地、基座阶地、堆积阶地三种类型，如图 14-5 所示。

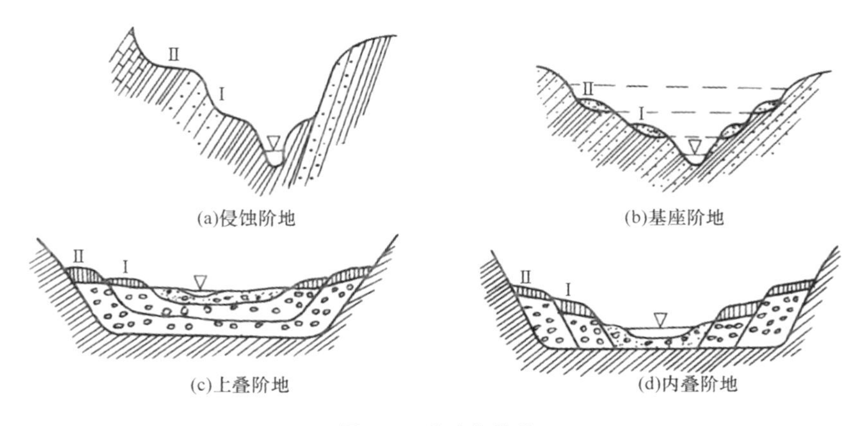

图 14-5　阶地的类型

1. 侵蚀阶地

侵蚀阶地是在地壳上升的山区河谷中,因河流的侵蚀作用使河床底部基岩裸露,河谷拓宽、加深而形成的,如图 14-5(a)所示。阶地面上没有或很少有冲积物覆盖,即使保留有薄层冲积物,在阶地形成后也被地表流水冲刷殆尽。

2. 基座阶地

基座阶地是在河流的沉积作用和下切作用交替进行下,侵蚀阶地上覆盖的一层冲积物,经地壳上升、河水下切而形成的,如图 14-5(b)所示。基岩上部冲积物覆盖厚度一般比较小,整个阶地主要由基岩组成,故称基座阶地。

3. 堆积阶地

堆积阶地是由河流的冲积物组成的,故也称冲积阶地。这种阶地多见于河流的中、下游地段。当河流侧向侵蚀时河谷拓宽,同时谷底发生大量堆积,形成宽阔的河漫滩,然后由于地壳上升、河水下切而形成了堆积阶地。堆积阶地根据其形成方式的不同可以分为上叠阶地和内叠阶地两种,分别如图 14-5(c)和图 14-5(d)所示。上叠阶地的特点是新阶地的冲积物完全叠置在老阶地上,说明河流后期下蚀深度及堆积规模都在逐次减小。内叠阶地的特点是新一级阶地套在老的阶地之内,各次河流下蚀深度都达基岩,而后期堆积作用逐渐减弱。第四纪以来形成的堆积阶地,除下更新统的冲积物具有较低的胶结成岩作用外,一般的冲积物均呈松散状态,易遭受河水冲刷,因而影响阶地的稳定。

14.1.3　河流工程地质问题

在河流上建设的各类工程,由于河流的地质作用,将会产生各种工程地质问题。研究河流地质作用的工程目的,正是预见工程兴建后可能出现的工程地质问题,并从工程要求、经济效益和环境质量角度综合分析工程建设的合理性,得出可行性结论,为后期工程处治提供有效的措施。

1. 水库淤积

在河流上建库筑坝,抬高水位,库区形成壅水,即水深和过水断面沿流程增大,流速沿流程降低,从而造成壅水和异重流两种形式的淤积,并在水库末端造成不同程度的淤积上延("翘尾巴")现象。

修建水库后，由于洪水期浑水进入壅水段，泥沙扩散到全断面，随着挟沙能力沿流程降低，泥沙沉积于库底，且粗粒沉积于上游，细粒沉积在下游，形成淤积三角洲，这就是壅水淤积。由于三角洲过水断面减小，流速增大，挟沙能力提高，淤积范围便向下游推移，淤积物较均匀地分布于库底，库容逐渐为泥沙所填满。壅水淤积所形成的三角洲不断提高，库尾水深不断变浅，流速增大，同时使壅水末端向上游移动(图 14-6)。其结果使淤积末端超过最高库水位与原河床的平交点，形成翘尾巴。

水库淤积末端的上延程度可用上延系数来表示(图 14-7)

$$\xi=\frac{L}{L_0}=1+\frac{\Delta H}{H} \tag{14-2}$$

清水或少泥沙河流水库ξ可小于 1，多泥沙河流最大可达 1.4～1.5。

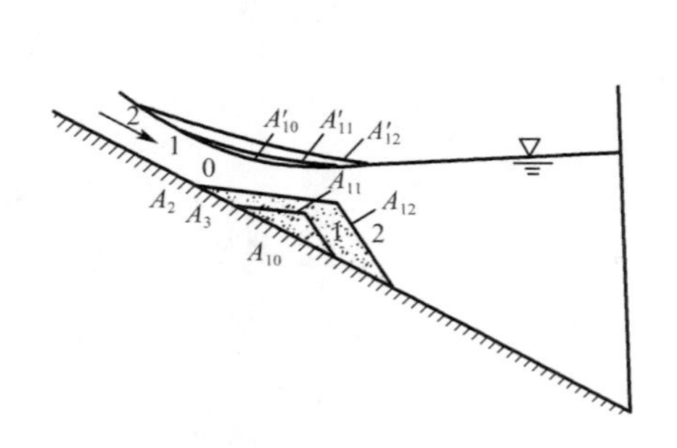

图 14-6　水库壅水与淤积相关作用

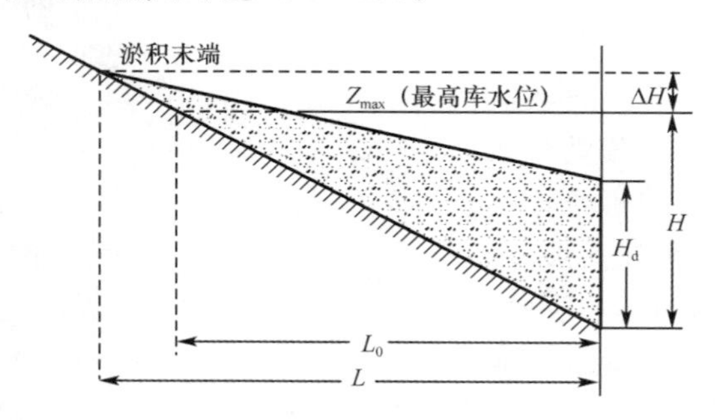

图 14-7　水库末端上延示意图

水库"翘尾巴"形成，使得上游河床淤高，可引起许多不良后果，如淹没、浸没、地基沉陷、航道紊乱、土壤盐碱化等。控制"翘尾巴"，可通过控制库水位(降低平交点)或利用上游水库泄放清水冲刷下游水库末端等措施实现。

异重流淤积多见于多泥沙河流中。当入库水流含沙量高并有足够的流速时，浑水进入壅水段后可不与清水混淆扩散而潜入清水之下，沿库底向下游继续运动，并可一直运行到坝前，并在回流作用下使水库变浑，细颗粒缓缓落于库底。如图 14-8 所示。如果及时开启排沙底孔闸门，异重流浑水即能排出库外。对于异重流可建立其连续方程和运动方程，得出其运动和发展规律，并根据水流特征预测其淤积量。

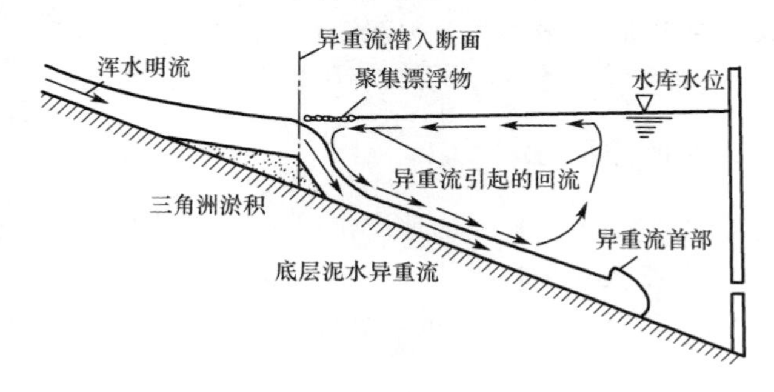

图 14-8　水库异重流

2. 坝下游河床再造

水库修建后，改变了下游河道的水动力条件，破坏了河床的原有平衡状态，从而引起下游河床的再造，建立新的平衡河道。与此同时，建库后，水库下泄水流还对下游河床产生冲刷作用冲刷有时可达到很长的距离。如汉江丹江口水库自 1974 年建成以来，冲刷现象已扩展到距大坝 500 km。冲刷包括深切侵蚀和横向扩展两种，这两方面的综合影响可促使河流游荡程度的改变，甚至发生河流型式的转变。当下切起主导作用时，河床往往向稳定方向发展，原来的游荡型河床向弯曲型转化；而扩展作用起主导作用时，原来的弯曲型河床可向游荡型转化。如三门峡水库修建后，下游河床下切作用加强，使游荡型河段表现出向弯曲型河流发展。

3. 河流地质作用与工程建设

(1)河流地质作用对河岸建筑物的影响：河流的侵蚀作用，不仅威胁着靠近河岸建筑物的安全，远离河岸的建筑物也会因河流改道而遭到突然的冲刷作用。如对河底的冲刷，会威胁跨河建筑物(如桥梁、堤坝)地基的稳定性。由于河流的侧向侵蚀，河岸被掏空，还会引起滑坡、崩塌等地质灾害。河流的搬运和沉积作用，可使码头、取水建筑物等发生淤塞，降低使用效能；河床的淤浅和淤高，常形成地上悬河，在洪水季节造成河流决口甚至改道，带来重大灾害。我国黄河下游河段就属于这类河道。

(2)河流地质作用对大坝的影响：坝后冲刷对水工建筑物的稳定性带来不利影响。如湖南肖水双牌电站支墩坝溢流段的坝后冲刷坑，对大坝的稳定性造成了不良影响。该坝址为泥盆系板岩、砂质板岩、细砂岩、石英砂岩互层，岩层走向近南北，倾向西(下游)。如图 14-9 所示。大坝下游经多次溢洪冲刷，形成了冲刷坑，深部的软弱破碎夹层被切断临空(图 14-9)，使坝基面临滑动危险，且右岸边坡的下部也被冲刷淘空。

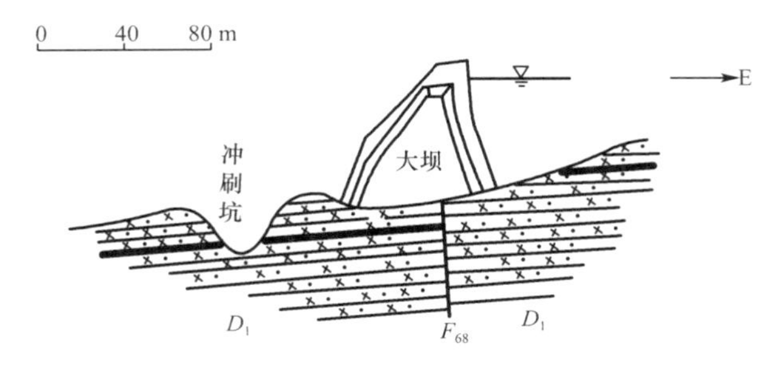

图 14-9 湖南肖水双牌水电站坝址横剖面图

(3)河流地质作用对岸坡的影响：由于河流侵蚀切割的卸荷作用，引起河谷临空面附近岩体回弹变形、应力重分布，形成近平行临空面的张性卸荷节理。通常在谷底以下可发育一组与基岩表面近于平行的水平板状裂隙，一般开口良好，甚至造成空洞，有的被水流进一步冲蚀扩大，形成河谷下的强透水带。谷坡一带由于侧向临空，卸荷裂隙的形成更加多样化，这种卸荷裂隙的存在，是斜坡稳定性的不利因素。

4. 河流环境工程地质问题

在河流上兴建建筑物，由于改变了一定范围内的地质环境，从而产生了环境工程地质问题，不但对河流两岸、水库周围，也对下游地段甚至河口段产生影响。如我国黄河三门峡水库，由于泥沙淤积严重，库容迅速损失，若不采取措施，水库将在 30 年后失效，50 年后全部淤满；水库淤积范围外延，还严重威胁关中地区以西安为中心的工农业基地。水库蓄水后，库周地下水位普遍上升，由地下水位上升和浸没造成黄土湿陷、地裂缝、滑坡、房屋和水井倒塌、地下水质恶化、土地沼泽化和盐渍化，此外库区内还发生多处塌岸，增加水库泥沙量，侵占有效库容，并破坏农田，威胁村庄和人畜的安全。

对河流地质作用所产生的环境工程地质问题,应在工程地质调查的基础上,评价环境地质要素。如工程地质条件、自然地理、地球化学特征,已有自然地质和环境地质问题的评价,区域资源开发利用对环境的影响,地区社会、经济、文化发展状况及可能采用的发展方案等,并在此基础上利用系统工程、控制理论,采用推演、类比和物理模拟、数学模拟的方法,预测可能产生的环境地质问题的类型、规模、分布、发生时间和对环境要素的影响,并最终正确进行环境地质评价,为河流的开发和工程建设等提供科学依据。

14.1.4 河流侵蚀、淤积作用的防治

1. 河流侵蚀作用的防治

河流侵蚀作用的防治措施包括两种:一是护岸工程;二是约束水流。

(1)护岸工程

常用的护岸工程技术措施,如抛石、草皮护坡、护岸墙等,主要适用于松软土岸坡,其中抛石和草皮护坡适于冲刷不太强烈的地段,对于冲刷强烈的地段可用大片石护坡、浆砌石护坡等。在坡脚部分可用钢筋混凝土沉排、平铺铁丝笼沉排、浆砌护坡等加固和削弱水流的冲刷力,护岸墙则适于保护陡岸。

护岸有抛石护岸和砌石护岸两种,主要是在岸坡砌筑石块或抛石,以消减水流的能量,保护岸坡不受直接冲刷。块石的大小,应以不致被河水冲走为原则。对冲刷地段可按下式决定:

$$d \geqslant \frac{v^2}{25} \tag{14-3}$$

式中 d——石块平均直径(cm);

v——抛石体附近水流的平均流速(m/s)。

抛石体的水下坡度一般不宜超过 1∶1,当流速较大时,可放缓至 1∶3。石块应选择未风化、耐磨、遇水不崩解的岩石。抛石层下应有垫层,如图 14-10 所示。

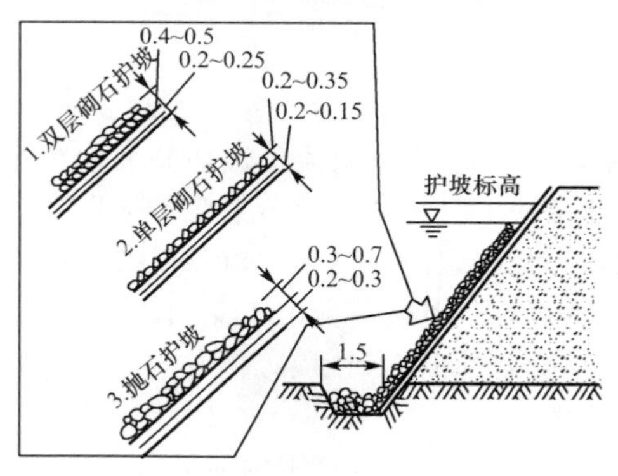

图 14-10 砌石护岸和抛石护岸

(2)约束水流

改变冲刷地段的水流方向和速度,其措施有导流堤、丁坝等导流建筑物,如图 14-11 及图 14-12 所示。有时也采取爆破清除岩嘴的方法,以扩大河床断面减小流速,或采用导流筏斜向浮于冲刷岸之前,随着河水位涨落,促使水流改变方向。

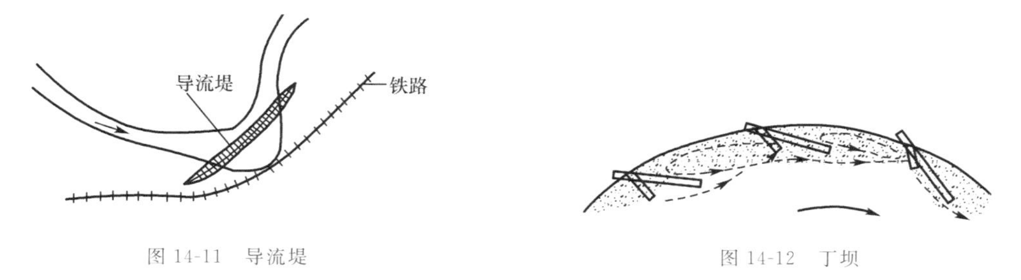

图 14-11　导流堤　　　　图 14-12　丁坝

导流堤又称顺坝，丁坝又称半堤横坝。常将顺坝和丁坝布置在凹岸以约束水流，使主流线偏离受冲刷的凹岸。丁坝常斜向下游，夹角为 60°～70°（较垂直水流设置好）。它可使水流冲刷强度降低 10%～15%。

2. 河流淤积作用的防治

人工挖掘和改变水流速度及方向是通常采用的防治河流淤积作用的两种措施。如两千多年前，建于我国四川灌县岷江上著名的都江堰，是一项非常巧妙地利用河流的横向环流整治河流的典型实例，如图 14-13 所示。该工程的首部为一加固的江心洲洲头（鱼嘴），它将岷江分为内、外两江，造成“弯曲分流”，使携带泥沙的底流随主流排向外江，澄清的表流进入内江，进入内江的水流又受玉垒山突向内江部分的凹型节点挑流而增强了环流作用，底流将泥沙推向飞沙堰排向外江，表流进入宝瓶口。宝瓶口是两岸顺直的节点，它造成内江轻微制水，有利于澄清水流，并使出口水流流向稳定，防止下游两岸遭受急流的直接冲刷。

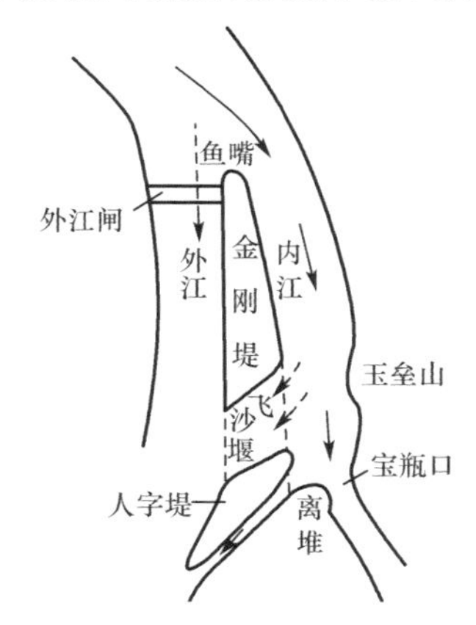

图 14-13　都江堰引水工程平面示意图

14.2　海岸带地质作用及工程地质问题

海岸带是海洋和陆地相互作用的地带。自陆向海海岸带可划分为海岸、潮间带和水下岸坡三部分（图 14-14）。海岸是高潮线以上狭窄的陆上地带，它的陆向界线是波浪作用的上限；潮间带是高潮线与低潮线之间的地带，在低潮时露出水面，而在高潮时被水淹没；水下岸坡是低潮线以下直至波浪有效作用于海底的下限地带。波浪作用的有效深度，一般相当于该海区波浪波长的 1/2，在近岸海区，约为 30 m 水深的海底。由于波浪的往复运动，致使海岸带、海岸线处于动态变化中。

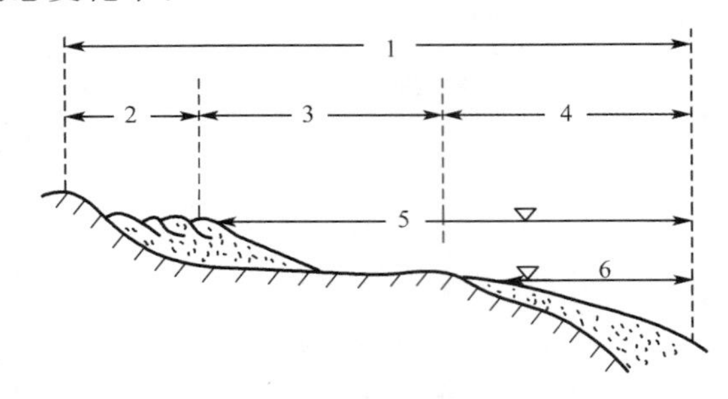

图 14-14　海岸带结构略图

1—海岸带；2—海岸；3—潮间带；4—水下岸坡；5—高潮位；6—低潮位

14.2.1　海岸带的水动力特征

1. 波浪作用

波浪是作用于海岸带最普遍、最重要的动力。波浪对海岸作用的大小取决于波浪的能量，波能(E)的大小与波高(H)的二次方和波长(L)的一次方成正比，即

$$E=\frac{H^2L}{8} \tag{14-4}$$

因此，波浪愈大，尤其是波高愈大，波能就愈大，对海岸的作用也愈大。

深水区的波浪，其水质点在垂直断面内做圆周运动。但当波浪接近岸边到达浅水区后，受到地形的影响，波浪将发生一系列的变化。

(1)波浪的破碎

水质点运动的轨道将由深水区的圆形转变为浅水区的上凸下扁的椭圆形。愈到海底，轨道变得愈扁平，到了水底，椭圆的垂直轴等于零，轨道的扁平度达到极限，水质点仅作平行于底部的往复运动。与此同时，由于水质点运动速度在其轨道上下部的差异，产生了波浪前坡陡、后坡缓的形态。随着波浪离岸愈近，水深愈浅，水质点向前向后运动速度的差值愈来愈大，波浪前坡愈陡，后坡愈缓，最终导致波浪破碎。

波浪破碎与波高和水深有关，在多数情况下，破浪处水深约相当于 1～2 个波高。当波浪到达较陡的岸坡时，波峰突然倾倒，能量比较集中，袭击岸坡，破坏性很大；当波浪作用于平缓的岸坡时，由于海底摩阻，可能发生数次破碎，能量逐步消耗，破坏性较小。当人工建筑物前的水深刚刚处于破浪点时，则饱含空气的破浪将会产生极大的冲击压力，可能使建筑物遭到破坏。波浪破碎后，水体运动已不服从波浪运动的规律，而是整个水体的平移运动，这就是激浪流。激浪流包括在惯性力作用下沿坡向上的进流与同时在重力作用下沿坡向下的回流。

(2)波浪的折射

波浪的折射是波浪进入浅水区后的又一重要变化。随着水深的变浅，波速相应减小，当波浪到达海岸附近的浅水区后，由于地形的影响使得波向发生变化，形成折射现象。折射的结果，是使波峰线转向与等深线一致的趋势。在较平直的海岸，波浪斜抵海岸，由于波峰位于离岸较远而海水较深的一侧，传播速度较近岸水浅的一侧为快，波峰线逐渐趋向于与等深线平行，也可视为大致与海岸线平行，如图 14-15 所示。

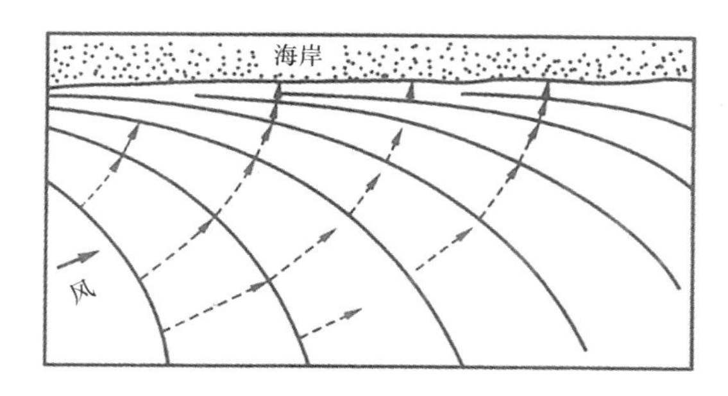

图 14-15 平直岸边的波浪折射

当波浪传播到岬角与海湾(岬角是指坚硬的或裂隙不发育的海岸岩石,抵抗海蚀作用的能力较强,常突出成为岬角或海岬。软弱的岩石抵抗海蚀作用的能力弱,常凹入形成海湾)交错的曲折海岸时,其折射将是另一种情况。此时,波峰线同样逐渐与海岸线平行,但波射线向海水迅速变浅的岬角处辐聚,而在海水较浅的海湾处辐散,从而产生在岬角处波峰线缩短、在海湾处波峰线拉长的情形导致波能在岬角处集中在较短的岸段上,而在海湾处分散在较长的岸段上,如图 14-16 所示。

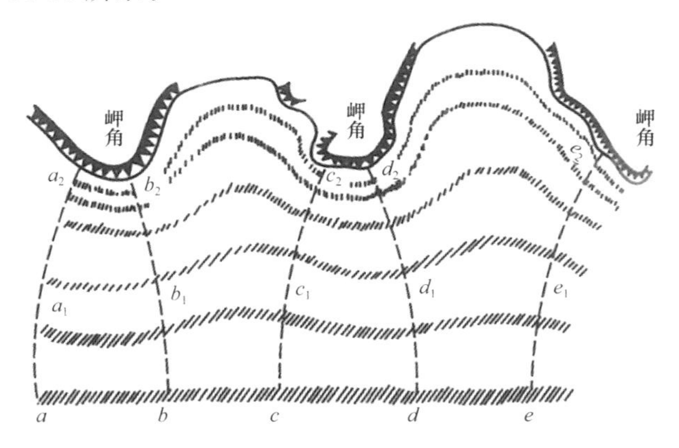

图 14-16 曲折岸边的波浪折射

虚线为波射线,斜短线为波峰线(宽度表示波能)

2. 潮汐作用

潮汐是海水在月球和太阳引潮力作用下所发生的周期性海面垂直涨落和海水的水平流动。但在习惯上把海面垂直涨落称为潮汐,海水水平流动称为潮流。

潮汐的垂直涨落引起了海水的升降,潮流的水平流动造成对海岸带的影响。在无潮海区,波浪长期地作用于一个狭窄的地带;在有潮海区,特别是在海岸平缓而潮差较大的地区,潮汐所引起的水面涨落可使波浪的作用范围扩大,同时使波浪对同一位置作用的时间缩短。在开阔的海岸地区,主要表现为搬运波浪掀起的海底泥沙;在海峡或河口,潮流流速较大,也能侵蚀海底和掀起泥沙,并可带动大量泥沙。

3. 海流作用

海流是由盛行风向以及因海水温度和盐度不同而产生的密度水平差异所引起的方向相对稳定的海水流动,对所经区域的海岸地貌发育有着明显影响。风成海流的流速很小,一般仅 0.1~0.2 m/s。强大的海流流速可达 1 m/s 以上。在近岸浅水区域,流速较小,因此风成海流只能搬运细粒泥沙,但沿岸地带常有激浪流、潮流和风成海流构成的综合性海流,这种海流对泥沙搬运和海岸地貌的塑造起着极大的作用。我国浙闽沿海,冬季由于西北向盛行风的作用,有自长江口向南的沿岸流,携带长江及沿岸入海泥沙南下;而在广东海岸地区,由于偏东风较频繁,有一个从东向西恒定的沿岸流。

14.2.2 海岸地貌

1. 海蚀地貌

波浪的往返运动对海岸造成了严重的侵蚀破坏,表现在两个方面:一是波浪水体对海岸岩石及岸边建筑物的直接冲蚀作用,当波浪以巨大的能量冲击海岸时,水体本身的压力和被其压缩的空气对海岸产生的强烈冲蚀力可达 0.3～0.6MN/m²。另一方面,在波浪的巨大压力作用下水和空气被压入岩体的裂隙之中,迫使岩体开裂松动,以至于被掏蚀崩落。当波浪水体夹带大量的岩块或砾石时,将产生磨蚀作用,其侵蚀力将更大。由上述侵蚀破坏作用,形成了各类海蚀地貌现象,如图 14-17 所示。

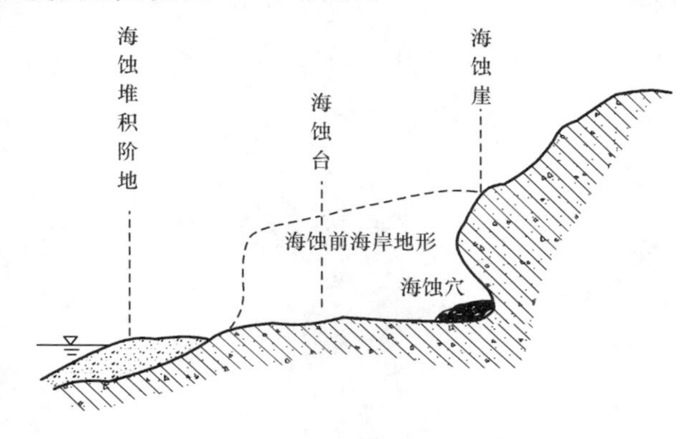

图 14-17 海蚀地貌的形成与岸坡的后退

(1)海蚀崖

波浪拍打海岸主要集中在海平面附近,使海岸形成凹槽,凹槽以上的岩石被悬空,波浪继续作用,使悬空的岩石崩坠,促使海岸步步后退,形成海蚀崖。在海蚀崖的坡脚,常堆积有从悬崖崩坠下来的岩块。这些岩块若不被波浪搬走,海蚀崖的坡脚将受到保护,不再受波浪的打击而后退。

(2)海蚀拱桥

当海岬两侧同时遭受海浪的拍打和侵蚀作用,并同时发育海蚀洞,当洞穴彼此相通,即形成海蚀拱桥。

(3)海蚀柱

海蚀拱桥继续受冲蚀,桥顶受重力作用而坍塌,残留的柱状地形称海蚀柱。海蚀崖后退过程留下来的残余岩石,再受海浪侵蚀亦可形成海蚀柱。

(4)海蚀沟谷

海蚀作用沿海蚀崖的基岩裂隙带(如断层、节理)发展,可形成海蚀沟谷。

(5)海蚀台

在海蚀崖不断后退的同时,其前方出现一个不断拓宽、微向海倾斜的平台,称为海蚀台,或称为波切台。

(6)海蚀穴(洞)

在海蚀崖坡脚处形成的凹槽称海蚀穴,深度较大者称海蚀洞,在海蚀崖下部波浪作用线附近延伸的凹槽称海蚀凹槽。

2. 海积地貌

进入海岸带的松散物质,在波浪的推动下,在一定条件下会堆积下来,形成各种海积地貌。在海岸带内,任何泥沙颗粒都是在波浪力和重力的共同作用下运动的。如果波射线与海岸线正交,波浪的作用方向与重力的切向分量方向将在同一直线上,泥沙颗粒将垂直于海岸线运动,称为泥沙的横向运动,是形成各类海积地貌的最主要形式。如果波射线与海岸线斜交,波浪作用的方向与重力切向分量方向不在同一直线上,泥沙颗粒将以"之"字形沿着海岸线运动,称为泥沙的纵向运动;泥沙纵向运动对岸边的改造作用主要取决于边岸的形态和地质结构特征。下面主要介绍泥沙横向运动所形成的各类海积地貌。

(1)海滩

平行于海岸线延伸的,微倾向于大海的平缓堆积地形,称为海滩。海滩主要与海岸的侵蚀作用有关,其沉积物主要来源于海岸岩石的破碎崩落物。通常海滩可分为砾质海滩、砂质海滩等,但在局部低洼地区、静水环境下,也易形成泥质淤积带,称为淤泥质海滩,植物丰富时成为泥炭堆积。

(2)滨岸堤

一般潮涨、潮落都有一个大致的高度,称为高潮线和低潮线。在海岸带高潮线附近,由波浪引起的泥沙横向移动形成的大致平行海岸的堤状地形称为滨岸堤。通常由粗大碎屑物、海生贝壳碎片等组成。

(3)沙坝

当底流挟带的泥沙向大海回流,与后来的波浪相遇,由于能量抵消流速较小,泥沙便沉积下来,逐渐累积增高而形成离岸有一定距离的垄岗地形,称为沙坝(图 14-18)。其走向大致与海岸平行,形状与位置时常变动,顶部可以露出海面或在海面以下。由于其外缘受海浪冲刷,内侧则接收底流带来的沉积物,故总体上向陆地方向迁移。

(4)沙咀

在海湾处由泥沙堆积形成的,一端与陆地相连,尾部伸入海中的垄岗地形。当物质来源丰富时,沙咀的发展速度和演变较快,可能发展成为拦门沙而封闭海湾或河口,有时也能成为港口的天然防波堤(图 14-18)。

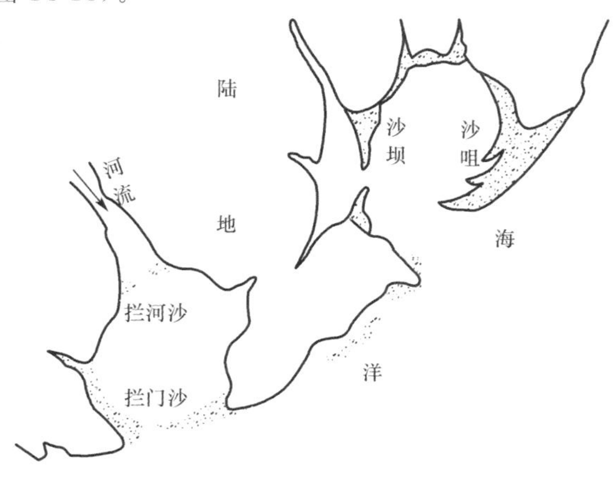

图 14-18　沙坝和沙咀

(5)潟湖

潟湖是被沙坝、沙咀隔离的与外海隔绝或联系较少的浅水区。

(6)连岛沙坝

岛屿靠海岸一方泥沙堆积成的,可使海岛同海岸连接起来的堆积地形称为连岛沙坝。

(7)波筑台或水下堆积阶地

波浪拍击海岸后退回海洋的底流等水流,把破坏下来的岩石碎块带入海中,在适当的水底斜坡上堆积形成平缓的堆积台地称为波筑台。

14.2.3 海港及离岸工程地质问题

我国海岸线长达 18 000 km,从北向南沿海岸带一线,修建了大量的沿岸建筑物,包括各类大型海港工程。实践表明,海岸带存在的主要工程地质问题包括:海港和离岸工程的选址问题;沿海建筑物岸坡和海底斜坡的稳定性及海浪诱发滑坡问题;为避免港口淤积而布置防波堤及其结构选型问题。

1. 海港及离岸工程的选址问题

港口选址是港口建设初期最重要的工作。港址选择时,海岸线的地形地质条件,特别是河口和三角洲的地质情况是十分重要的因素。河口和三角洲发育的地方,往往有海岬伸出,往往是良好的港址。此外,一个好的港口,其水深应不小于 12 m,能够保证较大的船只进出;港口内的水域应比较开阔,便于船只自由进出和回旋;海底不能有太多岩石、沙或完全为泥质土,这样才能便于下锚。

2. 海岸斜坡稳定性与海底滑坡问题

海底斜坡发育特征及产生滑坡的条件不同,如在波浪扰动作用和地震等外荷载作用下往往诱发海底斜坡失稳,发生长距离滑坡现象,严重时造成海底电缆断裂,或对海洋平台基础构成影响。海底滑坡一般是由上部弧形滑落带、中部坍滑槽、下部叠置堆积扇三部分组成的复合体。滑落带滑床近于与沉积表面平行,平均坡度约 0.5°,这类海底滑坡与某些地表泥石流的形态也很相似,它的运动可以认为是水平移动。可以采用浅层平面滑坡公式来分析斜坡的稳定性,其稳定系数 K 可表达为

$$K=\frac{c+(\gamma' Z\cos\beta\cdot\cos\beta-u)\tan\varphi}{\gamma' Z\cos\beta\cdot\sin\beta} \tag{14-5}$$

式中 c——沉积物黏聚力;

φ——沉积物内摩擦角;

γ'——沉积物的重度;

Z——滑动面以上土体的铅直厚度;

β——滑动面或坡面的坡角;

u——孔隙水压力。

若假定 $K=1$ 时斜坡处于极限平衡状态,则可测算出斜坡开始破坏时所必需的最小孔隙水压力 u,表达为

$$u=\frac{c-\gamma' Z\cos\beta\cdot\sin\beta}{\tan\varphi}+\gamma' Z\cos^2\beta \tag{14-6}$$

对于三角洲前缘斜坡,一般取 $\beta=0.5$,$\gamma'=16\ \mathrm{kN/m^3}$。当土体的孔隙水压力超过静水

压力的 1.53～1.67 倍，且接近或者稍超过静地压力时，土体才会破坏。在三角洲沉积物中实际的孔隙水压力是很大的，它的存在是产生海底滑坡的基本条件，而沉积物内部生物活动所产生的沼气进一步降低了沉积物的强度，从而加速了滑坡的发生。

对于海岸斜坡，分析可能的滑坡破坏模式，根据 6.3 节介绍的滑坡力学方法进行稳定性评价，并考虑斜坡内的孔隙水压力效应。

3. 防波堤的布设和结构选型问题

防波堤是港口工程的主体建筑物，主要作用是防止波浪的侵袭和预防漂沙淤塞港口。

根据海岸地形地质条件和风向特征，防波堤的平面布置形式可划分为四类，即单突堤、双突堤、岛堤和混合堤，如图 14-19 所示。

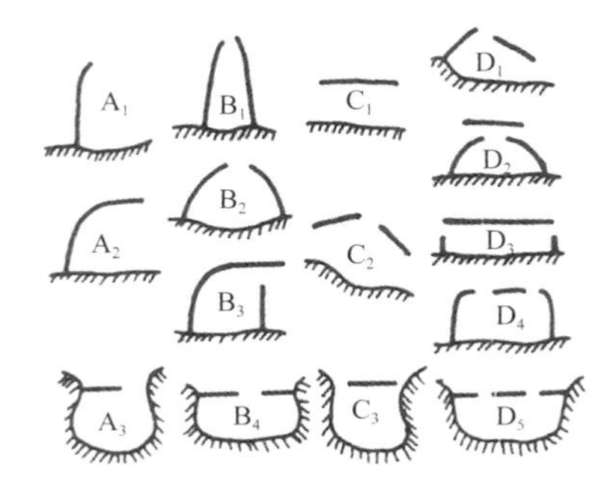

图 14-19 防波堤布置的基本形式

A—单突堤；B—双突堤；C—岛堤；D—混合堤

(1)单突堤：自海岸适当的地点起，筑一道伸入海中的防波堤，以形成一片宁静的水域作为港口，它适宜建在风浪和漂沙仅来自一个固定方向之处。

(2)双突堤：这种港口一般由两道防波堤围合而成，可以阻挡不同方向的风浪，也可适应不同的自然地质环境。

(3)岛堤：将防波堤筑于海中，如岛屿一样，阻挡迎面袭来的风浪和漂沙；

(4)混合堤：联合突堤和岛堤以形成港口，是大型港口中常用的防波堤形式，能适应各种复杂地质环境，并具有多个进出口。

防波堤的结构形式较多，根据对地质条件的不同要求，可分为三类：斜坡堤式、直立堤式和合成堤式。在设计兴建以前，应结合地形地质条件、风向特征和建筑材料，选择合理的结构形式，为提出正确的防护措施提供依据。

14.2.4 沿岸建筑物防护技术

加强沿岸建筑物的防护和防淤工作，是解决海港工程地质问题的重中之重。一方面要保护岸坡、港口免遭冲刷，以保证岸边建(构)筑物的安全，防止岸坡发生显著变形或失稳破坏；另一方面要防止边岸、港口遭受淤积，以保证港湾设施及潮汐发电站等正常运行。根据其所依据的原则和作用对象的不同，可将防护措施分为两类。

1. 修建改变水动力条件的水工建筑物

根据海岸侵蚀、堆积的规律设置某些水工建筑物，以改变波浪、岸流等的作用方向，使之形成不利于冲刷或淤积的水动力学条件，这些工程措施包括建造破浪堤、丁坝和防波堤等。

(1)破浪堤

破浪堤是设置在水下岸坡上、与岸线近于平行的水下长堤(图 14-20),一般大约距岸 30～50 m,堤顶面在水面以下,深度与波浪的波高相近。这样的破浪堤会使波浪破碎,从而使其 75%以上的能量消失。波浪还可将堤外的泥沙挟入堤内,逐渐形成岸滩,保护岸坡免遭冲蚀。

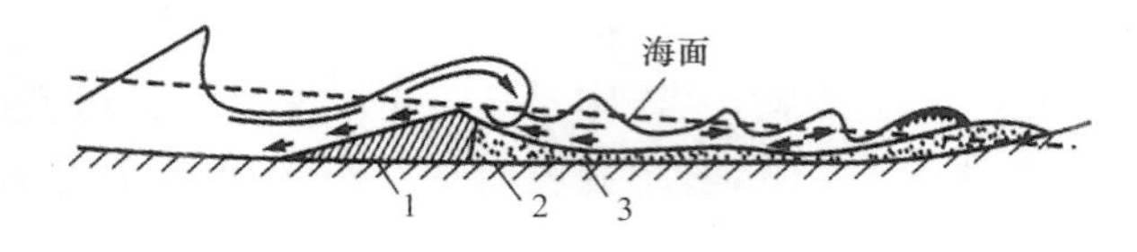

图 14-20 破浪堤工程原理示意图

1—破浪堤;2—原底面;3—破浪堤修筑后淤积的泥沙

(2)丁坝

丁坝为垂直边岸的堤坝(图 14-21),适宜在纵向沉积物丰富的岸段上采用。它可以截住一定数量的沉积物流,逐渐形成岸滩,保护岸坡免受冲刷。丁坝的长度和间距应根据岸区主导风浪方向(盛行风)与岸线方向间的关系加以确定,既要减少丁坝数量,也要保证不在两丁坝间岸段出现冲刷,如图 14-21(b)所示。设计时,应保证过丁坝端点所作与主导风浪方向的垂线将丁坝间岸段完全覆盖。

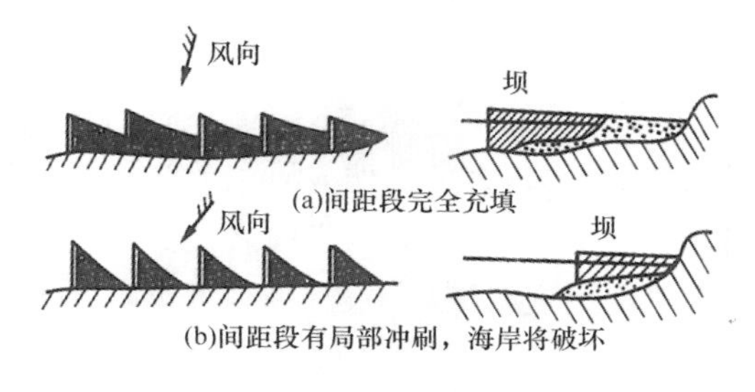

图 14-21 丁坝间距与主导风浪方向的关系

(3)防波堤

防波堤是一种防淤建筑物,它相当于一条人工的岸线或近岸岛屿屏障,利用纵向沉积物流的运动规律,将泥沙截留在港湾之外,如图 14-22 所示。防波堤的具体布置,应根据岸区主导风浪方向和岸线形状特征采取不同形式。

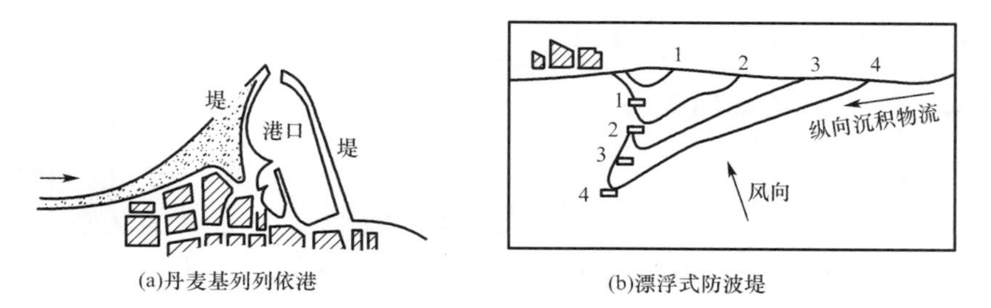

图 14-22 防波堤及其作用示意图

2. 修建直接保护岸坡免遭冲刷的防护工程

(1)护岸墙

护岸墙是用木头、钢板或混凝土等材料构筑的垂直墙(图 14-23),根据涌浪作用的特点，将护岸墙做成凹面有时效果更好。护岸墙的设计中应特别注意其地基条件的变化，对墙脚处冲刷的可能性和海滩情况的变化都应给予充分的考虑。

(a)波浪拍击直立护岸墙的情况

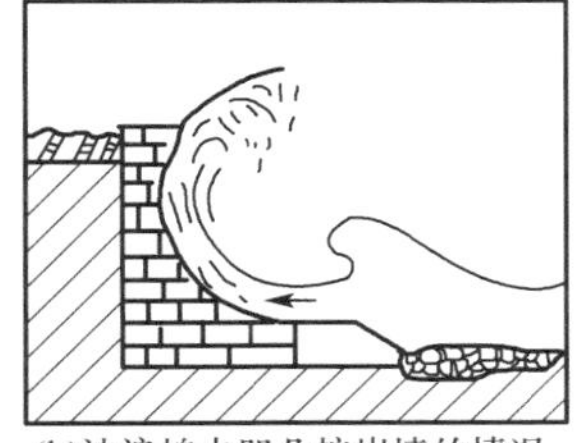
(b)波浪拍击凹凸护岸墙的情况

图 14-23　护岸墙

(2)抛石或砌石护岸

抛石护岸设计要考虑的主要因素是石料尺寸，粗大的块石必须用一层或多层滤石层与土堤隔离。砌石护岸(图 14-24)是一种古老的防护工程，它是用块石规整地放置在岸坡上，可用灌浆或沥青对块石加以胶结。这种护岸形式具有柔性的特点，因此它能够很好地适应岸坡的缓慢沉降。对于严重磨蚀的海岸，火成岩砌体是最优良的护岸材料之一，就花岗岩而言，其耐久性约是混凝土的 4 倍。除了天然石料，连锁的混凝土块也是一种很好的护岸形式。

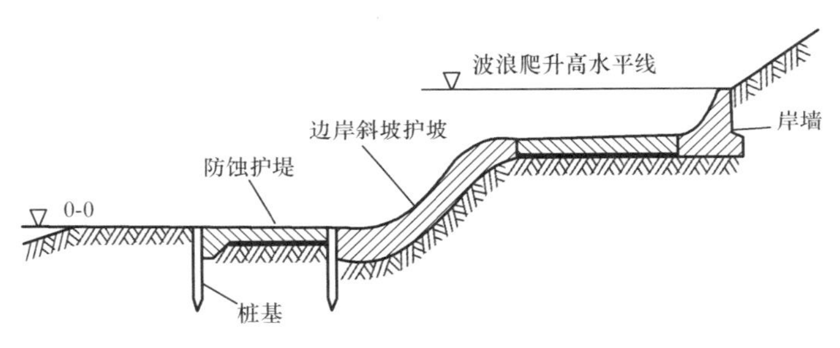

图 14-24　砌石护岸结构示意图

3. 海港淤塞的防护措施

有效防治海港淤塞的技术措施包括两个：一是阻止淤积物进入海港，二是当淤积物进入海港后将其清除。

(1)根据淤积物的来源和性质不同，阻止淤积物进入海港一般有如下三种处理方法。

①砾石和粗砂类淤积物的处理方法：由于粗粒物质大多在河床运动，因此可以在河流上游支流的入口处修建低的顺坝，将可能进入海港的大小砾石予以阻拦，或者将它们引导到别处。

②细粒淤积物的处理方法：一些位于流速缓慢的河口处的海港，因为潮水的反复涨退，水中悬移质含量较多，容易造成海港淤塞，此时可将河口拓宽，借用涨潮和退潮的河水冲刷港口河道，以防止海港淤塞。

③大量淤塞情况下的处理方法：将海港建筑在离淤塞严重的河口一定距离的地方，开挖一条进港河道把它与河口相连接，以阻止淤积物进入海港。

(2)疏浚沉泥(砂)是清除港口淤积物最有效的措施。假设一艘挖泥船每天挖泥 2 万 m^3，以此维持一个海港的预定水深并不困难，清除的淤积物还可用于填海造地。

14.3 渗透变形及工程地质问题

14.3.1 渗透变形破坏方式

地下水在渗流过程中对岩土介质作用的力称为渗透力或动水压力。当此力达到一定值时，岩土介质中的一些颗粒甚至整个土体就会发生移动，从而引起岩土体的变形和破坏，这一现象称为渗透变形(Seepage Deformation)或渗透破坏(Seepage Failure)，由此引发的各类工程地质问题，也称为渗透稳定性问题。

渗透变形一般发生在松散土层中(如无黏性土和砂土等)，在断裂破碎带、节理裂隙充填夹泥、岩溶地区、基岩风化壳和含软弱夹层与泥化夹层的岩体中也可能发生。如基坑开挖时的流沙现象，土石坝坝基的渗透破坏，矿山排水或汲取地下水在覆盖岩溶区产生的地面塌陷现象等。

一般来说，渗透变形可分为管涌和流土两种基本形式。

在渗流作用下，细小颗粒从粗粒骨架孔隙中被渗流携走带出，使得岩层或土体变得结构松散，孔隙度增大，强度降低，甚至形成空洞的现象称为潜蚀或管涌。管涌普遍发生在颗粒不均的砂层或砂卵(砾)石层中。根据渗流方向与重力方向的关系，可将管涌分为垂直管涌和水平管涌。如图 14-25 所示为土石坝坝基渗流示意图，在坝前(上游)由上向下，其渗流方向与重力方向一致；在坝底下为水平方向；在坝后(下游)由下向上，与重力方向相反。由于坝前的渗流对土层起压密作用，不至于发生渗透变形破坏问题，但在坝底下和坝后地段则可能发生渗透变形，尤其是坝后的渗流对土颗粒起上托作用，使之易于松动、悬浮，被携出地表，即形成垂直管涌；而坝底下的细粒物质从粗粒骨架孔隙中被渗流携走，即形成水平管涌。

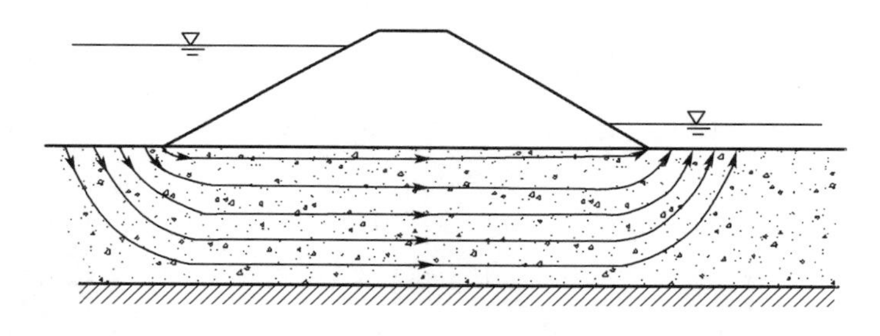

图 14-25 土石坝坝基渗流示意图

在渗流作用下一定体积的土体同时发生移动的现象，称为流土。流土一般发生在均质砂土层和亚砂土层中。它可使土体完全丧失强度，危及建筑物的安全，因此危害性较管涌大。管涌和流土虽为两种不同的渗透变形形式，但是管涌的发展、演化往往会转化为流土，造成更严重的灾害后果。

渗透变形在水坝工程建设中尤为引人关注，这是因为在厚度很大的松散河流堆积层上仅适宜兴建土石坝，因而渗透稳定性问题是土石坝的主要工程地质问题之一。据美国的有关统计资料，在破坏的土石坝中，有 40% 是由坝基或坝体渗透变形造成的；我国的相关调查表明，渗透变形引起的土石坝破坏约占 60%，即使是位于基岩上的坝基也可能发生渗透变形破坏，如四川陈食水库大坝坝基的潜蚀成洞现象(图 14-26)。该坝基由泥岩和砂岩构成，部分泥岩地段裂隙发育且呈风化状态，没有采取必要的防渗措施，清基也不够彻底，蓄水后在 3 号拱和 6 号拱的背后渗出浑水，最终潜蚀成宽 8 m、高 15 m 的洞，如图 14-26(c)所示，导致库水迅猛下泄成灾。

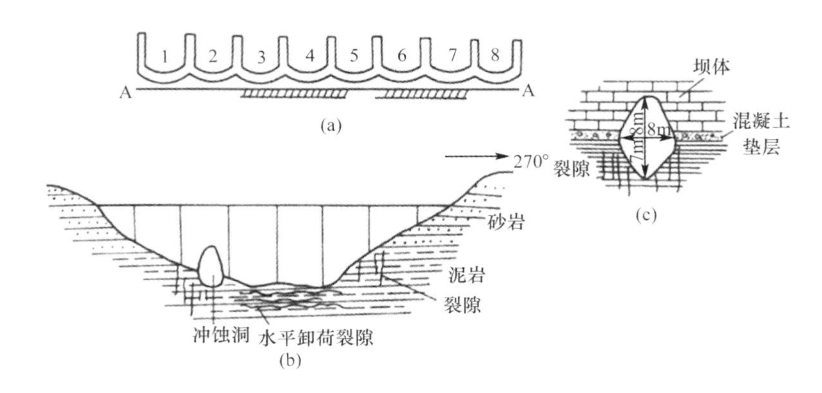

图 14-26　基岩坝基的潜蚀破坏(陈食水库)

此外，在砂性土层中开挖基坑工程和地下巷道掘进时，也常遇到潜蚀(管涌)和流沙等渗透破坏现象。

14.3.2　渗透变形产生的条件

渗透变形的实质是土颗粒或一定体积的土体被渗流携走，引起这种渗透变形的驱动力就是动水压力，而动水压力的大小主要取决于地下水的水力梯度。因此，土石体渗透变形的产生，需要具备三个基本条件：一定动力条件的地下水流；一定的颗粒成分、结构及抗侵蚀强度条件；渗流出口处具备溢流出口条件。要使土石颗粒在渗流力作用下松动以至悬浮，必须克服颗粒间的黏聚力和内摩擦力，并使渗透力超过土的水下重度(有效重度)。由于土的黏聚力和内摩擦力随土的颗粒组成、固结程度、胶结状况不同而有很大差异，故这里先将土简化为无内摩擦力和黏聚力的松散砂土颗粒，分析使它进入悬浮状态的临界水动力条件，再讨论土石结构特性、溢流出口条件等对渗透变形破坏的影响。

1. 渗透变形的水动力条件

以图 14-25 所示的坝下渗透水流为例，取其中的一条流线，其简化示意如图 14-27 所示。其渗流方向表现为 1 处向下，2 处水平和 3 处向上特征。假定渗流力与水流方向完全一致，在上述水流的作用下，只有位于 3 处的背水侧临空土体颗粒将发生松动并呈现悬浮状态。

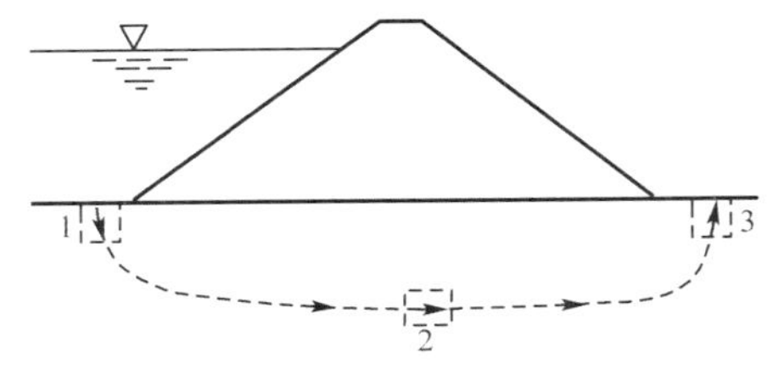

图 14-27　坝基渗透水流的流线

假定单元土体3的底面积为ds，沿渗径的长为dl，单元体下界面与其上界面的水头差为dh，则该单元土体承受的水压力dp为

$$dp=\gamma_w \cdot dh \cdot ds \tag{14-7}$$

式中　γ_w——水的重度。

若单元土体的水下重度为γ'，则其水下重量dq为

$$dq=\gamma' \cdot dl \cdot ds \tag{14-8}$$

如$dp=dq$，则单元土体呈悬浮状态，亦即

$$\gamma_w \cdot dh \cdot ds=\gamma' \cdot dl \cdot ds \tag{14-9}$$

或

$$dh/dl=\gamma'/\gamma_w \tag{14-10}$$

dh/dl为渗透水流经过这一单元土体的水力梯度，因为土体与水流处于极限平衡状态，此水力梯度称为临界水力梯度，以I_{cr}表之。

$$I_{cr}=\gamma'/\gamma_w$$

因为$\gamma_w=1$，所以

$$I_{cr}=\gamma' \tag{14-11}$$

土的水下重度取决于土粒的相对密度(G_s)与水的相对密度之差及单位土体内的固相颗粒的体积，如n为土的孔隙度，则单位土体内的固相颗粒体积为$1-n$，水的相对密度为1，则

$$\gamma'=(G_s-1)(1-n) \tag{14-12}$$

故

$$I_{cr}=(G_s-1)(1-n) \tag{14-13}$$

这就是一般采用的松散砂土产生流土的临界水力梯度计算公式。若取砂土的相对密度为$G_s=2.65$，$n=30\%\sim50\%$，则I_{cr}介于0.8～1.2，一些情况下可近似为1.0。但需要指出的是，上述公式推导并未考虑土体本身的强度(内摩擦角和黏聚力)的影响，故实测的I_{cr}值往往高于公式的计算结果。为此，札马林建议了如下的修正公式：

$$I_{cr}=(G_s-1)(1-n)+0.5n \tag{14-14}$$

我国水利部门考虑土的抗剪强度，建议坝(闸)后地下水逸出段发生流土的临界水力梯度计算公式为

$$I_{cr}=\frac{\gamma_w}{}(1+\frac{1}{2}\xi\tan\varphi)+\frac{c}{\gamma_w \cdot g} \tag{14-15}$$

式中　c——土的黏聚力；

　　φ——内摩擦角；

　　ξ——侧压力系数；

其他符号意义同上。

当为无黏性土时，式(14-15)中最后一项为零。

2. 土石的结构特性

土体抵抗渗透变形的能力称为抗渗强度，其大小取决于土的颗粒组成、排列方式、物理力学性质及地下水流向等。在渗流作用下，土体的渗透稳定性决定于动水压力与抗渗强度

之间矛盾的发展、演化过程。因此，有必要分析渗透变形的土石结构特性，包括土中粗细颗粒直径比例、细类物质的含量和土的级配特征等方面。

(1)细颗粒的含量

天然无黏性土的颗粒组成十分复杂，其分布曲线有单峰型、双峰型和多峰型。而研究渗透变形意义较大的曲线是双峰型土(图 14-28)。这种土的特点是颗粒组成分布曲线具有两个峰点，并在峰点之间有一明显的断裂点。因此认为这种土是由粗、细两组颗粒构成的。

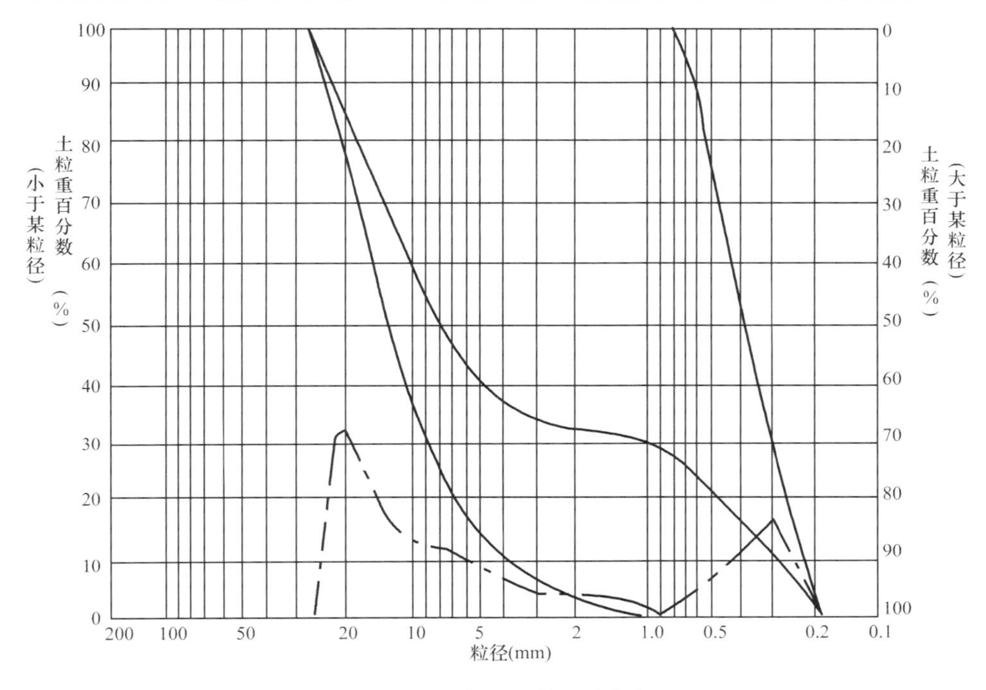

图 14-28　双峰型土颗粒组成分布曲线(点断线)及累计曲线(实线)

室内试验研究表明，细颗粒含量百分数可以判别双峰型砾土的渗透变形，其形式为：

当细颗粒含量＞35％时，为流土；

当细颗粒含量＜25％时，为管涌；

当细颗粒含量在 25～35％时，流土和管涌均可能发生，主要取决于砾石的密实程度及细颗粒的组成，此时产生渗透变形所需的破坏梯度急剧增大(如图 14-29 所示的转折部分)。中等以上密实度(相对密度 D_r＜0.33)、细颗粒不均匀系数较小的砾土，一般发生流土；反之则为管涌。此外，细颗粒成分中黏粒含量增加可增大土的黏聚力，因而增大了土体的抗渗强度。

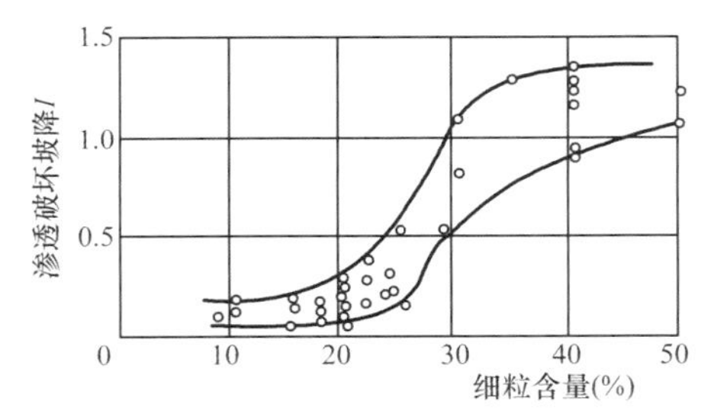

图 14-29　土中细粒含量与破坏梯度关系图

当细粒含量小于25%时，破坏梯度几乎小于0.5，并不是按公式计算所得的近似为1，这可能是由于土的结构和孔隙也是不均一的，故渗透水流的流速和水力梯度也是不均一的。平均梯度小于1时，某些孔隙的梯度可能达到了使某些小颗粒被水流所携出的临界值。小颗粒被冲出后孔隙愈益通畅，因而更易于集中水流，结果是平均梯度大大低于1时就由机械潜蚀转化为管涌。

(2)粗细颗粒粒径的比例

当细颗粒的粒径(d)小于粗颗粒的骨架孔隙直径(d_0)时，才能发生管涌；也就是说能在粗颗粒骨架之间的孔隙中通过的细颗粒，其粒径必须小于孔隙的直径。根据研究，其最优比值为：$d_0/d=8$。一般天然无黏性土均为混粒结构，其孔隙度为$n=39\%$，大颗粒粒径D与其孔隙d_0的比值为：$D/d_0=2.5$。故有利于发生潜蚀的粗细粒径比例D/d应大于20。

砂土颗粒粒径与其孔隙比值的大小，与土颗粒的排列方式关系极大。如图14-30(a)所示，假定土粒为等粒球体，按立方体排列最疏松，则孔隙度$n=47.6\%$，$D/d_0=2.4$；如图14-30(b)所示，如按四面体排列时最紧密，则$n=25.9\%$，$D/d_0=6.4$。显然，土愈疏松，则细小颗粒在孔隙中随渗透水流运动愈畅通无阻，愈紧密则只能允许极少量更细小的土粒通过(越紧密土的抗剪强度越大，抵抗渗透变形的能力越强)，在疏松结构中能通过的颗粒往往在紧密结构中就不易通过。所以土的结构愈疏松，愈易于产生潜蚀；当局部有大孔隙或架空结构时，更有利于潜蚀发生。

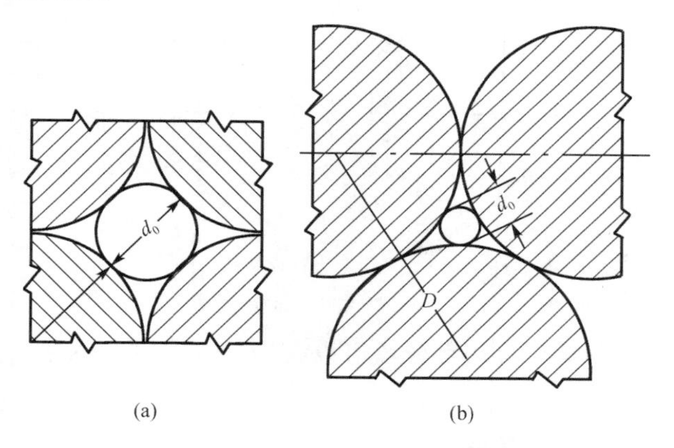

图14-30　土中孔隙直径与土排列紧密程度的关系

(3)土的颗粒级配特征

土的颗粒级配特征可以不均匀系数($\eta=d_{60}/d_{10}$)表示。根据伊斯托明娜的模型试验研究，在自下而上渗流出口处无盖重的条件下，砂土的渗透变形类型及临界水力梯度值都与土的不均匀系数有关。

渗透变形类型与η值有如下的关系：

①(1)$\eta\leqslant10$，渗透变形的主要形式是流土，或是出口处土粒全部悬浮，或是一部分土中出现“涌泉”；

②$\eta\geqslant20$，渗透变形的主要形式为潜蚀(管涌)；

③$10<\eta<20$，渗透变形可能是潜蚀，也可能是流土。

临界水力梯度与不均匀系数之间的关系，可用图14-31表示，但这一关系不适用于砾质土。

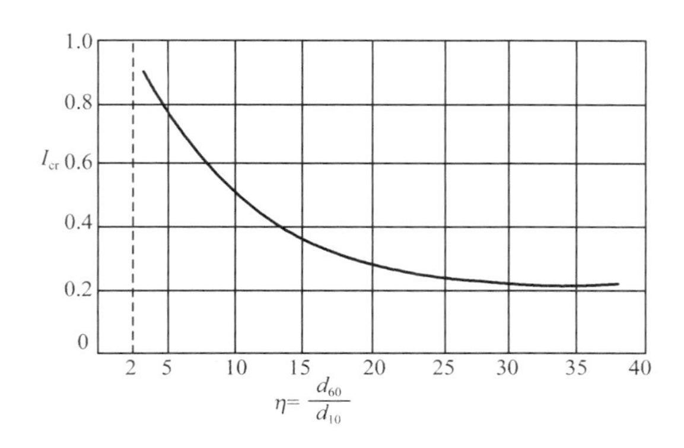

图 14-31　临界水力梯度与土的不均匀系数关系曲线

土石中的实际水力梯度必须低于该土石的临界水力梯度，才能保证土石体不至于发生渗透破坏。通常用临界水力梯度除以一个折减系数作为允许水力梯度，即

$$I_{允}=I_{cr}/R_f \tag{14-16}$$

折减系数 R_f 的确定，应综合考虑地质条件的复杂程度和工程的重要性等级。一般砂性土，$R_f=1.5\sim3.0$；黏性土，$R_f=2.5\sim4.0$；重要建（构）筑物取上限，而普通建筑物取下限。表 14-1 列出了各类土允许水力梯度的参考值，若实际水力梯度小于允许值，则工程是相对安全的。

表 14-1　　各类土允许水力梯度 $I_{允}$ 的参考值

土的类别	$I_{允}$
密实黏土	0.5～0.4
粗砂、砾石	0.3～0.25
粉质黏土	0.25～0.2
中砂	0.2～0.15
细砂	0.15～0.12

3. 渗流出口条件

对于由渗流出口溯源发展的潜蚀—管涌型渗透变形，渗流出口处（如大坝和汲水井）有无适当保护，对渗透变形的产生和发展意义重大。

如图 14-25 所示，坝后渗流逸出口直接临空，且此处的水力梯度比整个渗径上的平均梯度高，水流方向也有利于土的松动和悬浮，最易产生渗流变形。故在渗流出口处要设置反滤层，使渗流既能顺畅地逸出，土层又不至于变形破坏。反滤料的粒径大小要考虑到被保护土层的性质而加以选择。有些土石坝工程，在坝后还堆填碎石、块石料，起反压盖重作用，以降低该处土体悬浮的可能性。我国发生的多起土石坝渗透变形以至于溃坝事件，都与渗流出口未加保护有很大关系，如黄洋河水库土石坝坝后出现塌坑，就是由于渗流出口保护不善造成的。

14.3.3　渗透变形可能性的判定

渗透变形可能性的判定是渗透稳定性评价的主要内容。其大体步骤为：根据土的性质判定是否易于产生渗透变形及渗透变形的类型；根据渗流条件确定实际水力梯度，如果实际水力梯度等于或大于按土的类型确定的允许水力梯度，必须用试验方法确定其临界水力梯度。

1. 判别渗透变形类型

根据土的颗粒分析资料，将颗分结果绘成累积曲线和分布曲线（图 14-32）。根据累积曲线，凡属瀑布式曲线者（Ⅰ）产生潜蚀（管涌土）；凡属直线式者（Ⅱ）不产生潜蚀而是在较高的梯度下产生流土（或称非管涌土）；凡属阶梯式者（Ⅲ）渗透变形多为潜蚀，有时为流土，曲线向细粒方向缓坡延长者产生潜蚀，较大角度与横坐标相交者产生流土。根据分布曲线，呈陡峭单峰的砂土一般不产生潜蚀，而呈双峰或多峰且缺乏中间粒径者为危险性管涌土。

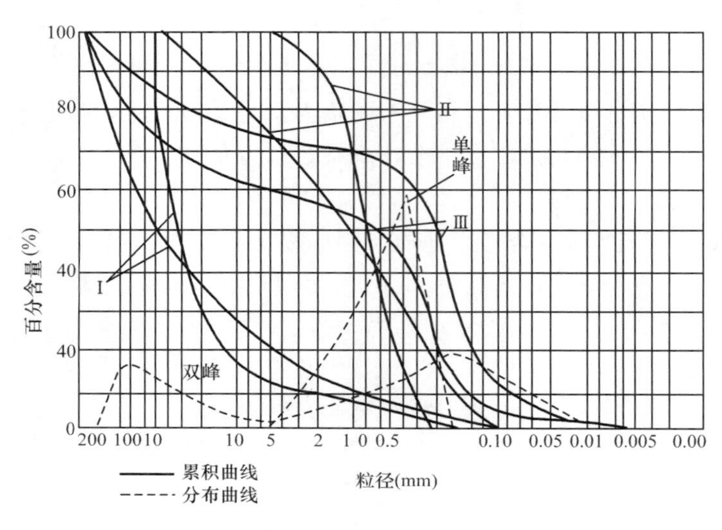

图 14-32　颗粒分析曲线形式与渗透变形类型

Ⅰ—潜蚀；Ⅱ—流土；Ⅲ—潜蚀或流土

根据颗粒分析累积曲线求出不均匀系数，再据伊斯托明娜判据确定渗透变形类型。

2. 确定坝基各点的实际水力梯度

在大坝上下游水头差作用下，坝基渗流产生水力坡降，其梯度值及渗流路径在各点是不相同的（图 14-27）。在查明坝基的地质结构和各土层的渗透系数之后，即可根据坝上、下游的水头差确定坝基下各点的实际水力梯度。

基本方法有理论计算法、绘制流网法、水电比拟法及观测法等，其中以绘制流网法比较简便而可靠。初步判定采用理论计算法时，必须根据渗流类型、地质条件及渗流方向等选用公式。如坝基为双层结构且岩层厚度稳定、渗透性均一，则坝下游上升渗流段的平均水力梯度（逸出梯度）可按下式计算：

$$I_{上、下}=\frac{H_1-H_2}{2T_1+2b\sqrt{\frac{k_1}{k_2}\cdot\frac{T_1}{T_2}}} \tag{14-17}$$

式中　H_1、H_2——坝上、下游的水位（m）；

T_1、T_2——上、下土层厚度（m）；

k_1、k_2——上、下土层的渗透系数（m/d）；

$2b$——坝基宽度（m）。

坝基下水平渗流段的平均水力梯度可按直线比例法确定：

$$I_{水平}=\frac{H_3-H_4}{2b} \tag{14-18}$$

式中，H_3、H_4 为上下游坝脚处下层的测压水位，m。

3. 确定临界水力梯度和允许水力梯度

首先根据伊斯托明娜确定允许水力梯度，并结合图 14-29 和图 14-33 大致确定砂土和沙砾土管涌的临界水力梯度。如果有可能潜蚀，应进一步用试验法测定临界水力梯度。

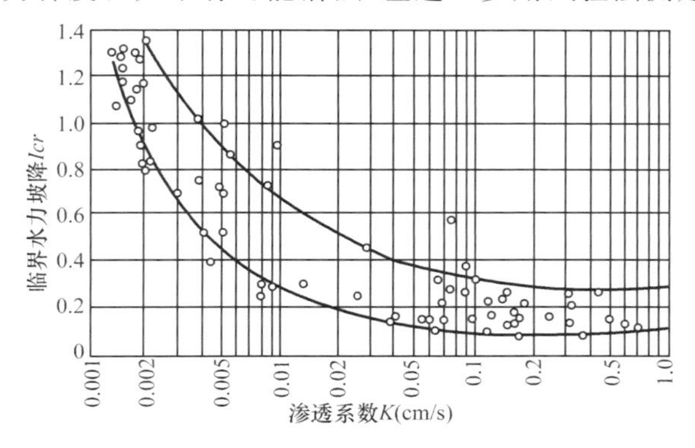

图 14-33 渗透系数与临界水力坡降关系曲线

室内测定临界水力梯度可以采用渗透仪试验和水槽渗透变形试验，其装置如图 14-34 和图 14-35 所示。两种试验均为变水头方法，通过逐步提高水头，观测到有细颗粒在粗颗粒孔隙中跳跃时，即出现潜蚀现象，此时土样上面的水变浑但很快又澄清，表面出现砂圈。

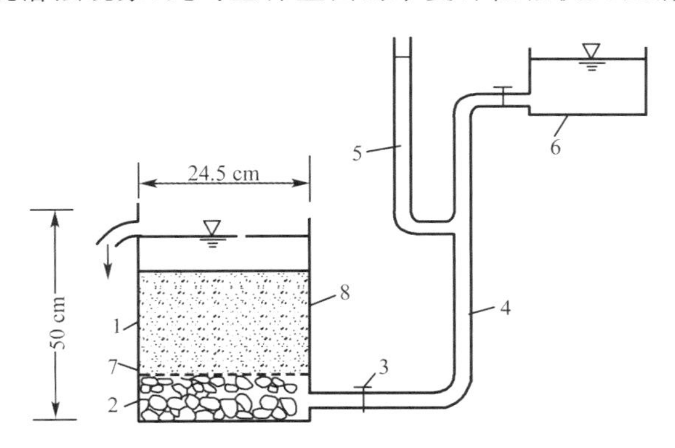

图 14-34 室内渗透仪中渗透变形试验装置图

1—试样；2—碎石缓冲层；3—进水管开关；4—胶皮管；

5—测压管；6—水源箱；7—筛网；8—渗透仪筒

渗透仪最好用有机玻璃材料，以便于观察。试样装好后由下而上逐渐饱水以避免滞留空气泡。每升高一次水头维持稳定 30 min，如无潜蚀现象再提高一次水头。达到产生潜蚀现象的水头后，再逐渐降低水头至潜蚀停止，再提高水头，如此重复进行数次，以最低的开始发生潜蚀的水头作为临界水头，由之求出临界梯度。水槽渗透变形试验可以整理出如图 14-35 所示的成果图，并以多次渗透破坏而使土样完全破坏时的水头 g 作为临界水头。

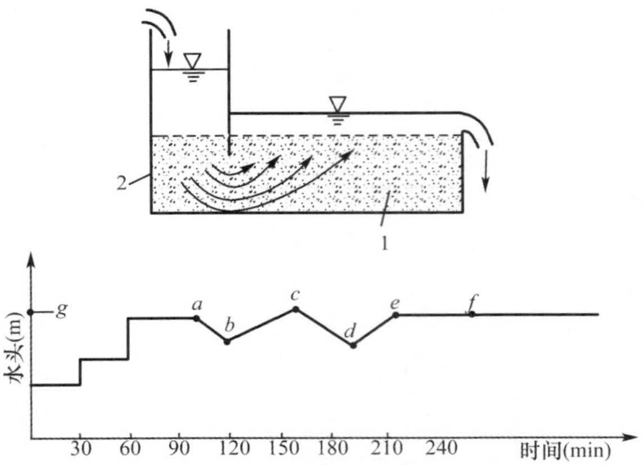

图 14-35　室内水槽渗透变形试验

1—砂样；2—水箱；

$a \to f$ 砂样随水头变化反复管涌直至完全破坏，其中 a—开始潜蚀；b—停止潜蚀；c—再潜蚀；

d—又停止；e—又再潜蚀；f—完全破坏；g—临界水头

14.3.4　渗透变形的防治

渗透变形的防治措施，根据其目的性、工程类别和岩土地质条件，可概括为三类：改变渗流的水动力条件，即降低水力梯度；保护渗流出口，即采用特殊结构的反滤层；改善土石性质，即提高土石的结构特性。

下面介绍几类常用的工程防治措施。

1. 流沙的防治措施

建筑物基坑及地下巷道施工时常发生流沙现象，其有效防治措施主要是采取人工降低地下水位的办法，使之低于基坑底板以下(图 14-36)。这种措施既可防治流沙，又可防止地下水涌入基坑。水平坑道开挖遇流沙时，可采用盾构法施工；竖井开挖遇流沙时，可采用沉井式支护掘进，也可采用冻结法或电动硅化法改善砂土性质，确保施工顺利进行。

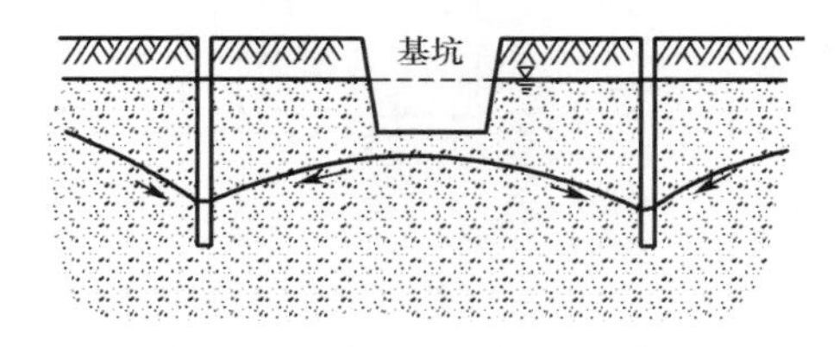

图 14-36　人工降低地下水位防止流沙示意图

2. 抽水井管涌的防治措施

这种措施是在过滤管与井壁间隙内充填反滤料，以保护渗流出口。反滤料的粒径选择必须要考虑到被保护的含水层中潜蚀颗粒的大小，使细颗粒不能穿过反滤料孔隙为原则。若被保护管涌土层为非主要含水层，则最好用止水措施，将其与过滤管隔绝。

3. 土石坝渗透变形的防治措施

水工建筑物因修筑于河谷地段，河流相堆积物以无黏性土为主。由于建坝后库水位抬高，坝前、后附近水力梯度较大，故防治渗透变形意义更大。下面主要介绍垂直截渗、水平铺盖、排水减压和反滤盖重等四种主要的防治措施。

(1)垂直截渗

常用的方法有黏土截水槽、灌浆帷幕和混凝土防渗墙等。

黏土截水槽常用于透水性很强、抗管涌能力差、隔水层埋藏较浅的砂卵石坝基，其结构视土石坝的结构而定，如图 14-37 所示。截水槽一定要做到下伏的隔水层中，形成一个封闭系统，还需注意隔水层的完整性和渗透性。

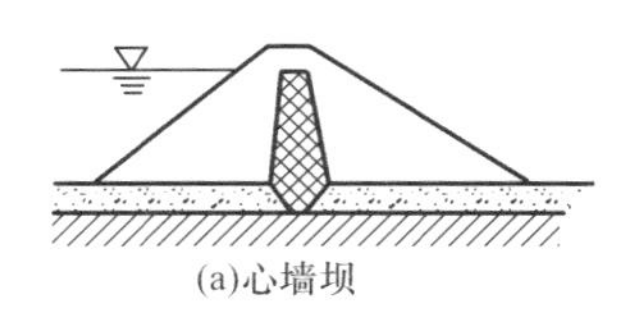
(a)心墙坝

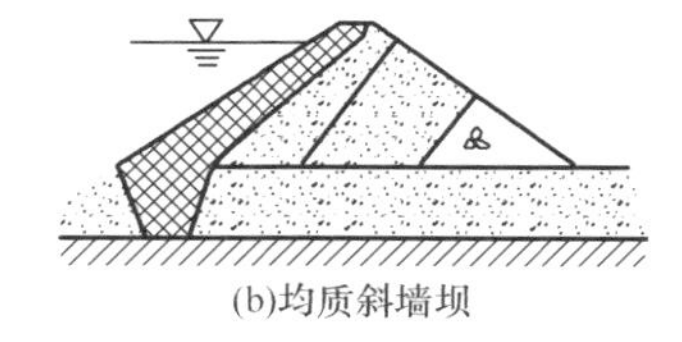
(b)均质斜墙坝

图 14-37　截水槽示意图

灌浆帷幕适用于大多数松散土体坝基。砂卵石坝基采用水泥和黏土的混合浆灌注，而中细砂层必须采用化学浆液(如丙凝)灌注。由于灌浆压力较大，故这种方法最好在冲积层较厚的情况下使用。而混凝土防渗墙适用于砂卵石坝基，常用的施工方法是槽孔法，参见有关文献。

(2)水平铺盖

当透水层很厚，垂直截渗措施难以奏效时，常采用此措施。其方法是在坝上游设置黏性土铺盖，其渗透系数比透水地基小 2～3 个量级，并与坝体的防渗斜墙搭接，如图 14-38 所示。这种措施只是加长渗径而减小水力梯度，并不能完全截断渗流。铺盖的长度 l 一般为坝上、下游水头差的 5～10 倍；其厚度 t 在上游末端为 0.5～1 m，与防渗斜墙搭接处应适当加厚。

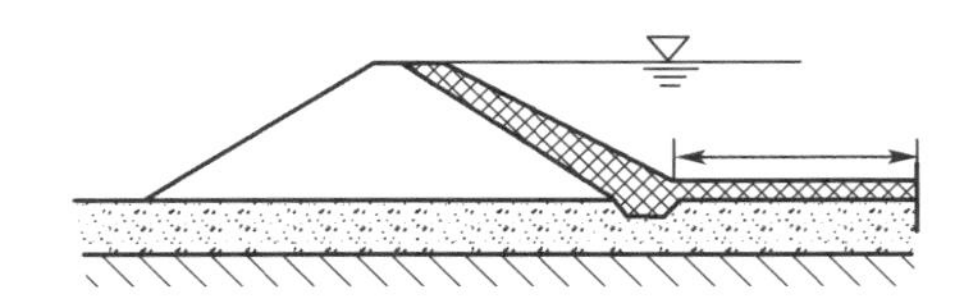

图 14-38　防渗铺盖示意图

当坝前河谷中表层有分布稳定且厚度较大的黏性土覆盖时，则可利用它作天然的防渗铺盖。施工时一定要严格禁止破坏该覆盖层。

(3)排水减压

常用的方法有排水沟和减压井，其作用是吸收渗径和减小逸出段的实际水力梯度。

排水减压措施应根据地层结构选择不同的形式。如果坝基为单一透水结构或透水层上覆黏性土较薄的双层结构，可在下游坝脚附近开挖排水沟，使之与透水层连通，以有效地降低浸润曲线和水头。如果双层结构的上层黏性土厚度较大，则应采用排水沟和减压井相结合的方法。在不影响坝坡稳定性的条件下，减压井的位置应尽量靠近坝脚，并且要平行坝轴线方向布置。井距一般为 15～30 m，井径 200～300 mm。

(4)反滤盖重

在渗流逸出段分层铺设几层粒径不同的沙砾石层，层界面应与渗流方向正交，粒径由细到粗，常设置三层，即反滤层。典型的反滤层结构如图 14-39 所示。反滤层是保护渗流出口的有效措施，它既可以保证排水通畅，降低逸出段水力梯度，又起到盖重的作用。专门的盖重措施，是在坝后用土或碎石填压，增加荷重，以防止被保护层浮动。

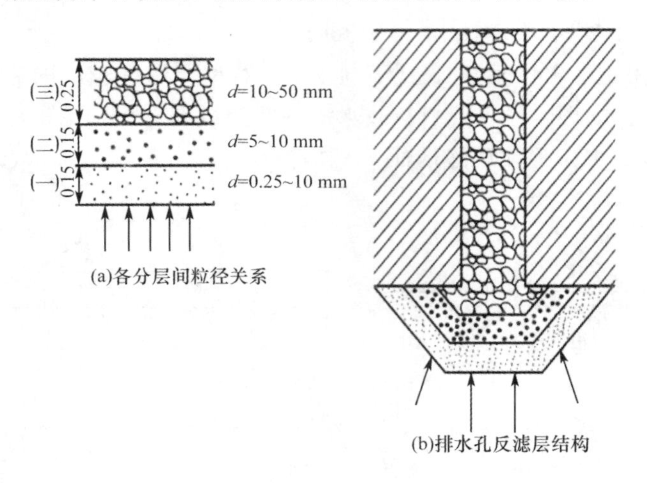

图 14-39　典型反滤层结构图

本章小结

本章介绍了河流地质作用的基本概念，河谷的形态特征，以及与河流地质作用相关的工程地质问题；海岸带地质作用和工程地质问题；渗透变形及产生的工程地质问题。

思考题

1. 简述河流地质作用的基本概念，河谷的形态特征。
2. 分析河流地质作用可能产生哪些工程地质问题？
3. 分析海岸带地质作用可能产生哪些工程地质问题？
4. 简述渗透变形的基本概念，渗透变形产生的工程地质问题。

第3篇

工程地质勘察

第15章 工程地质勘察技术和方法

学习目标

1. 了解工程地质勘察的目的和任务；
2. 认知工程地质勘察的基本方法；
3. 熟悉常用的工程地质原位测试原理与方法；
4. 掌握工程地质勘察报告的内容组成。

工程地质勘查方法和等级划分

工程地质勘察简称工程勘察（也称岩土工程勘察），是土木工程建设的基础工作。其目的是通过调查、测绘、勘探、测试等各种手段和方法，查明场地的地形地貌情况、地质构造情况、岩体的空间分布状态及不良地质现象，研究和分析岩土体的强度、变形特性，查明、研究并分析场地及与场地安全性相关的邻近区域的水文地质条件，评价建筑工程场地的适宜性和稳定性，为工程的设计、施工提供所需的工程地质资料。

工程地质勘察的任务是运用工程地质学的理论和方法，正确处理工程建筑与自然环境之间的关系，充分利用有利的工程地质条件，避免或改造不利的工程地质条件，以保证工程建筑的稳定、安全、经济和正常使用。

工程地质勘察的基本方法有：工程地质测绘、工程地质勘探、工程地质测试与长期观测、工程地质资料整理分析等。

工程地质勘察必须符合国家、行业制定的现行有关标准、规范的规定。工程地质勘察的现行标准，除水利、铁道、公路、核电站工程执行相关的行业标准之外，一律执行国家标准《岩土工程勘察规范》[（GB 50021—2001）（2009版）]。而且，各行业标准应逐渐向国家标准靠拢。

15.1 工程地质测绘

工程地质测绘是工程地质勘察的基础工作，一般在勘察的初级阶段进行，是通过搜集资料、现场调查、观察、测量、描绘等基础地质理论方法和遥感影像判释、地理信息系统、全球卫星定位系统等新技术新方法获取与工程建设有关的各种地质要素和岩土工程资料，并把这些资料反映到相关图表上，分析其性质和规律，并借以推断地下地质情况，为初步评价建设场地工程地质环境及场地稳定性及后续布置勘探、测试工作等其他勘探方法提供依据。在地形地貌和地质条件较复杂的场地，必须进行工程地质测绘；但对地形平坦、地质条件简单且较狭小的场地，则可采用调查代替工程地质测绘。工程地质测绘是认识场地工程地质条件最经济、最有效的方法，高质量的测绘工作能相当准确地推断地下地质情况，起到有效地指导其他勘察方法的作用。

15.1.1 工程地质测绘的内容

工程地质测绘和调查的内容包括有工程地质条件的全部要素，主要有以下几个方面：

(1)地形、地貌：查明地形、地貌形态的成因和发育特征，以及地形、地貌与岩性、构造等地质因素的关系，划分地貌单元。

(2)地层、岩性：查明地层层序、成因类型、形成时代、厚度、接触关系、岩石名称、成分胶结物及岩石风化破碎的程度和深度等。

(3)地质构造：查明有关断裂、褶曲等构造行迹的位置、走向、产状等形态特征和力学性质，并分析其对地貌形态、水文地质条件、岩体风化等方面的影响；查明岩层产状、接触关系、节理、裂隙等的发育情况；查明新构造活动的特点及地震活动情况。

(4)查明地下水的类型、补给来源、排泄条件及井泉的位置，含水层的岩土特征、埋藏深度、水位变化、污染情况及其与地表水的关系等。

(5)搜集气象、水文、植被、土的最大冻结深度等资料，调查最高洪水位及其发生时间、淹没范围。

(6)查明岩溶、土洞、滑坡、崩塌、泥石流等不良地质现象的位置、形态特征、规模、类型及其发生、发展和分布的规律。

(7)调查人类活动对场地稳定性的影响，包括人工洞穴、地下采空、大挖大填、抽水排水及水库诱发地震等。

(8)查明天然建筑材料的分布范围、储量、工程性质。

15.1.2 工程地质测绘的范围

工程地质测绘的范围应根据工程建设类型、规模、设计阶段并考虑工程地质条件的复杂程度及研究程度等综合确定。原则上测绘范围应包括场地及其邻近的地段。适宜的测绘范围，既能较好地查明场地的工程地质条件，又不至于浪费勘察工作量。

建筑物的类型、规模不同，与自然地质环境相互作用的广度和强度也就不同，确定测绘范围时首先应考虑这一点。例如，大型水利枢纽工程的建设，由于水文和水文地质条件急剧改变，往往引起大范围自然地理和地质条件的变化，这一变化甚至会导致生态环境的破坏并影响水利工程本身的效益及稳定性。此类建筑物的测绘范围必然很大，应包括水库上下游的一定范围，甚至上游的分水岭地段和下游的河口地段都需要进行调查。房屋建筑和构筑物一般仅在小范围内与自然地质环境发生作用，通常不需要进行大面积工程地质测绘。

在工程处于初期设计阶段时，为了选择建筑场地一般都有若干个比较方案，它们相互之间有一定的距离。为了进行技术经济论证和方案比较，应把这些方案场地包括在同一测绘范围内，测绘范围显然是比较大的。但当建筑场地选定后，尤其是在设计的后期阶段，各建筑物的具体位置和尺寸均已确定，就只需在建筑地段的较小范围内进行大比例尺的工程地质测绘。

工程地质条件越复杂，研究程度越差，工程地质测绘范围就越大。铁路(公路)工程地质测绘一般沿铁路中线或导线进行，测绘宽度多限定在中线两侧 200～300 m 的范围。在测绘范围内，各种观测点的位置都应与线路中线取得联系。实际工作中，铁路(公路)工程地质测绘的主要任务之一，就是把已经绘好的线路带状地形图编制成线路带状工程地质图。对于控制线路方案的地段、特殊地质及地质条件复杂的长隧道、大桥、不良地质等工点，应进行较大面积的区域测绘。区域测绘时，可按垂直和平行岩层走向(或构造线走向)的方向布置调查测绘路线。

15.1.3 工程地质测绘的比例尺与精度要求

1. 工程地质测绘的比例尺

工程地质测绘的比例尺大小主要取决于设计要求。建筑物设计的初级阶段属于选址性质，一般往往有若干个比较场地，测绘范围较大，而对工程地质条件研究程度的详细程度并不高，所以采用的比例尺较小。但是，随着设计工作的进展、建筑场地的选定，建筑物位置和尺寸愈来愈具体明确，范围也逐渐缩小，而对工程地质条件研究的程度越来越高，所以采用的测绘比例尺就逐渐加大。当到设计后期阶段时，为了解决与施工、运营有关的专门地质问题，所选用的测绘比例尺可以很大。在同一设计阶段内，比例尺的选择取决于场地工程地质条件的复杂程度以及建筑物的类型、规模及其重要性。工程地质条件复杂、建筑物规模巨大而又重要者，就需采用较大的测绘比例尺。

根据我国各勘察部门经验，工程地质测绘比例尺一般规定为：

可行性研究勘察阶段：1∶50 000～1∶5 000，属小、中比例尺测绘；

初步勘察阶段：1∶10 000～1∶2 000，属中、大比例尺测绘；

详细勘察阶段：1∶2 000～1∶200或更大，属大比例尺测绘。

2. 工程地质测绘的精度要求

精度指野外地质现象能够在图上表示出来的详细程度和准确度。工程地质测绘的精度包含两层意思，即对野外各种地质现象观察描述的详细程度，以及各种地质现象在工程地质图上表示的准确程度。为了确保工程地质测绘的质量，这个精度要求必须与测绘比例尺相适应。

观察描述的详细程度是由单位绘图面积上观察点的数量和观察线路的长度来控制的。通常不论比例尺多大，一般都以图上1 cm^2 范围内有一个观察点来控制观测点的平均数，比例尺增大，同样实际面积内的观察点就要相应增多。观察点的布置不应是均匀的，而是地质条件复杂的地段多一些，条件简单的地段少一些，但观察点都应布置在地质条件的关键位置。

为保证工程地质图的准确度，要求图上的各种界线准确无误，误差一般不应超过2 mm，所以大比例尺的地质测绘工作要采用仪器定位法。

15.1.4 工程地质测绘方法

工程地质测绘方法有相片成图法和实地测绘法。随着科学技术的进步，遥感等新技术也在工程地质测绘中得到广泛应用。

1. 相片成图法

相片成图法是利用地面摄影或航空(卫星)摄影的相片，在室内根据判释标志，结合所掌握的区域地质资料，确定地层岩性、地质构造、地貌、水系和不良地质现象等，描绘在单张相片上，并在相片上选择需要调查的若干地点和线路，然后据此做实地调查、进行核对修正和补充。最后将调查得到的资料转绘成工程地质图。当该地区没有航测等相片时，工程地质测绘主要依靠野外工作，即实地测绘法。

2. 实地测绘法

实地测绘法就是在野外对工程地质现象进行实地测绘的方法。实地测绘法常用的包括线路穿越法、布线测点法和界线追索法三种。

路线穿越法：是沿着测区内选择的一些线路，穿越测绘场地，将沿途遇到的地层、构造、地质现象、水文地质、地形地貌界线等信息填绘在工作底图上，路线可以是直线也可以是折线。观察路线应选择在露头较好或覆盖层较薄的地方，观察线路方向应大致与岩层走向、构造线方向及地貌单元相垂直，这样可以用较少的工作量获得较多的工程地质资料。

布线观测点法：就是根据地质条件的复杂程度和测绘比例尺的要求，预先在地形图上布置一定数量的观测线路，然后根据观察目的和要求在这些线路上选择若干观测点。

界线追索法：为了查明某些局部复杂构造，沿地层走向或某一地质构造线或某些不良地质界线方向进行布点追索的方法。这种方法是在上述两种方法的基础上进行，是一种辅助补充方法。

3. 遥感技术应用

遥感是一门新兴技术，分为航空遥感和航天遥感两种。

遥感技术的原理建立在电磁波辐射理论的基础上。电磁辐射是自然界普遍存在的一种物质运动形式。一切物体，包括土、石，由于它们的成分、结构、温度等特性各异，对各种电磁波的发射、吸收、反射、投射特点均不相同。遥感技术则是利用专门的灵敏仪器去探测物体发射或反射某种波长的电测波的能力，把仪器接收到的电磁辐射能量经过特殊转换或处理变成肉眼可见的形式。

目前，已在使用的有采用多光谱照相机的光遥感技术、采用红外扫描仪的红外遥感技术、采用测试雷达的微波遥感技术等。近年来，正在大力发展效能更高的激光遥感技术。不同的遥感技术各有其效果较好的适用条件。

遥感技术应用于工程地质测绘，能很大程度上节省地面测绘的工作量，做到省时、高质高效，减小劳动强度，节省工程勘察费用。

15.2 工程地质勘探

工程地质勘探是勘察过程中查明地质情况的重要手段之一，它是在地面工程地质测绘和调查所取得的各项定性资料的基础上，进一步对地表以下工程地质条件进行了解、确定的过程，并取得岩土试样，对场地的工程地质条件进行定量分析而进行的勘察工作。

常用的工程地质勘探手段有开挖勘探、钻孔勘探和地球物理勘探。在勘察中，应根据勘察的目的及岩土的特性综合使用。

15.2.1 开挖勘探

开挖勘探就是用人工或简易机械对地层浅部土层挖掘坑、槽，以便直接观察岩土层的天然状态以及各地层之间的接触关系，并取出原状土样进行分析试验的勘探方法。它的优点是成本低、工具简单、进度快、能取得直观资料;缺点是劳动强度大,勘探深度浅,且易受自然条件的限制。

在工程地质勘探中,常用的开挖勘探有坑探、槽探、井探、洞探等几种类型,见表 15-1。

表 15-1　　工程地质开挖勘探类型

类型	特点	用途
探坑	由地表向下挖掘的方形或圆形坑,深 2~3 m	局部剥除地表覆土,暴露基岩,确定地层岩性,载荷试验,渗水试验,取原状土样
浅井	从地表垂直向下的圆形或方形井,深 5~15 m	确定覆盖层及风化层的岩性厚度,取原状土样,了解地层构造及断裂带
探槽	垂直于岩层或构造线走向挖掘成宽 0.6~1.0 m、深 2~3 m 的长槽	追索构造线、断层、探查残积坡积层,风化岩石的厚度和岩性
竖井	形状与浅井相似,但深度可超过 20 m,一般在平缓山坡、漫滩、阶地等岩层较平缓的地方,有时需支护	了解覆盖层厚度及性质、构造线、岩石破碎情况、岩溶、滑坡等,岩层倾角较缓时效果较好
平洞	在地面有出口的水平坑道,深度较大,适用于较陡的基岩岩坡	调查斜坡地质构造,对查明地层岩性、软弱夹层、破碎带、风化岩层时效果较好,还可取样或做原位试验

在开挖勘探过程中,要对开挖面进行详细全面的观察、描述、测量及编录工作,编录内容主要有:

(1)开挖勘探点的位置及高程,以便将其标注在地质图及剖面图上。

(2)详尽观察记录坑井四壁的岩石成分、结构、构造、产状、裂隙及风化情况等。对断裂破碎带及软弱夹层等重要地质现象,要绘制素描图或辅以照片,以便挖探结束后整理成详细而准确的剖面展示图,如图 15-1、图 15-2 所示。

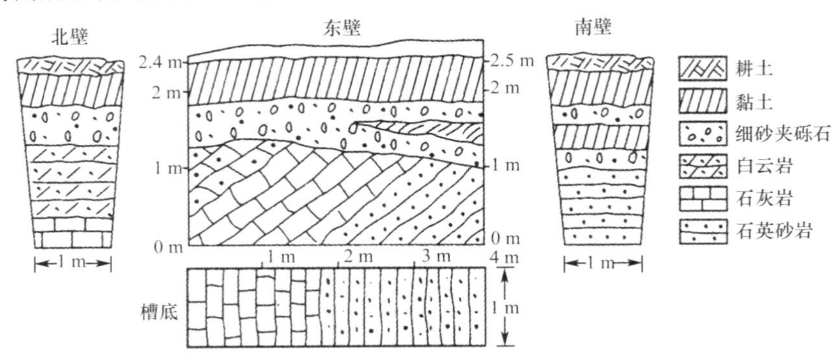

图 15-1　探槽四壁展示图

(3)观察和记录开挖期间及开挖后坑槽壁岩土动态:如膨胀、出现裂隙、迅速风化、剥落及坍塌等现象,记录掘进速度及方法。

(4)观察和记录地下水动态:如涌水情况、涌水点、涌水量等以及与地表水的关系,对岩层性质变化的影响,并进行水质分析等。

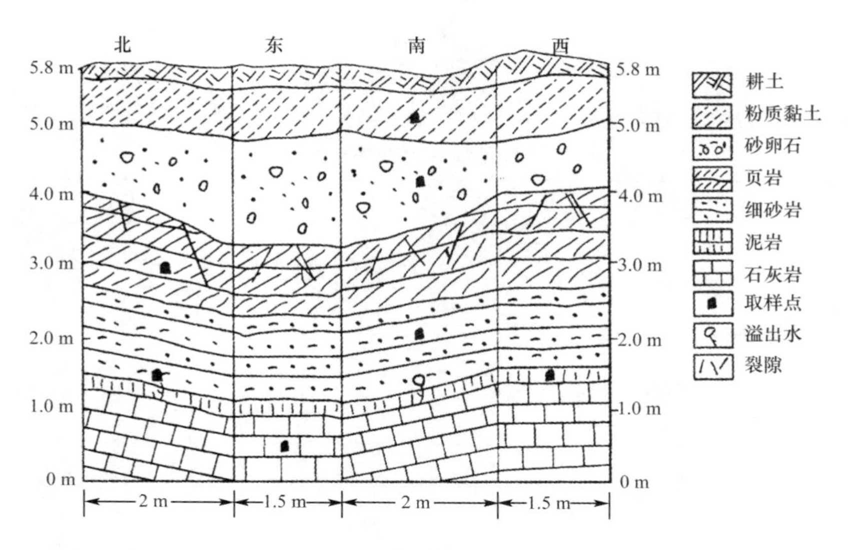

图 15-2　浅井四壁展开剖面图

(5)如果采取试样，必须记录取样编号、取样位置及高程、试样大小及岩土类型等。原位试验点的位置及试验方法。

15.2.2　钻孔勘探

钻孔勘探简称钻探，是通过钻机在地层中打孔，通过采取岩芯或观察孔壁来探明深部地层的工程地质资料的勘探方法。也可在孔中预定位置采取土样，用以测定土的物理力学性质，此外也可直接在钻孔内对地层进行原位测试。钻探是工程地质勘察中最常用的一类重要勘探手段，它可以获得深部地层的可靠地质资料，但钻探费用较高，一般是在挖探不能达到目的时采用。

钻孔的直径、深度和方向取决于钻孔的用途和钻探地点的地质条件。钻孔的直径一般为 75～150 mm，但在一些大型建筑物的工程地质钻探时，孔径往往大于 150 mm，有时可达 500 mm。钻孔的深度由数米至上百米。钻孔的方向一般为垂直向下，也有打成倾斜的钻孔，在地下工程中也有打成水平甚至垂直向上的钻孔。

钻孔的要素如图 15-3 所示。钻孔的上面口径较大，越往下越小，呈阶梯状。钻孔的上口称孔口，底部称孔底，四周侧部称孔壁。钻孔断面的直径称孔径，由大孔径改为小孔径称换径。从孔口到孔底的距离称为孔深。

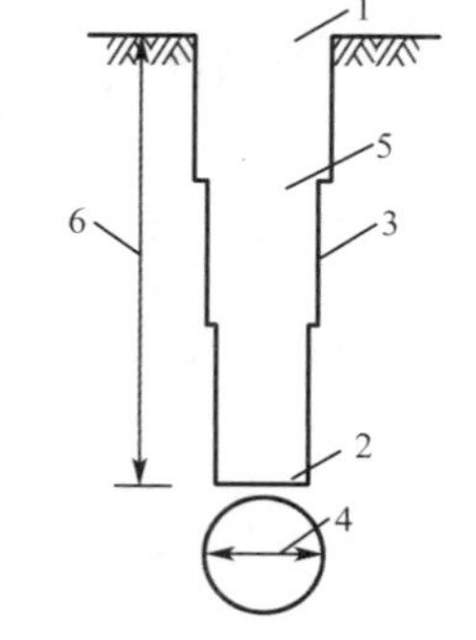

图 15-3　钻孔要素

1—孔口；2—孔底；3—孔壁；4—孔径；5—换径；6—孔深

1. 钻孔勘探过程及钻进方法

钻探过程主要包括三个基本程序，首先是借助冲击力、剪切力、研磨和压力来破碎岩土；其次是采取岩土，就是用冲洗液把孔底碎屑冲到孔外，或者用钻具将岩芯取出；第三是保全孔壁，不使其坍塌，保证钻探工作顺利进行，一般采用套管或泥浆护壁。

工程地质钻探，根据钻进时破碎岩土的方法可分为冲击钻、回转钻、冲击回转钻、振动钻等几种。

(1)冲击钻

利用钻具的重力和冲击力,使钻头冲击孔底以破碎岩石。该法能保持较大的钻孔口径,但难以取得完整的岩芯。

(2)回转钻

利用钻具回转,用钻头的切削刃或研磨材料削磨岩土,可分孔底全面钻进与孔底环状钻进(岩芯钻进)两种。工程地质勘探广泛采用岩芯钻进,该法能取得原状土样和较完整的岩芯。在土质地层中钻进时,有时为了有效、完整地揭露标准地层,还可以采用勺形钻头或提土钻钻头进行钻进。

(3)冲击回转钻

也称综合钻进。钻进过程是在冲击与回转综合作用下进行的,它综合了前两种钻进方法的优点,以达到提高钻进效率的目的。它是在钻进过程中,对钻头施加一定的动力,对岩土产生冲击作用,使岩石的破碎速度加快,破碎粒度比回转剪切粒度增大。同时由于冲击力的作用,硬质钻头刻入岩石的深度增加,在回转中将岩石剪切掉。这样就大大提高了钻进效率。适用于各种不同的地层,能采取岩芯,在工程地质勘探中应用也较广泛。

(4)振动钻

利用机械动力所产生的振动力,通过连接杆及钻具传到钻头周围的土层中,振动器高速振动,使土层的抗剪强度急剧降低,借振动器和钻具的重量,切削孔底土层,达到钻进的目的。它的钻进速度快,但主要适用于土层及粒径较小的碎石、卵石层。

上述各种钻进方法的适用范围列于表 15-2 中。

表 15-2　　钻进方法的适用范围

钻探方法		钻进地层					勘察要求	
		黏性土	粉土	砂土	碎石土	岩石	直观鉴别采取不扰动试样	直观鉴别采取扰动试样
回转	螺纹钻探	○	△	△	—	—	○	○
	无岩芯钻探	○	○	○	△	○	—	—
	岩芯钻探	○	○	○	△	○	○	○
冲击	冲击钻探	—	△	○	○	△	—	—
	锤击钻探	△	△	△	△	—	△	○
振动钻探		○	○	○	△	—	△	○

注:○代表适用;△代表部分适用;—代表不适用。

2. 钻孔勘探的成果

(1)通过钻探所采取的岩土标本、钻进速度及回水情况,可了解不同深度处岩石性质、地层分布、断层破碎带及风化破碎情况。

(2)可将在钻孔中采取的原状土样进行物理力学性质试验。

(3)可在钻孔中观察地下水的水位及其动态变化,还可以在钻孔中进行水文地质试验。

(4)可以在钻孔中进行孔壁摄影与钻孔录像,使勘探工作者能直接观察到地层的某些情况。还可以在钻孔中进行电测井等物理勘探工作。

(5)每个钻孔最后可得出一个钻孔柱状图(图 15-1),可反映出钻孔点各深度处的岩石性质、岩层界线、基岩面高程、地下水位等。如在一条勘探线上布置几个钻孔,然后将各钻孔柱状图的相同岩层、地层及构造线连接起来,即构成一个工程地质剖面图。

15.2.3 土试样的采取

工程地质钻探的主要任务之一是在岩土层中采取岩芯或原状土样。在采取试样过程中,应该保持试样的天然结构,如果试样的天然结构已受到破坏,则此试样已受到扰动,这种试样称为扰动样,在工程地质勘探中是不容许的。除非有明确说明另有所用,否则此扰动样作废。由于土工试验所得出的土性指标要保证可靠,因此工程地质勘探中所取的试样必须是保持天然结构的原状试样。原状试样有岩芯试样和土试样。岩芯试样由于其坚硬性,其天然结构难以破坏,而土试样则不同,它很容易被扰动。因此,采取原状土样是工程地质勘探中的一项重要技术。但在实际勘探工程中,要取得完全不扰动的原状试样是不可能的。造成土样扰动的原因主要有三个方面:一是由于钻进工艺、钻具选用、取土方法选择等不够合理;二是采样过程造成的土体中应力条件发生了变化,引起土样内质点的相对位置的位移和组织结构的变化;三是采取土样时,需用取土器采取,但不论采用何种取土器,它都有一定的厚度、长度和面积,当切入土层时会使土样产生一定的压缩变形,取土器壁越厚造成的扰动越大。在采样过程中,应力求使试样扰动量缩小。

按照取样方法和试验目的,对土样的扰动程度分成四个等级,各级别的名称及可进行的试验项目见表 15-3。

表 15-3　土试样质量等级划分

级别	扰动程度	试验内容
Ⅰ	不扰动	土类定名、含水量、密度、强度试验、固结试验
Ⅱ	轻微扰动	土类定名、含水量、密度
Ⅲ	显著扰动	土类定名、含水量
Ⅳ	完全扰动	土类定名

15.2.4 地球物理勘探

地球物理勘探简称物探,是根据各种岩石之间的密度、磁性、电性、弹性、放射性等物理性质的差异,选用不同的物理方法和物探仪器,测量工程区的地球物理场的变化,以了解其水文地质和工程地质条件的勘探和测试方法。物探是一种先进的勘探方法,它的优点是效率高,成本低,仪器和工具较轻便,能从较大范围勘察地质构造和测定地层各种物理参数等。合理有效地使用物探可以提高地质工作质量、加快勘探进度、节省勘探费用。因此,在勘探工作中应积极采用物探。

但是,物探是一种非直观的勘探方法,物探资料往往具有多解性,例如不同土、石可能具有某些相同的物理性质,或同一种土、石可能具有某些不同的物理性质,因此有时较难得出肯定的结论,必须使用钻探加以校核、验证,所以物探有其一定的适用条件。当与调查测绘、挖探、钻探密切配合时,对指导地质判断、合理布置钻孔、减少钻探工作量等方面都能达到良好的效果。恰当地运用多种物探方法,互相配合,进行综合物探,才能取得较好的效果。

物探宜运用于下列场合：作为钻探的先行手段，了解隐蔽的地质界线、界面或异常点；作为钻探的辅助手段，在钻孔之间增设物探点，为钻探成果的内插、外推提供依据；作为原位测试手段，测定岩土体的波速、动弹模量、特征周期、土对金属的腐蚀等参数。

物探按其所利用的土石物理性质的不同可分为电法勘探、地震勘探、声波探测、磁法勘探、触探与测井等。

1. 电法勘探

简称电探，是通过测定土、石导电性的差异，来判断地下地质情况的一种物探方法。在具备如下条件时，电法勘探能取得较好的效果：地层之间具有一定的导电差异，所测地层具有一定的长度、宽度和厚度，相对的埋藏深度不太大；地形比较平坦，游散电流与工业交流电等干扰因素不大。电探的种类很多，经常使用的有电阻率法、充电法、激发极化法和自然电场法等。

电探主要用于确定基岩深度，岩层分界线位置，地下水流向、流速及寻找滑坡的滑动面等。

2. 地震勘探

地震勘探是近代发展变化最快的物探方法之一。它是利用人工激发的地震波在弹性不同的地层内传播规律来勘探地下的地质情况。在地面某处激发的地震波向地下传播时，遇到弹性不同的地层分界面就会产生反射波或折射波返回地面，用专门的仪器记录这些波，分析所得记录的特点，如波的传播时间、振动形状等，通过专门的计算或仪器处理，能较准确地测定这些界面的深度和形态，判断地层的岩性。地震勘探适用于探测覆盖层厚度、岩层埋藏深度及厚度、断层破碎带位置及产状等，还可以根据弹性波传播速度推断岩石某些物理力学性质、裂隙和风化发育情况等。

3. 声波探测

利用声波段在岩体(岩石)中的传播特性及其变化规律，测试岩体(岩石)的物理力学性质。利用在应力作用下岩体(岩石)的发声特性还可对岩体进行稳定性监测。

15.3 工程地质原位测试

工程地质调查测绘与勘探工作只能解决土石的空间分布、发展历史、形成条件等问题，对土石的工程地质性质只能进行定性的评价。工程地质测试是在地质勘探的基础上，为了进一步了解所勘探岩土的物理、力学性质，获取其基本性能指标并对其定量评价而采取的勘察手段，是解决某些复杂的工程地质问题的主要途径。按照试验场地不同，测试可分为原位测试和室内土工试验。原位测试就是指在岩土体原生位置上，在保持岩土体原有结构、含水量及应力状态尽量不被扰动和破坏的条件下测定岩土各种物理力学性质指标；室内土工试验则是将从野外采取的试样尽量维持其天然状态下的性能送到实验室进行测试。

两种测试方法各有其优缺点，原位测试的主要优点是：可以测定难以采取原状土样土层的工程力学性质，并且所测定的土体体积较大，因而更具代表性；很多原位测试方法可连续进行，因而可以得到完整的地层剖面及物理力学指标。这里只介绍工程地质现场原位测试。

工程地质原位测试的主要方法有载荷试验、静力触探、动力触探、标准贯入试验、十字板剪切试验、旁压试验、现场剪切试验、波速试验等。

15.3.1 静力载荷试验

静力载荷试验包括平板载荷试验和螺旋板载荷试验。平板载荷试验(Plate Load Test, PLT)是通过在一定面积的承压板上,逐级向板下地基土施加荷载,以测求地基土强度与变形。该方法适用于地表和浅部各类地基土。螺旋板载荷试验(Screw-plate Load Test, SPLT)是通过向旋入地下预定深度的螺旋形承压板施加压力,同时测量承压板的相应沉降量,以求算地基土强度与变形指标,它适用于深层地基土或地下水位以下的地基土。

1.试验技术要点

(1)开挖试验面时应避免对岩土扰动。试坑宽度应不小于承压板宽度或直径的 3 倍。在地下水位以下进行试验时,应事先将水位降至试验标高以下,安装设备,待水位恢复后再加荷试验。

(2)试验时应采用圆形或方形刚性承压板,根据土体的软硬或岩体裂隙密度选用合适的尺寸,土的浅层平板载荷试验承压板面积不应小于 0.25 m^2,对软土或粒径较大的填土不应小于 0.5 m^2;土的深层平板载荷试验承压板面积不应小于 0.5 m^2;岩石平板载荷试验承压板面积不应小于 0.07 m^2。螺旋板板头面积可采用 200～500 cm^2,对硬土可采用更小面积的板头。

(3)为保持承压板和试验面的良好接触,在试验面上可铺设 1 cm 左右的砂垫层。

(4)加荷应分级进行,每级荷载增量为预计极限荷载的 1/8～1/10。

(5)每加一级荷载后,按时间间隔 10,10,10,15,15 min 测读沉降量,以后每隔 30 min 测读一次沉降量。当连续两个小时内每小时的沉降量小于 0.1 mm 时,则认为沉降已趋稳定,可加下一级荷载。

(6)试验尽可能加荷到破坏荷载,当出现下列情况之一时,即可终止加载。

①承压板周围的土体有明显侧向挤出或产生裂纹;

②在某一级荷载下,24 h 内沉降速率不能达到稳定标准;

③沉降量(s)急剧增大,荷载一沉降曲线(p-s 曲线)出现陡降段,或相对沉降量 $s/b \geq 0.06$ (b——承压板的宽度或直径)时。

(7)螺旋板载荷试验分为应力法和应变法。应力法使用油压千斤顶分级加荷,对每级荷载,均按上述第 5 条时间与稳定标准要求,记录载荷板沉降及确定稳定时间。每级荷载的大小对于砂土、中低压缩性的黏性土及粉土宜采用 50 kPa,对于高压缩性土宜采用 25 kPa。应变法同样采用油压千斤顶加荷,加荷速率取决于土层的压缩性。对于砂土、中低压缩性土层宜采用 1～2 mm/min,每下沉 1 mm 测读一次压力;对于高压缩性土,宜采用 0.25～0.5 mm/min,每下沉 0.25～0.5 mm 测读一次压力,直至土层破坏。

2.成果分析及应用

根据现场试验记录,绘制荷载—沉降曲线(p-s 曲线)及沉降—时间曲线(s-t)或沉降—时间半对数曲线(s-lgt 曲线)。

典型的 p-s 曲线分为三段,如图 15-4(a)所示,第Ⅰ阶段为直线变形阶段,土体以压缩变形为主,应力应变关系基本符合虎克定律;第Ⅱ阶段为局部剪切阶段,压缩变形所占分量逐渐减少,剪切变形所占分量逐渐增加;第Ⅲ阶段为破坏阶段,曲线陡降,土体发生整体破坏。这种类型称拐点型曲线。但在许多情况下,直线变形段不明显,称圆滑型曲线,如图 15-4(b)所示。

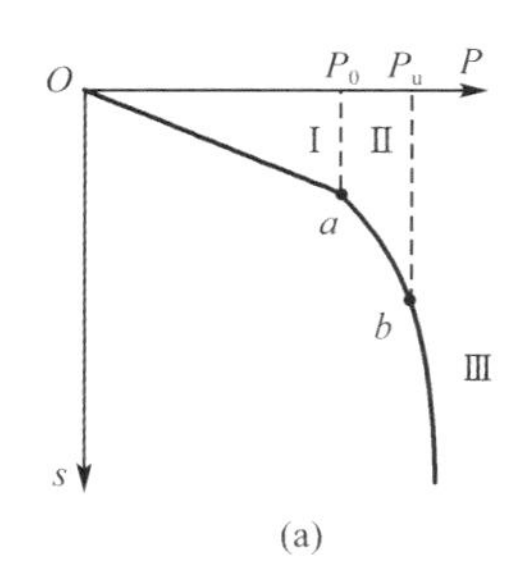

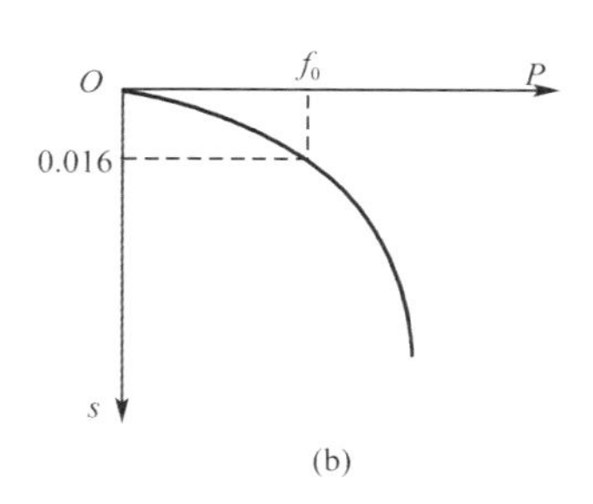

图 15-4　静力载荷试验 p-s 曲线

Ⅰ—压实阶段；Ⅱ—塑性变形阶段；Ⅲ—破坏阶段

(1)确定地基承载力

①p-s 曲线上有明确的比例界限时，取该比例界限 P_0，即图 15-4(a)中拐点 a 所对应的荷载值，作为地基承载力特征值；

②当极限荷载 P_u，即图 15-4(a)中拐点 b 所对应的荷载值能够确定，且该值小于对应的比例界限荷载 P_0 的 2 倍时，取极限荷载值的一半作为地基承载力特征值；

③不能按上述两种方法确定时，可根据相对沉降量，即沉降量和承压板宽度或直径之比(s/b)来确定地基承载力。若承压板面积为 0.25～0.50 m^2，可取 $s/b=0.01\sim0.015$ 所对应的荷载值作为地基承载力特征值，但其值不应大于最大加载量的一半。

(2)确定地基土的变形模量

土的变形模量应根据 p-s 曲线的直线段，可按均值各向同性半无限弹性介质的弹性理论计算。

浅层平板载荷试验的变形模量 E_0(MPa)，可按下式计算：

$$E_0=I_0(1-\mu^2)\frac{pd}{s}$$

深层平板载荷试验和螺旋板载荷试验的变形模量 E_0(MPa)，可按下式计算：

$$E_0=\omega\frac{pd}{s}$$

式中　d——承压板的边长或直径(m)；

μ——地基土的泊松比(碎石土取 0.27，砂土取 0.30，粉土取 0.35，粉质黏土取 0.38，黏土取 0.42)；

I_0——刚性承压板的形状系数(圆形承压板取 0.785，方形承压板取 0.886)；

p——$p\sim s$ 曲线线性段的压力；

s——与 p 对应的沉降(mm)；

ω——与试验深度和土类有关的系数，可查相关表格。

(3)估算地基土基床反力系数

根据载荷试验的 p-s 曲线可按下式确定载荷试验的基床反力系数

$$k_v=\frac{p}{s}$$

式中　k_v——p/s-$p\sim s$ 曲线直线的斜率，如 $p\sim s$ 曲线无初始直线段；

p——可取临塑荷载 p_0 的一半；

s——相应于该 p 的沉降量。

15.3.2 静力触探试验

静力触探试验(Cone Penetration Test, CPT)是将一定规格的圆锥形金属探头,使用静力按一定的速率压入土中,通过测量土体对探头的阻力,来判断、分析地基土的工程性质。目前常用的探头有:测试比贯入阻力 p_s 的单桥探头,测试锥尖阻力 q_c 及侧壁摩阻力 f_s 的双桥探头,以及能同时测量孔隙水压力的两用(p_s-u)或三用(q_c-u-f_s)探头。

静力触探具有测试结果质量好、效率高、成本低等显著优点,适用于黏性土、粉土、砂土及含少量碎石的土层,但不适用于大块碎石类土层和基岩。

1. 试验技术要点

(1)圆锥探头底面积宜采用 10 cm^2 或 15 cm^2;单桥探头侧壁高度相应采用 57 mm 或 70 mm,双桥探头侧壁面积宜为 150~300 cm^2,锥尖锥角宜为 60°;

(2)探头应匀速垂直压入土中,贯入速率为 1.2 m/min;

(3)探头传感器应经率定,室内率定重复性误差、线性误差、温度漂移、归零误差范围应为±0.5%~1.0%,现场归零误差不应超过 3%;

(4)深度记录误差不应大于触探深度的±1%;

(5)当贯入深度超过 50 m 时,应两侧触探孔的偏斜度,校正土的分层界线。

2. 成果分析及应用

(1)绘制各种贯入曲线:比贯入阻力-深度(p_s~h)关系曲线(图 15-5),锥尖阻力-深度(q_c~h)关系曲线(图 15-6),侧壁摩阻力-深度(f_s~h)关系曲线(图 15-6),摩阻比-深度(R_f~h)关系曲线(图 15-7),摩阻比 R_f 的定义为

$$R_f=\frac{f_s}{q_c}\times 100\%$$

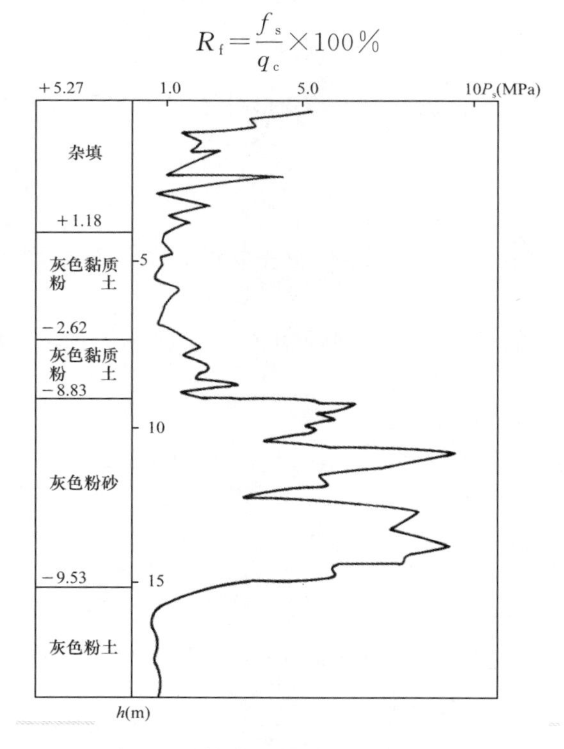

图 15-5 单桥静力触探 p_s~h 关系曲线

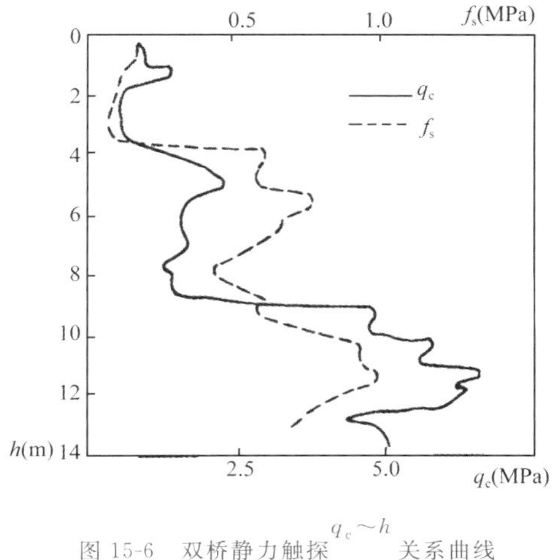

图 15-6 双桥静力触探 $q_c \sim h$ $f_s \sim h$ 关系曲线

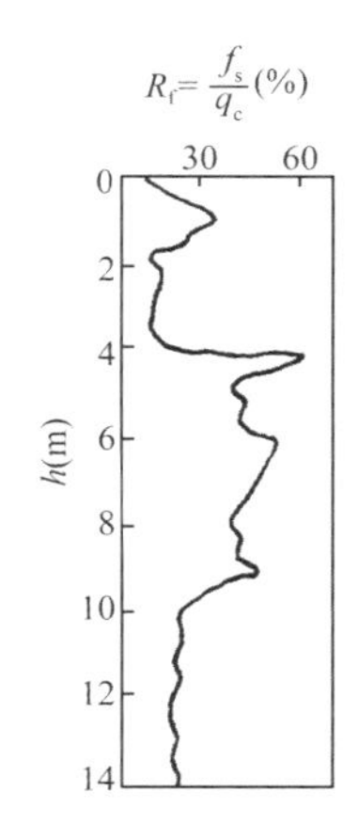

图 15-7 双桥静力触探 $R_f \sim h$ 关系曲线

(2)根据贯入曲线的线性特征，划分土层和判定土类。

(3)结合地区经验估算地基土的强度、压缩性、承载力、单桩承载力、沉桩可能性；评价饱和砂土和粉土的液化趋势。

15.3.3 圆锥动力触探试验

圆锥动力触探试验(Dynamic Penetration Test, DPT)是将一定质量的穿心锤，以一定的高度(落距)自由下落，将圆锥探头贯入土中，然后记录贯入土层一定深度所需的锤击数，并以此判断土的工程性质的现场试验。动力触探试验的优点是设备简单、操作方便、功效较高、适应性广，并具有连续贯入的特点，对难以取样的砂土、粉土、碎石类土等，以及静力触探难以贯入的土层，动力触探是十分有效的勘探测试手段。圆锥动力触探的缺点是不能采样对土进行直接鉴别、描述，试验误差较大，再现性差。

根据锤击能量动力触探又可分为轻型、重型和超重型三种，见表 15-4。

表 15-4 国内常用的动力触探类型

触探类型	落锤质量/kg	落锤距离/cm	探头规格	触探指标	触探杆外径/mm
轻型	10±0.2	50±2	圆锥头锥角 60°，锥底直径 4.0 cm，锥底面积 12.6 cm^2	贯入 30 cm 锤击数 N_{10}	25
重型	63.5±0.5	76±2	圆锥头锥角 60°，锥底直径 7.4 cm，锥底面积 43 cm^2	贯入 10 cm 锤击数 $N_{63.5}$	42
超重型	120±1.0	100±2	圆锥头锥角 60°，锥底直径 7.4 cm，锥底面积 43 cm^2	贯入 10 cm 锤击数 N_{120}	50～60

1. 试验技术要点

(1)应采用全自动落锤装置，锤的脱落方式有碰撞式和缩径式。前者动作可靠，但操作不当易反向撞出，影响试验成果；后者导向杆宜被磨损而发生事故。

(2)触探杆连接后的最初 5 m 的最大偏斜度不应超过 1%，大于 5 m 后的最大偏斜度不应超过 2%。试验开始时，应保持探头与探杆有很好的垂直导向。锤击贯入应连续进行，不能间断，锤击速率一般为每分钟 15～30 击。在砂土和碎石类土中，锤击速率对试验结果影响不大，锤击速率可增加到每分钟 60 击。锤击过程应防止锤击偏心、探杆歪斜和探杆侧向晃动。每贯入 1 m，应将探杆旋转一周半，使探杆能保持垂直贯入，并减少探杆的侧向阻力。当贯入深度超过 10 m，每贯入 0.2 m，即应旋转探杆。

(3)当贯入 15 cm，且 $N_{10}>50$ 击时即可停止试验；当 $N_{63.5}>50$ 击时，即可停止试验，考虑改用超重型动力触探。

(4)N_{10} 和 $N_{63.5}$ 的正常范围为 3～50 击；N_{120} 的正常范围为 3～40 击。当锤击数超过正常范围，如遇软黏土，可记录每击的贯入度；如遇硬土层，可记录一定锤击数下的贯入度。

2. 试验成果分析及应用

动力触探试验的成果主要是锤击数(N_{10}、$N_{63.5}$ 和 N_{120})和锤击数随深度变化的曲线关系，根据试验结果。

定性评价：土层的均匀性；查明土洞、滑动面、软硬土层界面；确定确定软弱土层或坚硬土层的分布；检验评估地基土加固与改良的效果。

定量评价：确定砂土的孔隙比、相对密实度、粉土和黏性土的状态、土的强度和变形参数，评价天然地基土承载力或单桩承载力。

15.3.4 标准贯入试验

标准贯入试验(Standard Penetration Test，SPT)实质上仍属于重型动力触探类型之一，所不同的是，触探探头是标准规格的圆筒形探头，称为贯入器。因此，标准贯入试验就是用质量为 63.5 kg 的穿心锤，以 76 cm 的落距自由下落，将标准贯入器打入土中，根据贯入器贯入土层中 30 cm 的锤击数 N，评价土层的工程性质。

1. 试验技术要点

(1)先用钻具回转钻至试验标高以上 15 cm 处，清除残土并注意避免塌孔和对孔底土的扰动，并始终保持孔内的水头高于孔四周土中的水头。

(2)将贯入器和探杆拧紧后放入孔内，注意避免冲击孔底和保持探杆垂直，孔口要有导向器。

(3)将贯入器打入土中，贯入速率应小于 30 击/min，贯入土中 15 cm 后，开始记录 10 cm 击数以及 30 cm 累计击数 N。如 30 cm 内击数超过 50，可记录 50 击的实际贯入深度，终止该点试验。

(4)标准贯入试验可在钻孔全深度范围内等距进行，间距为 1.0 m 或 2.0 m，也可仅在砂土、粉土等欲试验的土层范围内等距进行。

2. 成果分析与应用

标准贯入试验的主要成果有标贯击数 N，标贯击数 N 与深度的关系曲线，标贯孔工程地质柱状剖面图等。

锤击数 N，可估算黏性土的变形指标与软硬状态，砂土的内摩擦角与密实程度，划分岩石风化类型，估算地震时砂土、粉土液化的可能性和地基承载力等。

15.3.5 十字板剪切试验

十字板剪切试验(Vane Shear Test，VST)是快速测定饱和软黏土层快剪强度的一种简易而可靠的原位测试方法，在沿海软体地区广泛应用。这种方法测得的抗剪强度值，相当于试验深度处天然土层的不排水抗剪强度，在理论上它相当于三轴不排水剪的总强度，或无侧限抗压强度的一半($\varphi=0$)。由于十字板剪切试验不需采取土样，它可以在现场基本保持天然应力状态下进行扭剪。一直以来十字板剪切试验被认为是一种较为有效、可靠的现场测试方法，与钻探取样室内试验相比，土体的扰动较小，而且试验简便。十字板剪切试验适用于灵敏度 $S_t \leqslant 10$，固结系数 $C_v \leqslant 100\ m^2/s$ 的均值饱和黏性土。

需要注意的是，某些情况下，十字板剪切试验所测得的抗剪强度在地基不排水稳定分析中偏于不安全，对于不均匀土层，特别是夹有薄层粉细砂或粉土的软黏土层，十字板剪切试验会有较大的误差。因此将十字板抗剪强度直接用于工程实践时，要考虑到这些因素的影响。

1. 试验基本原理

十字板剪切试验、钻孔十字板剪切试验和贯入电测十字板剪切试验，其基本原理都是将一定规格的十字板头插入土层中，通过钻杆对十字板头施加扭矩，将土体剪坏，根据土体产生的最大抵抗扭力矩，以求算土体的抗剪强度值。假设土体是各向同性的，十字板头的直径为 D(m)，高度为 H(m)，则旋转十字板头时，土体产生的最大扭矩 M(kN・m)由圆柱侧面的抵抗扭矩和圆柱顶底面的抵抗扭矩组成。

$$M=\frac{1}{2}\pi D^2 C_u+\frac{1}{6}\pi D^3 C_u$$

则

$$C_{fu}=\frac{2M}{\pi D^2\left(H+\frac{D}{3}\right)}$$

式中　M——剪切破坏时施加的扭力矩，kN・m；

C_u——剪切破坏时破例面上的抗剪强度，kPa。

2. 试验技术要点

(1)十字板的尺寸：目前国际上通用的十字板为矩形，板的高径比(H/D)为 2，板厚 2～3 mm。国内常见的十字板头规格见表 15-5。

表 15-5　　国内常见的十字板头规格

板宽/mm	板高/mm	板厚/mm	刃角/°	轴杆尺寸	
				直径/mm	长度/mm
50	100	2	60	13	50
75	150	3	60	16	50

(2)现场十字板剪切试验时，十字板头插入孔底土层的深度不应小于钻孔或套管直径的 3～5 倍，板头插入土层后，至少应静止 2～3 min 再进行剪切试验。

(3)剪切试验时，扭转剪切速率宜采用 1°～2°/10s，当扭矩出现峰值或稳定值后，继续测度 1 min，以便确定或稳定扭矩。

(4)重塑土的不排水抗剪强度，应在峰值或稳定值测度完后，顺剪切扭转方向继续转动 6 圈后测定。

(5)十字板剪切试验抗剪强度的测度精度应达到 1～2 kPa。

(6)为测度软黏土不排水抗剪强度随深度的变化，试验点竖向间距应取 1 m，或根据静力触探等资料布置试验点。

(7)对开口钢环十字板剪切仪，应修正轴杆与土间的摩阻力的影响。

3. 成果分析与应用

根据试验结果可绘制十字板不排水抗剪强度 C_u 随深度 h 的变化曲线，必要时还可绘制试验点的抗剪强度与扭转角的关系曲线，如图 15-8 所示。

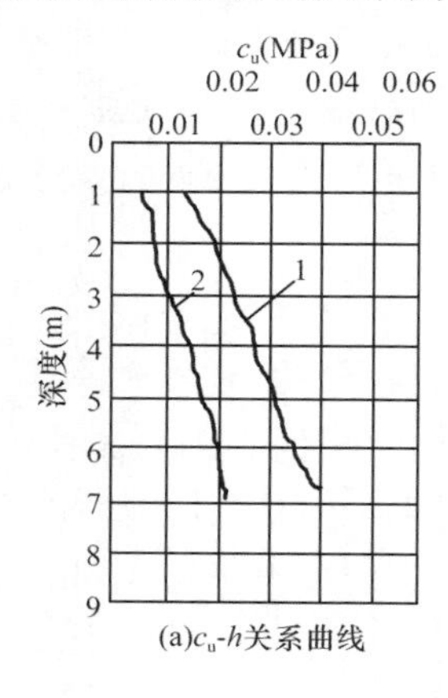

(a)c_u-h关系曲线

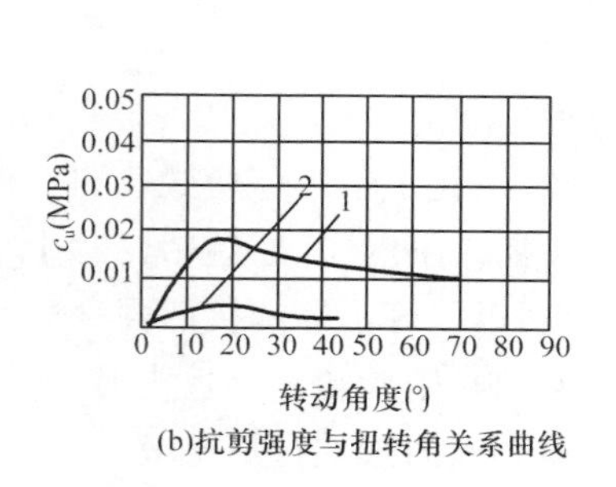

(b)抗剪强度与扭转角关系曲线

图 15-8 十字板剪切试验关系曲线

1—未扰动土；2—扰动土

根据十字板剪切试验可以解决以下问题：计算被测场地的地基承载力，估算单桩极限承载力，确定软土路基、堤坝、码头的临界高度，分析地基稳定性，以及判定软土的固结历史等。

(1)确定软土地基承载力标准值 f_k

根据中国建筑科学研究院、华东电力设计院经验

$$f_k = 2C_u + \gamma D$$

式中 C_u——十字板抗剪强度(kPa)；

γ——土的重度(kN/m^3)；

D——基础埋置深度(m)。

需要说明的是，十字板不排水抗剪强度一般偏高，上式中的 C_u 值应是按一定经验修正后的值。

(2)估算单桩极限承载力 N_j

$$N_j = N_c C_u A + U \sum_{i=1}^{n} C_{ui} L$$

式中 N_c——承载力系数，均质土取 9；

C_u——桩端土的不排水抗剪强度(kPa)；

C_{ui}——桩周土的不排水抗剪强度(kPa)；

A——桩身截面积(m^2)。

(3)判定软土的固结历史

十字板剪切试验得到的抗剪强度与深度的关系曲线发现，实测的抗剪强度与深度的关系曲线近似一条直线。正常固结土直线通过原点；超固结土直线不通过原点(图 15-9)。

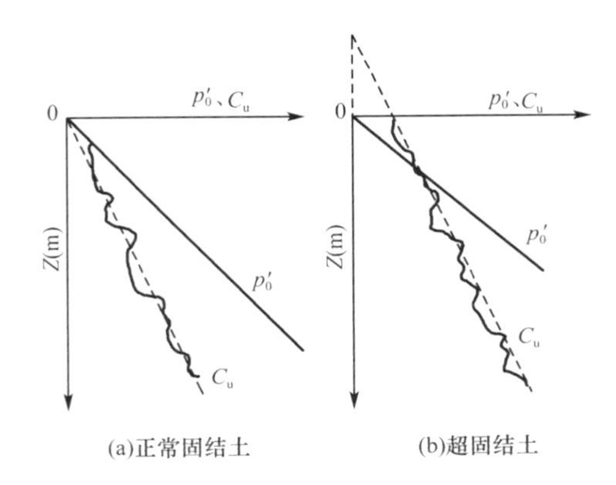

图 15-9　十字板强度 C_u 与深度 Z 关系曲线

P'_0—土体自重应力；C_u—十字板剪切强度

(4)确定土的灵敏度

土的灵敏度 S_t 即 C_u/C'_u，是指土体受结构扰动的影响而改变的特性。十字板剪切试验可以通过现场测得的未扰动抗剪强度 C_u 与重塑土的抗剪强度 C'_u，求出土的灵敏度 S_t。

15.3.6　旁压试验

旁压试验(PMT)是在钻孔内放置一个可扩张的圆柱形旁压器，通过向旁压器施压，使旁压器膨胀将压力传给周围土体，使土体产生变形，由此测得土体的应力应变关系，即旁压曲线。其实质是在钻孔中进行横向的载荷试验。

1. 试验技术要点

(1)成孔要求。旁压试验的可靠性，关键在于成孔质量的好坏。钻孔直径应与旁压器的直径相适应。孔径太小，将使放入旁压器困难，且容易扰动孔壁土体；孔径太大，会因旁压器体积容量的限制而过早地结束试验。

(2)旁压试验应在有代表性的位置和深度进行，旁压器的测量腔应在同一土层内，试验点的垂直间距不应小于 1 m。

(3)加荷等级可采用预期临塑压力的 1/5～1/7，初始阶段加荷等级可取小值，必要时可做卸荷再加荷试验，测定再加荷旁压模量。

(4)每级压力应维持 1 min 或 2 min 后再施加下一级压力，维持 1 min 时，加荷后 15 s、30 s、60 s 测读变形量；维持 2 min 时，加荷后 15 s、30 s、60 s、120 s 测读变形量。

(5)当量测腔的扩张体积相当于量测腔的固有体积时，或压力达到仪器的容许最大压力时，应终止试验。

2. 成果分析与应用

绘制旁压曲线，如图 15-10 所示，典型的旁压曲线可分为三个阶段：Ⅰ段为初始阶段，Ⅱ段为似弹性阶段，Ⅲ段为塑性阶段。似弹性阶段内，压力与体积变化大致成直线关系；而塑性阶段内随着压力的增大，体积变化量迅速增大。三阶段之间界限压力分别为地基中的初始水平压力 p_0、临塑压力 p_f 和极限压力 p_u。

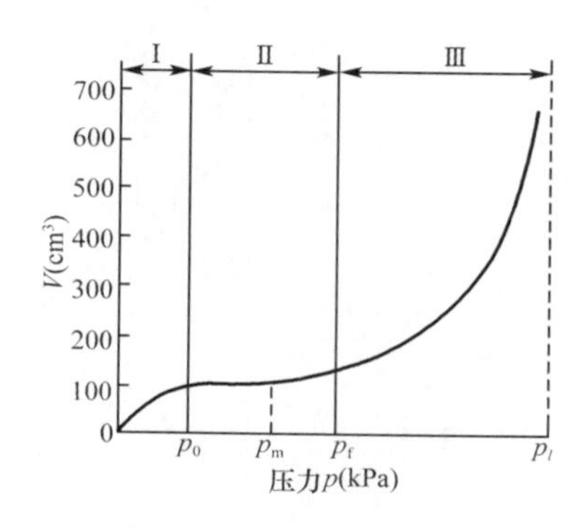

图 15-10　旁压试验 $p-V$ 曲线

(1)评定地基承载力

利用旁压曲线的特征值可以评定地基承载力。评定方法包括：

临塑压力法：地基承载力标准值 f_k 为

$$f_k = p_f - p_0$$

极限压力法：地基承载力标准值 f_k 为

$$f_k = \frac{1}{K}(p_u - p_0)$$

式中　K——安全系数。

(2)旁压模量

根据弹性理论，旁压模量 E_m 为

$$E_m = 2(1+\mu)(V_c + V_m)\frac{\Delta p}{\Delta V}$$

式中　μ——泊松比；

V_m——旁压曲线直线段头尾中间的平均扩张体积(cm^3)；

$\Delta p/\Delta V$——旁压曲线直线段斜率(kPa/cm^3)。

15.3.7　现场剪切试验

现场剪切试验是在现场对岩土样施加一定的法向应力和剪切力，使其在剪切面上破坏，从而求得岩土体在各种剪切面特别是岩土体软弱结构面上抗剪强度的一种原位测试方法。根据试验对象的不同，现场剪切试验可分为土体现场剪切试验和岩土现场剪切试验两种。现场剪切试验的目的就是测定岩土体特定剪切面上的抗剪强度指标。

现场剪切试验适用于岩土体本身、岩土体软弱结构面和岩土体与其他材料接触面的剪切试验，可分为岩土体试样在法向应力作用下沿剪切面剪切破坏的抗剪断试验、岩土体剪断后沿剪切面继续剪切的抗剪试验(摩擦试验)、法向应力为零时岩体剪切的抗剪试验。

现场剪切试验可在试洞、试坑、探槽或大口径钻孔内进行。当剪切面水平或近于水平时，可采用平推法或斜推法(图 15-11)，当剪切面较陡时，可采用楔形体法。

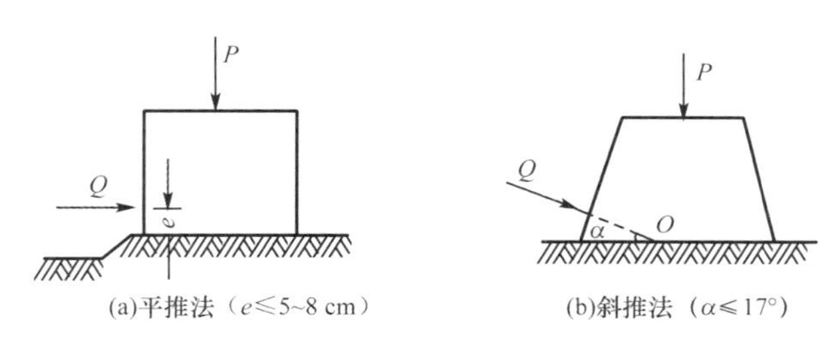

图 15-11 现场抗剪强度试验布置图

1. 试验技术要点

(1)开挖试坑时，应避免对岩土试验体的扰动和含水量的显著变化。在地下水位以下试验时，应避免水压力及渗流对试验的影响。

(2)每组岩体试验不应少于 5 处。剪切面积不应小于 0.25 cm^2。试验体最小边长不宜小于 50 cm，高度不宜小于边长的 0.5 倍。试体之间的距离应大于最小边长的 1.5 倍。每组土体试验不宜小于 3 处。剪切面不宜小于 0.3 cm^2，高度不宜小于 20 cm 或为最大粒径的 4～8 倍，剪切面的开缝应为最小粒径的 1/4～1/3。

(3)施加的法向荷载应、剪切荷载应位于剪切面、剪切缝的中心，或使法向荷载与剪切荷载的合力通过剪切面的中心，并保持法向荷载不变。

(4)最大法向荷载应大于设计荷载，并按等量分级；施加荷载的精度范围应为试验最大荷载的±2%。

(5)每一试体的法向荷载可分为 4～5 级施加。当法向变形达到相对稳定时，即可施加剪切荷载。

(6)每级剪切荷载按预估最大荷载的 8%～10%分级等量施加，或按法向荷载的 5%～10%分级等量施加。岩体按每 30 s 施加一级剪切荷载。当剪切变形急剧增长或剪切变形达到试体尺寸的 1/10 时，可终止试验。

(7)根据剪切位移大于 10 mm 时的试验成果确定残余抗剪强度，当需要时可沿剪切面继续进行摩擦试验。

2. 成果分析与应用

现场剪切试验的主要成果有：剪切应力与剪切位移关系曲线；抗剪强度与法向应力关系曲线。利用剪切应力与剪切位移关系曲线，可以确定一定法向应力条件下，剪切破坏面上的峰值抗剪强度和残余强度。

利用抗剪强度与法向应力关系曲线可以确定剪切面上土体的内摩擦角和黏聚力。

除此之外，还可以通过绘制剪应力与垂直位移关系曲线，求得土体的剪胀强度。

本章小结

本章介绍了工程地质测绘的内容、范围、比例尺、精度要求和测绘方法，工程地质勘探方法(开挖、钻探和物探)，工程地质原位测试方法(静力载荷试验、动力触探试验、圆锥动力触探试验、标准贯入试验、十字板剪切试验、旁压试验和现场剪切试验)。

思考题

1. 工程地质勘察的主要任务是什么？工程地质勘察对工程建设有何重要性？
2. 工程地质勘察的方法有几类？各自特点和适用条件是什么？
3. 什么是现场原位测试？原位测试和室内试验相比，有哪些优缺点？
4. 工程地质勘察报告中应包括哪些主要内容？
5. 利用静力载荷试验确定地基承载力的方法有几种？

第16章 各类工程地质勘察

学习目标

1. 明确工程地质勘察的内容与任务；
2. 掌握各类建筑工程勘察阶段的划分及其勘察阶段的主要内容；
3. 能根据现场地质条件选择正确的勘察方法和勘察手段；
4. 能对工程场地的地质条件和稳定性做出正确的评价。

16.1 工程地质勘察任务和勘察等级划分

工程地质勘察是为查明影响工程建筑物的地质因素而开展的地质调查研究工作。实践中通常需要勘察的地质因素主要包括地质结构或地质构造，即地形地貌、水文地质条件、土和岩石的物理力学性质、自然（物理）地质现象和天然建筑材料等，这些通常称为工程地质条件。查明工程地质条件后，需根据设计建筑物的结构和运行特点，预测工程建筑物与地质环境相互作用的方式、特点和规模，并做出正确的评价，为确定保证建筑物稳定与正常使用的防护措施提供依据。

16.1.1 工程地质勘察的基本任务

工程地质勘察的任务是按照建筑物或构筑物不同勘察阶段的要求，为工程的设计、施工以及岩土体治理加固、开挖支护和工程降水等提供全面详细的地质资料和必要的技术参数，对有关的岩土工程问题做出论证和评价，并针对岩土工程问题提出合理的处理措施。工程地质勘察的具体任务为：

（1）查明建筑场地的工程地质条件，并指出建筑场地内不良地质现象的发育情况及其对工程建设有利和不利的工程地质条件，对场地稳定性做出评价。

（2）查明工程范围内岩土体的分布、性状和地下水活动条件，分析研究与建筑物有关的岩土工程问题，做出定性和定量的分析评价，为建筑的规划、设计、施工和综合治理等提供所需的地质资料和岩土技术参数。

（3）选择工程地质条件优越的建筑场地，即选择岩土工程条件优良且岩土工程问题较少的建筑场地。在选址或选线工作中要考虑许多方面的因素，充分利用自然地质环境，在综合考虑场地工程地质条件的基础上，选择有利的工程地质条件，避开不利条件，可以降低工程造价，在确保工程安全的同时，获取最大的经济、社会和环境效益。

（4）配合工程建筑的设计和施工单位提出建筑物的类型、结构、规模和施工方法。提出与场地工程地质条件相应的建筑物总体布置方案，以及施工方法、具体方案和施工注意事项等。例如，对于抗震烈度大于6度的场地，应提出进行场地与地基的效应评价。

(5)针对对建筑物有影响的不良地质条件，提出改善和防治不良地质条件的措施和建议。任何建筑场地或工程线路，从地质条件方面来衡量时都不会是完美的，但从工程措施角度来看几乎任何不良地质条件都是能克服的。一旦场地选定后，必然要制定改善和防治不良地质条件的措施。只有在充分了解不良地质条件的性质、范围和严重程度后才能拟定出合适的措施方案。

(6)预测工程施工和运行中对地质环境和周围建筑物的影响，制定保护地质环境的措施。尤其是大型工程的兴建通常会改变或形成新的地质营力，如长江三峡大坝的修建容易诱发山体滑坡和地震等，所以保护地质环境也是工程地质勘察的一项重要任务。

16.1.2 工程地质勘察等级划分

工程地质勘察等级划分旨在为突出重点、区别对待、以利管理和勘察工作量的布置。显然，工程规模较大或较重要、场地地质条件以及岩土体分布和性状较复杂者，所投入的勘察工作量就较大，反之则较小。

当前，我国岩土工程勘察等级分级标准采用“三级划分、综合评定”的方法，根据《岩土工程勘察规范》[GB 50021－2001(2009版)]规定，三级即工程重要性等级、场地的复杂程度等级和地基的复杂程度等级。通过分别对三项因素进行分级，在此基础上进行综合分析，以确定岩土工程勘察等级划分。

1. 工程重要性等级

工程重要性等级，是根据工程的规模和特征，以及由于岩土工程问题造成工程破坏或影响正常使用的后果，可分为三个工程重要性等级，见表16-1。

表16-1 工程安全等级

工程重要性等级	工程的规模和特征	破坏后果
一级	重要工程	很严重
二级	一般工程	严重
三级	次要工程	不严重

当前，对于地下洞室、深基坑开挖、大面积岩土处理等尚无工程安全等级的具体规定，可根据实际情况划分。大型沉井和沉箱、超长桩基和墩基、有特殊要求的精密设备和超高压设备、有特殊要求的深基坑开挖和支护工程、大型竖井和平洞、大型基础托换和补强工程，以及其他难度大、破坏后果严重的工程，以列为一级安全等级为宜。

2. 场地复杂程度等级

场地复杂程度等级是由建筑抗震稳定性、不良地质现象发育情况、地质环境破坏程度、地形地貌条件和地下水等五个条件衡量的。根据场地的复杂程度，可按下列规定分为三个场地等级：

(1)符合下列条件之一者为一级场地(复杂场地)

①对建筑抗震危险的地段；②不良地质作用强烈发育；③地质环境已经或可能受到强烈破坏；④地形地貌复杂；⑤有影响工程的多层地下水、岩溶裂隙水或其他复杂水文地质条件，需专门研究的场地。

(2)符合下列条件之一者为二级场地(中等复杂场地)

①对建筑抗震不利的地段;②不良地质作用一般发育;③地质环境已经或可能受到一般破坏;④地形地貌较复杂;⑤基础位于地下水位以下的场地。

(3)符合下列条件者为三级场地(简单场地)

①抗震设防烈度等于或小于 6 度,或对建筑抗震有利的地段;②不良地质作用不发育;③地质环境基本未受破坏;④地形地貌简单;⑤地下水对工程无影响。

以上划分从一级开始,向二级、三级推定,以最先满足的为准。详见表 16-2。

表 16-2　场地复杂程度等级

等级	一级	二级	三级
建筑抗震稳定性	危险	不利	有利(或地震设防烈度≤6 度)
不良地质现象发育情况	强烈发育	一般发育	不发育
地质环境破坏程度	已经或可能强烈破坏	已经或可能受到一般破坏	基本未受破坏
地形地貌条件	复杂	较复杂	简单
地下水条件	多层水、水文地质条件复杂	基础位于地下水位以下	无影响

注:一级、二级场地各条件中只要符合其中任一条件者即可。

建筑抗震稳定性:按国家标准《建筑抗震设计规范》(GB 50011—2010)规定,选择建筑场地时,对建筑抗震稳定性地段的划分规定为:危险地段:地震时可能发生滑坡、崩塌、地陷、地裂、泥石流及地震断裂带上可能发生地表错位的部位;不利地段:软弱土和液化土,条状突出的山嘴,高耸孤立的山丘,非岩质的陡坡、河岸和斜坡边缘,平面分布上成因、岩性和性状明显不均匀的土层(如古河道、断层破碎带、暗埋的塘浜沟谷及半填半挖地基)等;有利地段:稳定基岩、坚硬土,开阔、平坦和密实均匀的中硬土等。

不良地质现象发育情况:不良地质作用强烈发育是指泥石流沟谷、崩塌、土洞、塌陷、岸边冲刷、地下水强烈潜蚀等极不稳定的场地,这些不良地质作用直接威胁着工程的安全;不良地质作用一般发育是指虽有上述不良地质作用,但并不十分强烈,对工程设施安全的影响不严重,或者说对工程安全可能有潜在的威胁。

地质环境破坏程度:"地质环境"是指人为因素和自然因素引起的地下采空、地面沉降、化学污染和水位上升等现象。地质环境"受到强烈破坏"是指因地质环境的破坏,已对工程安全构成直接威胁,如矿山浅层采空导致显著的地面变形和地裂缝等。"受到一般破坏"是指已有或将有地质环境的干扰破坏,但并不强烈,对工程安全的影响不严重。

地形地貌条件:主要指的是地形起伏和地貌单元(尤其是微地貌单元)的变化情况。一般地说,山区和丘陵区场地地形起伏大,工程布局较困难,挖填土石方量较大,土层分布较薄且下伏基岩面高低不平。地貌单元分布较复杂,一个建筑场地可能跨越多个地貌单元,因此地形地貌条件复杂或较复杂。平原场地地形平坦,地貌单元均一,土层厚度大且结构简单,因此地形地貌条件简单。

地下水条件:地下水是影响场地稳定性的重要因素。地下水的埋藏条件、类型和地下水位等直接影响工程及其建设。

3. 地基复杂程度等级

地基复杂程度依据岩土种类、地下水和特殊土的影响也划分为三级:

(1)一级地基(符合下列条件之一者即一级地基)

①岩土种类多,性质变化大,地下水对工程影响大,且需特殊处理;

②多年冻土及湿陷、膨胀、盐渍、污染严重的特殊性岩土,对工程影响大,需做专门处理的;变化复杂,同一场地上存在多种的或强烈程度不同的特殊性岩土也属之。

(2)二级地基(符合下列条件之一者即二级地基)

①岩土种类较多,性质变化较大,地下水对工程有不利影响;

②除上述规定之外的特殊性岩土。

(3)三级地基

①岩土种类单一,性质变化不大,地下水对工程无影响;

②无特殊性岩土。

4. 岩土工程勘察等级

根据工程重要性等级、场地复杂程度等级和地基复杂程度等级,可按下列条件划分岩土工程勘察等级。

甲级:在工程重要性、场地复杂程度和地基复杂程度等级中,有一项或多项为一级;

乙级:除勘察等级为甲级和丙级以外的勘察项目;

丙级:工程重要性、场地复杂程度和地基复杂程度等级均为三级。

注:建筑在岩质地基上的一级工程,当场地复杂程度等级和地基复杂程度等级均为三级时,岩土工程勘察等级可定为乙级。

16.2 建筑工程地质勘察

建筑物的岩土工程勘察应在搜集建筑物上部荷载、功能特点、结构类型、基础形式、埋置深度和变形限制等方面资料的基础上进行。其主要工作内容应符合下列规定:查明场地和地基的稳定性、地层结构、持力层和下卧层的工程特性、土的应力历史和地下水条件以及不良地质作用等;提供满足设计施工所需的岩土参数,确定地基承载力,预测地基变形性状;提出地基基础、基坑支护、工程降水和地基处理设计与施工方案的建议;提出对建筑物有影响的不良地质作用的防治方案建议;对于抗震设防烈度等于或大于 6 度的场地,进行场地与地基的地震效应评价。

保证工程建筑物自规划设计到施工和使用全过程达到安全、经济和合理的标准,使建筑物场地、结构、规模、类型与地质环境、场地工程地质条件相互适应。建筑物的岩土工程勘察宜分阶段进行,可行性研究勘察应符合选择场址方案的要求;初步勘察应符合初步设计的要求;详细勘察应符合施工图设计的要求;场地条件复杂或有特殊要求的工程,宜进行施工勘察。

场地较小且无特殊要求的工程可合并勘察阶段。当建筑物平面布置已经确定,且场地或其附近已有岩土工程资料时,可根据实际情况直接进行详细勘察。

16.2.1 可行性研究勘察阶段

可行性研究勘察(简称选址勘察)旨在根据建设条件进行经济技术论证,提出设计比较方案。该阶段主要任务是对拟选场址的稳定性和适宜性做出岩土工程评价，进行技术、经济论证和方案比较，对主要的岩土工程问题做出初步分析评价，以此比较说明各方案的优劣，选取最优的建筑场地。

本阶段的勘察方法主要是在搜集、分析已有资料的基础上，进行现场踏勘，了解场地的工程地质条件。如果场地工程地质条件比较复杂，已有资料不足以说明问题时，应进行工程地质测绘或必要的勘探工作。工程结束时，应对场址稳定性和适宜性做出岩土工程评价，进行技术经济论证和方案比较。并应符合下列要求：

(1)搜集区域地质、地形地貌、地震、矿产、当地的工程地质、岩土工程和建筑经验等资料。

(2)在充分搜集和分析已有资料的基础上，通过踏勘了解场地的地层、构造、岩性、不良地质作用和地下水等工程地质条件。

(3)当拟建场地工程地质条件复杂，已有资料不能满足要求时，应根据具体情况进行工程地质测绘和必要的勘探工作。

(4)当有两个或两个以上拟选场地时应进行比选分析。

16.2.2　初步勘察阶段

初步勘察旨在密切结合工程初步设计的要求，提出岩土工程方案设计和论证。其主要任务是在可行性勘察的基础上，对场地内拟建建筑地段的稳定性做出岩土工程评价，为确定建筑物总平面布置、主要建筑物地基基础方案、对不良地质现象的防治工程方案进行论证。该阶段主要进行下列工作：

(1)搜集拟建工程的有关文件、工程地质和岩土工程资料以及工程场地范围的地形图。

(2)初步查明地质构造、地层结构、岩土工程特性、地下水埋藏条件。

(3)查明场地不良地质作用的成因、分布、规模、发展趋势，并对场地的稳定性做出评价。

(4)对抗震设防烈度等于或大于6度的场地，应对场地和地基的地震效应做出初步评价。

(5)季节性冻土地区，应调查场地土的标准冻结深度。

(6)初步判定水和土对建筑材料的腐蚀性。

(7)高层建筑初步勘察时，应对可能采取的地基基础类型、基坑开挖与支护、工程降水方案进行初步分析评价。

初步勘察阶段的勘探工作应符合下列要求：

(1)勘探线应垂直地貌单元、地质构造和地层界线布置。

(2)每个地貌单元均应布置勘探点，在地貌单元交接部位和地层变化较大的地段，勘探点应予加密。

(3)在地形平坦地区，可按网格布置勘探点。

(4)对岩质地基，勘探线和勘探点的布置、勘探孔的深度，应根据地质构造、岩体特性风化情况等按地方标准或当地经验确定，对土质地基应符合后续(5)～(8)条的规定。

(5)初步勘察勘探线、勘探点间距可按表16-3确定，局部异常地段应予加密。

表 16-3　　初步勘察勘探线、勘探点的间距

地基复杂程度等级	勘探线间距(m)	勘探点间距(m)
一级(复杂)	50～100	30～50
二级(中等复杂)	75～150	40～100
三级(简单)	150～300	75～200

注:1.表中间距不适用于地球物理勘探;

2.控制性勘探点宜占勘探点总数的1/5～1/3,且每个地貌单元均应有控制性勘探点。

(6)初步勘察勘探孔的深度可按表16-4确定:

表 16-4　　初步勘察勘探孔深度

工程重要性等级	一般勘探孔深度(m)	控制性勘探孔深度(m)
一级(重要工程)	≥15	≥30
二级(一般工程)	10～15	15～30
三级(次要工程)	6～10	10～20

注:1.勘探孔包括钻孔、探井和原位测试孔等;

2.特殊用途的钻孔除外。

(7)需要说明的是,上述表16-3和表16-4中确定的深度随具体工程勘察条件尚可进行适当调整,如遇下列情形之一时,应适当增减勘探孔深度:

①当勘探孔的地面标高与预计整平地面标高相差较大时,应按其差值调整勘探孔深度;②在预定深度内遇基岩时,除控制性勘探孔仍应钻入基岩适当深度外,其他勘探孔达到确认的基岩后即可终止钻进;③在预定深度内有厚度较大,且分布均匀的坚实土层(如碎石土、密实砂、老沉积土等)时,除控制性勘探孔应达到规定深度外,一般性勘探孔的深度可适当减小;④当预定深度内有软弱土层时,勘探孔深度应适当增加,部分控制性勘探孔应穿透软弱土层或达到预计控制深度;⑤对重型工业建筑应根据结构特点和荷载条件适当增加勘探孔深度。

(8)初步勘察采取土试样和进行原位测试应符合下列要求:

①采取土试样和进行原位测试的勘探点应结合地貌单元、地层结构和土的工程性质布置,其数量可占勘探点总数的1/4～1/2;②采取土试样的数量和孔内原位测试的竖向间距应按地层特点和土的均匀程度确定,每层土均应采取土试样或进行原位测试,其数量不宜少于六个。

(9)初步勘察应进行下列水文地质工作:

①调查含水层的埋藏条件、地下水类型、补给排泄条件、各层地下水位,调查其变化幅度,必要时应设置长期观测孔,监测水位变化;②当需绘制地下水等水位线图时,应根据地下水的埋藏条件和层位,统一量测地下水位;③当地下水可能浸湿基础时,应采取水试样进行腐蚀性评价。

16.2.3　详细勘察阶段

详细勘察阶段旨在对岩土工程设计和施工提出利于加固、防治不良地质现象的工程进行计算与评价,以满足施工图设计的要求。该阶段应按单体建筑物或建筑群提出详细的岩

土工程资料和设计、施工所需的岩土参数；对建筑地基做出岩土工程评价，并对地基类型、基础形式、地基处理、基坑支护、工程降水和不良地质作用的防治等提出建议。该阶段主要应进行下列工作：

(1)搜集附有坐标和地形的建筑总平面图，场区的地面整平标高，建筑物的性质、规模、荷载、结构特点、基础形式、埋置深度、地基允许变形等资料；

(2)查明不良地质作用的类型、成因、分布范围、发展趋势和危害程度，提出整治方案的建议；

(3)查明建筑范围内岩土层的类型、深度、分布、工程特性，分析和评价地基的稳定性、均匀性和承载力；

(4)对需进行沉降计算的建筑物，提供地基变形计算参数，预测建筑物的变形特征；

(5)查明埋藏的河道、沟浜、墓穴、防空洞、孤石等对工程不利的埋藏物；

(6)查明地下水的埋藏条件，提供地下水位及其变化幅度；

(7)在季节性冻土地区，提供场地土的标准冻结深度；

(8)判定水和土对建筑材料的腐蚀性。

对抗震设防烈度等于或大于 6 度的场地，勘察工作应进行场地和地基地震效应的岩土工程勘察，并应符合相关规范的要求；当建筑物采用桩基础时，应按桩基工程勘察的要求确定；当需进行基坑开挖、支护和降水设计时，应符合基坑工程勘察的相关要求。

工程需要时，详细勘察应论证地基土和地下水在建筑施工和使用期间可能产生的变化及其对工程和环境的影响，提出防治方案、防水设计水位和抗浮设计水位的建议。

详细勘察阶段的勘察方法以勘探和原位测试为主。勘探点一般应按建筑物轮廓线布置，其间距根据岩土工程勘察等级确定，较之初勘阶段密度更大、深度更深。详细勘察勘探点布置和勘探孔深度，应根据建筑物特性和岩土工程条件确定。对岩质地基，应根据地质构造、岩体特性、风化情况等，结合建筑物对地基的要求，按地方标准或当地经验确定；对土质地基，详细勘察勘探点的间距可按表 16-5 确定。

表 16-5　　详细勘察勘探点的间距(m)

地基复杂程度等级	勘探点间距	地基复杂程度等级	勘探点间距
一级(复杂)	10～15	三级(简单)	30～50
二级(中等复杂)	15～30		

详细勘察的勘探点布置，应符合下列规定：

(1)勘探点宜按建筑物周边线和角点布置，对无特殊要求的其他建筑物可按建筑物或建筑群的范围布置；

(2)同一建筑范围内的主要受力层或有影响的下卧层起伏较大时，应加密勘探点，查明其变化；

(3)重大设备基础应单独布置勘探点，重大的动力机器基础和高耸构筑物，勘探点不宜少于三个；

(4)勘探手段宜采用钻探与触探相配合，在地质条件复杂、湿陷性土、膨胀岩土、风化岩和残积土地区，宜布置适量探井。

详细勘察的单栋高层建筑勘探点的布置，应满足对地基均匀性评价的要求，且不应少于四个,对密集的高层建筑群,勘探点可适当减少,但每栋建筑物至少应有1个控制性勘探点。

详细勘察的勘探深度自基础底面算起,并应符合下列规定:

(1)勘探孔深度应能控制地基主要受力层,当基础底面宽度不大于5 m时,勘探孔的深度对条形基础不应小于基础底面宽度的3倍,对单独柱基不应小于1.5倍,且不应小于5 m;

(2)对高层建筑和需作变形计算的地基,控制性勘探孔的深度应超过地基变形计算深度,高层建筑的一般性勘探孔应达到基底下0.5～1.0倍的基础宽度,并深入稳定分布的地层;

(3)对仅有地下室的建筑或高层建筑的裙房,当不能满足抗浮设计要求,需设置抗浮桩或锚杆时,勘探孔深度应满足抗拔承载力评价的要求;

(4)当有大面积地面堆载或软弱下卧层时,应适当加深控制性勘探孔的深度;

(5)在上述规定深度内当遇基岩或厚层碎石土等稳定地层时,勘探孔深度应根据情况进行调整。

详细勘察的勘探孔深度,除应符合上述规定要求外,尚应符合下列规定:

(1)地基变形计算深度,对中、低压缩性土可取附加压力等于上覆土层有效自重压力20%的深度,对于高压缩性土层可取附加压力等于上覆土层有效自重压力10%的深度;

(2)建筑总平面内的裙房或仅有地下室部分(或当基底附加压力$P_0 \leqslant 0$时)的控制性勘探孔的深度可适当减小,但应深入稳定分布地层,且根据荷载和土质条件不宜少于基底下0.5～1.0倍基础宽度;

(3)当需进行地基整体稳定性验算时,控制性勘探孔深度应根据具体条件满足验算要求;

(4)当需确定场地抗震类别而邻近无可靠的覆盖层厚度资料时,应布置波速测试孔,其深度应满足确定覆盖层厚度的要求;

(5)大型设备基础勘探孔深度不宜小于基础底面宽度的2倍;

(6)当需进行地基处理时,勘探孔的深度应满足地基处理设计与施工要求,当采用桩基时,勘探孔的深度应满足桩基础工程勘察的相关要求。

详细勘察采取土试样和进行原位测试应满足岩土工程评价要求,并符合下列要求:

(1)采取土试样和进行原位测试的勘探点数量,应根据地层结构、地基土的均匀性和设计要求确定,且不应少于勘探孔总数的1/2,钻探取土试样孔的数量不应少于勘探孔总数的1/3;

(2)每个场地每一主要土层的原状土试样或原位测试数据不应少于6件(组),当采用连续记录的静力触探或动力触探为主要勘察手段时,每个场地不应少于3个孔;

(3)在地基主要受力层内,对厚度大于0.5 m的夹层或透镜体,应采取土试样或进行原位测试;

(4)当土层性质不均匀时,应增加取土数量或原位测试数量。

16.2.4 施工勘察阶段

基坑或基槽开挖后,岩土条件与勘察资料不符或发现必须查明的异常情况时,应进行施工勘察;在工程施工或使用期间,当地基土、边坡体、地下水等发生未曾估计到的变化时,应进行监测,并对工程和环境的影响进行分析评价。

16.3　公路工程地质勘察

16.3.1　公路工程地质勘察的一般要求

公路工程地质勘察可分为预可行性研究阶段工程地质勘察(简称预可勘察)、工程可行性研究阶段工程地质勘察(简称工可勘察)、初步设计阶段工程地质勘察(简称初步勘察)和施工图设计阶段工程地质勘察(简称详细勘察)四个阶段。

公路工程地质勘察勘探点、测试点和观测点的布置应能明确工程目的,具有代表性,能判明重要的地质界线和查明工程地质状况,其密度、深度应根据勘察阶段、成图比例、露头情况和工程结构特点等确定。

工程地质条件可分为复杂、较复杂和简单三种,其划分应符合下列规定:

(1)符合下列条件之一者,为工程地质条件复杂

①地形地貌复杂;②岩土种类多,性质变化大,基岩面起伏变化剧烈;③特殊性岩土和不良地质强烈发育;④抗震危险地段;⑤地下水对工程有显著影响,水文地质条件复杂。

(2)符合下列条件之一者,为工程地质条件较复杂

①地形地貌较复杂;②岩土种类较多,性质变化较大,基岩面起伏变化较大;③特殊性岩土和不良地质较发育;④抗震不利地段;⑤地下水对工程有影响,水文地质条件较复杂。

(3)符合下列条件之一者,为工程地质条件简单

①地形地貌简单;②岩土种类单一,性质变化不大,基岩面平缓;③特殊性岩土和不良地质不发育;④抗震有利地段;⑤地下水对工程无影响,水文地质条件简单。

符合上述两个及以上条件者,宜按最不利条件确定工程地质条件复杂程度。

16.3.2　可行性研究阶段工程地质勘察

预可勘察应了解公路建设项目所处区域的工程地质条件及存在的工程地质问题,为编制预可行性研究报告提供工程地质资料。

预可勘察应充分搜集区域地质、地震、气象、水文、采矿、灾害防治与评估等资料,采用资料分析、遥感工程地质解译、现场踏勘调查等方法,对各路线走廊带或通道的工程地质条件进行研究,完成下列各项工作内容:

(1)了解各路线走廊带或通道的地形地貌、地层岩性、地质构造、水文地质条件、地震动参数,以及不良地质和特殊性岩土的类型、分布范围、发育规律。

(2)了解当地建筑材料的分布状况和采购运输条件。

(3)评估各路线走廊带或通道的工程地质条件及主要工程地质问题。

(4)编制预可行性研究阶段工程地质勘察报告。

预可勘察报告应提供下列资料:

①文字说明:应对拟建工程项目的工程地质条件、存在的工程地质问题及筑路材料的分布状况和运输条件等进行说明,对各路线走廊带或通道的工程地质条件进行评估,对下一阶段的工程地质勘察工作提出意见和建议。

②图表资料：1∶50 000～1∶100 000路线工程地质平面图及附图、附表、照片等；跨江、跨海的桥隧工程，应编制工程地质断面图。

16.3.3 工可勘察阶段工程地质勘察

工可勘察应初步查明公路沿线的工程地质条件和对公路建设规模有影响的工程地质问题，为编制工程可行性研究报告提供工程地质资料。

工可勘察应以资料搜集和工程地质调绘为主，辅以必要的勘探手段，对项目建设各工程方案的工程地质条件进行研究，完成下列各项工作内容：

(1)了解各路线走廊带或通道的地形地貌、地层岩性、地质构造、水文地质条件、地震动参数，以及不良地质和特殊性岩土的类型、分布及发育规律。

(2)初步查明沿线水库、矿区的分布情况及其与路线的关系。

(3)初步查明控制路线及工程方案的不良地质和特殊性岩土的类型、性质、分布范围及发育规律。

(4)初步查明技术复杂大桥桥位的地层岩性、地质构造、河床及岸坡的稳定性，以及不良地质和特殊性岩土的类型、性质、分布范围及发育规律。

(5)初步查明长隧道及特长隧道隧址的地层岩性、地质构造、水文地质条件、隧道围岩分级、进出口地带斜坡的稳定性，以及不良地质和特殊性岩土的类型、性质、分布范围及发育规律。

(6)控制路线方案的越岭地段、区域性断裂通过的峡谷、区域性储水构造，初步查明其地层岩性、地质构造、水文地质条件及潜在不良地质的类型、规模、发育条件。

(7)初步查明筑路材料的分布、开采、运输条件以及工程用水的水质、水源情况。

(8)评价各路线走廊带或通道的工程地质条件，分析存在的工程地质问题。

(9)编制工程可行性研究阶段工程地质勘察报告。

工程地质调绘应符合下列规定：应对区域地质、水文地质以及当地采矿资料等进行复核，区域地层界线、断层线、不良地质和特殊性岩土发育地带、地下水排泄区等应进行实地踏勘，并做好复核记录；工程地质调绘的比例尺为1∶10 000～1∶50 000，范围应包括各路线走廊带或通道所处的带状区域。

如遇到下列情况，当通过资料搜集、工程地质调绘不能初步查明其工程地质条件时，应进行工程地质勘探：控制路线及工程方案的不良地质和特殊性岩土路段；特大桥、特长隧道、地质条件复杂的大桥及长隧道等控制性工程；控制路线方案的越岭路段、区域性断裂通过的峡谷、区域性储水构造；跨江、跨海独立公路工程建设项目。

工可勘察报告应提供下列资料：

①文字说明：应对公路沿线的地形地貌、地层岩性、地质构造、水文地质条件、新构造运动、地震参数等基本地质条件进行说明；对不良地质和特殊性岩土应阐明其类型、性质、分布范围、发育规律及其对公路工程的影响和避开的可能性；路线通过区域性储水构造或地下水排泄区，应对路线方案有重大影响的水文地质及工程地质问题进行充分论证和评价；特大桥及大桥、特长隧道及长隧道等控制性工程，应结合工程方案的论证、比选，对工程地质条件进行说明和评价，提供工程方案论证、比选所需的岩土参数。

②图表资料：1∶10 000～1∶50 000路线工程地质平面图；1∶10 000～1∶50 000路线工程地质纵断面图；1∶2 000～1∶10 000重要工点工程地质平面图；1∶2 000～1∶10 000重要

工点工程地质断面图;附图、附表和照片等。

16.3.4 初步勘察阶段工程地质勘察

1. 一般规定

(1)初步勘察应基本查明公路沿线及各类构筑物建设场地的工程地质条件,为工程方案比选及初步设计文件编制提供工程地质资料。

(2)初步勘察应与路线和各类构筑物的方案设计相结合,根据现场地形地质条件,采用遥感解译、工程地质调绘、钻探、物探、原位测试等手段相结合的综合勘察方法,对路线及各类构筑物工程建设场地的工程地质条件进行勘察。

(3)初步勘察应对工程项目建设可能诱发的地质灾害和环境工程地质问题进行分析和预测,评估其对公路工程和环境的影响。

2. 路线

(1)路线初勘应以工程地质调绘为主,勘探测试为辅,应基本查明的内容

①地形地貌、地层岩性、地质构造、水文地质条件;②不良地质和特殊性岩土的成因、类型、性质和分布范围,区域性断裂、活动性断层、区域性储水构造、水库及河流等地表水体、可供开采和利用的矿体的发育情况;③斜坡或挖方路段的地质结构,有无控制边坡稳定的外倾结构面,工程项目实施有无诱发或加剧不良地质的可能性;④陡坡路堤、高填路段的地质结构有无影响基底稳定的软弱地层;⑤大桥及特大桥、长隧道及特长隧道等控制性工程通过地段的工程地质条件和主要工程地质问题。

(2)工程地质调绘应符合的规定

①二级及以上公路,应进行路线工程地质调绘;②三级及以下公路,当工程地质条件简单时,可仅做路线工程地质调查;③当工程地质条件复杂或较复杂时,宜进行路线工程地质调绘;④路线工程地质调绘的比例尺为 1∶2 000～1∶10 000,视地质条件的复杂程度选用;⑤路线工程地质调绘应沿路线及其两侧的带状范围进行,调绘宽度沿路线左右两侧的距离各不宜小于 200 m;⑥对有比较价值的工程方案应进行同深度工程地质调绘。

(3)工程地质勘探、测试应符合的规定

①隐伏于覆盖层下的地层接触线、断层、软土等对填图质量或工程设置有影响的地质界线、地质体,应辅以钻探、挖探、物探等予以探明;②特殊性岩土应选取代表性试样测试其工程地质性质。

(4)路线初勘应提供的资料

①文字说明:应对各路线方案的水文地质及工程地质条件进行说明,并进行分析、评价,结合工程方案的论证、比选提出工程地质意见和建议。

②图表资料:1∶2 000～1∶10 000 路线工程地质平面图;1∶2 000～1∶10 000 路线工程地质纵断面图;勘探、测试资料;附图、附表和工程照片等。

16.3.5 详细勘察阶段工程地质勘察

1. 一般规定

(1)详细勘察应查明公路沿线及各类构筑物建设场地的工程地质条件,为施工图设计提供工程地质资料。

(2)详细勘察应充分利用初勘取得的各项地质资料，采用以钻探、测试为主，调绘、物探、简易勘探等手段为辅的综合勘察方法，对路线及各类构筑物建设场地的工程地质条件进行勘察。

2. 路线

(1)路线详勘应查明公路沿线的工程地质条件，为确定路线和构筑物的位置提供地质资料；

(2)路线详勘应查明上述初步勘察阶段中关于路线勘察的主要内容；

(3)路线详勘应对初勘资料进行复核，当路线偏离初步设计线位较远或地质条件需进一步查明时应进行补充工程地质调绘，补充工程地质调绘的比例尺为 1∶2 000；

(4)勘探、测试应符合上述初步勘察阶段中关于工程勘察、测试所条例的规定要求。

(5)路线详勘应提供下列资料：

①文字说明：应对路线上的水文地质及工程地质条件进行说明，并对其进行分析、评价。

②图表资料：1∶2 000～1∶10 000 路线工程地质平面图；1∶2 000～1:10 000 路线工程地质纵断面图；勘探、测试资料；附图、附表和工程照片等。

16.3.6 改建公路工程地质勘察

1. 一般规定

(1)改建公路工程地质勘察应在已建项目工程地质勘察资料的基础上，查明公路沿线及各类构筑物建设场地的工程地质条件。

(2)改建公路工程地质勘察应符合下列规定：

①应充分搜集和研究已建项目的勘察、设计、施工和运营期的各项资料，结合路线及沿线各类构筑物的设计，采用工程地质调绘、钻探、物探、原位测试等手段进行综合勘察。

②改建项目的工程地质勘察应搜集以下资料：公路沿线的地形地貌、地层岩性、地质构造、水文地质条件；各类构筑物建筑场地的岩土类别、地层结构和岩土的物理力学性质；不良地质的类型、规模、分布、诱因、发展趋势及对工程的影响；特殊岩土的分布范围、厚度、性质及其对公路工程的不良影响；地下水的类型、埋深、水质、水量及其动态变化情况；各类构筑物建筑场地的地震动参数或地震烈度；对各类构筑物建设场地的工程地质评价，提出的工程地质建议；沿线筑路材料的类别、料场位置、储量及开采条件。

(3)工程地质勘察报告应充分利用勘察取得的各项基础资料，在综合分析的基础上结合沿线各类构筑物的工程设计进行编制，并满足改建工程设计要求。

(4)改建工程构筑物勘察应符合上述新建项目构筑物勘察的相关规定。

(5)不良地质和特殊性岩土的勘察应符合新建项目不良地质和特殊性岩土的规定。

(6)改线段偏离已建工程，应按新建项目进行工程地质勘察。

2. 路基

(1)应查明以下内容：

①已建工程路基的填土类别、断面特征、稳定状况、岩石和土层的分界线、类别及其工程分级；②加宽路基时，应查明加宽一侧的工程地质条件，包括地貌特征、山坡和河岸的稳定状况、水流影响、岩土性质、地下水情况等；③加高路基时，应调查借土来源及其数量和工程性质；④路基坡脚需防护时，应调查防护工程的地质情况；⑤深挖路基后可能出现的不良地质现象，应予以判明，并提出处理措施；⑥路基有受水流冲刷的可能时，应调查汇水面积、径流

情况，并提出截流、导流等排水措施以及边坡防护方案；⑦在需开挖视距台处，应调查其土质类别及边坡稳定情况等；⑧应查明刷坡清方、增设坡面防护、放缓边坡、绿化加固等地段的工程地质条件。

(2)改建公路各类路基病害地段的工程地质勘察应进行下列调查：

①调查沿线路基病害的类型与规模，以及病害的发生原因及发展情况；②调查病害地段路线所处的地貌特征、工程地质条件与病害的关系；③调查原有防护工程的位置、结构类型、各部尺寸及防治效果，确定是否利用、加固或进行改建设计；④调查地下水的水位、地面水的滞留时间，查明导致翻浆的水源；调查当地相关工程病害治理的经验。

16.4 桥梁工程地质勘察

桥梁工程作为公路建设的重要组成部分，其工程地质勘察的可行性研究阶段工程地质勘察与上述公路工程地质勘察的技术要求相同。

桥梁初勘应根据现场地形地质条件，结合拟定的桥型、桥跨、基础形式和桥梁的建设规模等确定勘察方案，基本查明下列内容：

(1)地貌的成因、类型、形态特征、河流及沟谷岸坡的稳定状况和地震动参数；

(2)褶皱的类型、规模、形态特征、产状及其与桥位的关系；

(3)断裂的类型、分布、规模、产状、活动性，破碎带宽度、物质组成及胶结程度；

(4)覆盖层的厚度、土质类型、分布范围、地层结构、密实度和含水状态；

(5)基岩的埋深、起伏形态，地层及其岩性组合，岩石的风化程度及节理发育程度；

(6)地基岩土的物理力学性质及承载力；

(7)特殊性岩土和不良地质的类型、分布及性质；

(8)地下水的类型、分布、水质和环境水的腐蚀性；

(9)水下地形的起伏形态、冲刷和淤积情况以及河床的稳定性；

(10)深基坑开挖对周围环境可能产生的不利影响；

(11)桥梁通过气田、煤层、采空区时，有害气体对工程建设的影响。

根据地质条件选择桥位应符合下列原则：

(1)桥位应选择在河道顺直、岸坡稳定、地质构造简单、基底地质条件良好的地段。

(2)桥位应避开区域性断裂及活动性断裂。无法避开时，应垂直断裂构造线走向，以最短的距离通过。

(3)桥位应避开岩溶、滑坡、泥石流等不良地质及软土、膨胀性岩土等特殊性岩土发育的地带。

桥梁工程的工程地质调绘应符合下列规定：

(1)跨江、跨海大桥及特大桥应进行 1∶10 000 区域工程地质调绘，调绘的范围应包括桥轴线、引线及两侧各不小于 1 000 m 的带状区域。存在可能影响桥位或工程方案比选的隐伏活动性断裂及岩溶、泥石流等不良地质时，应根据实际情况确定调绘范围，并辅以必要的物探等手段探明。

(2)工程地质条件较复杂或复杂的桥位应进行 1∶2 000 工程地质调绘，调绘的宽度沿路线两侧各不宜小于 100 m。当桥位附近存在岩溶、泥石流、滑坡、危岩、崩塌等可能危及桥梁安全的不良地质时，应根据实际情况确定调绘范围。

(3)工程地质条件简单的桥位，可对路线工程地质调绘资料进行复核，不进行专项 1：2 000 工程地质调绘。

工程地质勘探、测试应符合下列规定：

(1)桥梁初勘应以钻探、原位测试为主，遇有下列情况时，应结合物探、挖探等进行综合勘探：①桥位有隐伏的断裂、岩溶、土洞、采空区、沼气层等不良地质发育；②基岩面或桩端持力层起伏变化较大，用钻探资料难以判明；③水下地形的起伏与变化情况需探明；④控制斜坡稳定的卸荷裂隙、软弱夹层等结构面用钻探难以探明。

(2)勘探测试点的布置应符合下列规定：①勘探测试点应结合桥梁的墩台位置和地貌地质单元沿桥梁轴线或在其两侧交错布置，数量和深度应控制地层、断裂等重要的地质界线和说明桥位工程地质条件；②特大桥、大桥和中桥的钻孔数量可按表 16-6 确定。小桥的钻孔数量每座不宜少于 1 个；③深水、大跨桥梁基础及锚碇基础，其钻孔数量应根据实际地质情况及基础工程方案确定。

表 16-6　桥位钻孔数量表

桥梁类型	工程地质条件简单	工程地质条件较复杂或复杂
中桥	2～3	3～4
大桥	3～5	5～7
特大桥	≥5	≥7

(3)基础施工有可能诱发滑坡等地质灾害的边坡，应结合桥梁墩台布置和边坡稳定性分析进行勘探。

(4)当桥位基岩裸露、岩体完整、岩质新鲜、无不良地质发育时，可通过工程地质调绘基本查明工程地质条件。

桥梁工程初步勘察阶段中勘探深度应符合下列规定：

(1)基础置于覆盖层内时，勘探深度应至持力层或桩端以下不小于 3 m；在此深度内遇有软弱地层发育时，应穿过软弱地层至坚硬土层内不小于 1.0 m。

(2)覆盖层较薄，下伏基岩风化层不厚时，对于较坚硬岩或坚硬岩，钻孔钻入微风化基岩内不宜少于 3 m；极软岩、软岩或较软岩，钻入未风化基岩内不宜少于 5 m。

(3)覆盖层较薄，下伏基岩风化层较厚时，对于较坚硬岩或坚硬岩，钻孔钻入中风化基岩内不宜少于 3 m；极软岩、软岩或较软岩，钻入微风化基岩内不宜少于 5 m。

(4)地层变化复杂的桥位，应布置加深控制性钻孔，探明桥位地质情况。

(5)深水、大跨桥梁基础和锚碇基础勘探，钻孔深度应按设计要求专门研究后确定。

钻探应采取岩、土、水试样，并符合下列规定：

(1)在粉土、黏性土地层中，每 1.0～1.5 m 应取原状样 1 个；土层厚度大于或等于 5.0 m 时，可每 2.0 m 取原状样 1 个；遇土层变化时，应立即取样。

(2)在砂土和碎石土地层中，应分层采取扰动样，取样间距一般为 1.0～3.0 m；遇土层变化时，应立即取样。取样后应立即做动力触探试验。

(3)在基岩地层中，应根据岩石的风化等级，分层采取代表性岩样。

(4)当需要进行冲刷计算时,应在河床一定深度内取样做颗粒分析试验。

(5)遇有地下水时,应进行水位观测和记录,量测初见水位和稳定水位,并采取水样做水质分析。

桥梁初勘应提供下列资料:

(1)地质条件简单的小桥可列表说明其工程地质条件;特大桥、大桥、中桥、地质条件较复杂和复杂的小桥应按工点编写文字说明和图表。

(2)文字说明:应对桥位的工程地质条件进行说明,对工程建设场地的适宜性进行评价;受水库水位变化及潮汐和河流冲刷影响的桥位,应分析岸坡、河床的稳定性;含煤地层、采空区、气田等地区的桥位,应分析、评估有害气体对工程建设的影响;应分析、评价锚碇基础施工对环境的影响。

(3)图表资料:1∶10 000 桥位区域工程地质平面图;1∶2 000 桥位工程地质平面图:1∶2 000 桥位工程地质断面图;1∶50～1∶200 钻孔柱状图;原位测试图表;岩、土测试资料;物探资料;有害气体测试资料;水质分析资料;附图、附表和照片等。

桥梁详勘应根据现场地形地质条件和桥型、桥跨、基础形式制订勘察方案,查明桥位工程地质条件,其内容与符合初勘阶段规定内容相同。

桥梁工程详勘阶段应对其初勘工程地质调绘资料进行复核。当桥位偏离初步设计桥位或地质条件需进一步查明时,应进行补充工程地质调绘,补充工程地质调绘的比例尺为 1∶2 000。

桥梁工程地质勘探应符合下列要求:

(1)桥梁墩(台)的勘探钻孔应根据地质条件按图 16-1 在基础的周边或中心布置。当有特殊性岩土、不良地质或基础设计施工需进一步探明地质情况时,可在轮廓线外围布孔,或与原位测试、物探结合进行综合勘探。

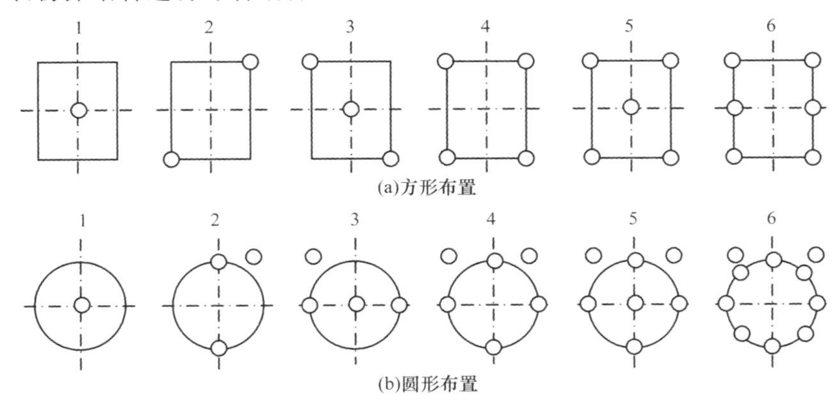

图 16-1　勘探钻孔布置图

(2)工程地质条件简单的桥位,每个墩(台)宜布置 1 个钻孔;工程地质条件较复杂的桥位,每个墩(台)的钻孔数量不得少于 1 个。遇有断裂带、软弱夹层等不良地质或工程地质条件复杂时,应结合现场地质条件及基础工程设计要求确定每个墩(台)的钻孔数量。

(3)沉井基础或采用钢围堰施工的基础,当基岩面起伏变化较大或遇涌砂、大漂石、树干、老桥基等情况时,应在基础周围加密钻孔,确定基岩顶面、沉井或钢围堰埋置深度。

(4)悬索桥及斜拉桥的桥塔、锚碇基础、高墩基础,其勘探钻孔宜按图 16-1 中的 4、5、6

布置，或按设计要求研究后布置。

(5)桥梁墩(台)位于沟谷岸坡或陡坡地段时，宜采用井下电视、硐探等探明控制斜坡稳定的结构面。

(6)钻孔深度应根据基础类型和地基的地质条件确定，并符合下列要求：①天然地基或浅基础：钻孔钻入持力层以下的深度不得小于3 m。②桩基、沉井、锚碇基础：钻孔钻入持力层以下的深度不得小于5 m。持力层下有较弱地层分布时，钻孔深度应加深。

16.5 隧道与地下工程地质勘察

16.5.1 隧道工程地质勘察

隧道规划和设计应遵循能充分发挥隧道功能、安全且经济地建设隧道的基本原则。因此隧道设计应有完整的勘测、调查资料，综合考虑地形、地质、水文、气象、地震和交通量及其构成，以及营运和施工条件，进行多方案的技术、经济、环保比较，使隧道设计符合安全实用、质量可靠、经济合理、技术先进的要求。

隧道工程地质勘察是根据公路基本建设的各个阶段对地质资料的要求而分阶段进行，一般采用资料搜集与研究、工程地质调绘、钻探、物探及各种测试试验等综合勘察方法、手段进行勘察，其最终目的是详细查明隧址区的地质条件，确定隧道围岩级别，为隧道施工布置、各段洞身掘进方法及施工工艺、支护及衬砌类型或整治工程设计提供详细可靠的工程地质依据。

隧道的初勘阶段应根据现场地形地质条件，结合隧道的建设规模、标准和方案比选，确定勘察的范围、内容和重点，并应基本查明以下内容：

(1)地形地貌、地层岩性、水文地质条件、地震动参数。

(2)褶皱的类型、规模、形态特征。

(3)断裂的类型、规模、产状，破碎带宽度、物质组成、胶结程度、活动性。

(4)隧道围岩岩体的完整性、风化程度、围岩等级。

(5)隧道进出口地带的地质结构、自然稳定状况、隧道施工诱发滑坡等地质灾害的可能性。

(6)隧道浅埋段覆盖层的厚度、岩体的风化程度、含水状态及稳定性。

(7)水库、河流、煤层、采空区、气田、含盐地层、膨胀性地层、有害矿体及富含放射性物质的地层的发育情况。

(8)不良地质和特殊性岩土的类型、分布、性质。

(9)深埋隧道及构造应力集中地段的地温、围岩产生岩爆或大变形的可能性。

(10)岩溶、断裂、地表水体发育地段产生突水、突泥及塌方冒顶的可能性。

(11)傍山隧道存在偏压的可能性及其危害。

(12)洞门基底的地质条件、地基岩土的物理力学性质和承载力。

(13)地下水的类型、分布、水质、涌水量。

(14)平行导洞、斜井、竖井等辅助坑道的工程地质条件。

当两个或两个以上的隧道工程方案需进行同深度比选时，应进行同深度勘察。

根据地质条件选择隧道的位置应符合下列规定：

(1)隧道应选择在地层稳定、构造简单、地下水不发育、进出口条件有利的位置，隧道轴线宜与岩层、区域构造线的走向垂直。

(2)隧道应避免沿褶皱轴部、平行于区域性大断裂，以及在断裂交汇部位通过。

(3)隧道应避开高应力区，无法避开时洞轴线宜平行最大主应力方向。

(4)隧道应避免通过岩溶发育区、地下水富集区和地层松软地带。

(5)隧道洞口应避开滑坡、崩塌、岩堆、危岩、泥石流等不良地质，以及排水困难的沟谷低洼地带。

(6)傍山隧道，洞轴线宜向山体一侧内移，避开外侧构造复杂、岩体卸荷开裂、风化严重，以及堆积层和不良地质地段。

工程地质及水文地质调绘应符合下列规定：

(1)工程地质调绘应沿拟定的隧道轴线及其两侧各不小于200 m的带状区域进行，调绘比例尺为1∶2 000。

(2)当两个及以上特长隧道、长隧道方案进行比选时，应进行隧址区域工程地质调绘，调绘比例尺为1∶10 000～1∶50 000。

(3)特长隧道及长隧道应结合隧道涌水量分析评价进行专项区域水文地质调绘，调绘比例尺为1∶10 000～1∶50 000。

(4)工程地质调绘及水文地质调绘采用的地层单位宜结合水文地质及工程地质评价的需要划分至岩性段。

(5)有岩石露头时，应进行节理调查统计。节理调查统计点应靠近洞轴线，在隧道洞身及进出口地段选择代表性位置布设，同一围岩分段的节理调查统计点数量不宜少于2个。

工程地质勘探应符合下列规定：

(1)隧道勘探应以钻探为主，结合必要的物探、挖探等手段进行综合勘探。钻孔宜沿隧道中心线，并在洞壁外侧不小于5 m的下列位置布置：①地层分界线、断层、物探异常点、储水构造或地下水发育地段；②高应力区围岩可能产生岩爆或大变形的地段；③膨胀性岩土、岩盐等特殊性岩土分布地段；④岩溶、采空区、隧道浅埋段及可能产生突泥、突水部位；⑤含煤、含放射性物质的地层；⑥覆盖层发育或地质条件复杂的隧道进出口。

(2)勘探深度应至路线设计高程以下不小于5 m。遇采空区、岩溶、地下暗河等不良地质时，勘探深度应至稳定底板以下不小于8 m。

(3)洞身段钻孔，在设计高程以上3～5倍的洞径范围内应采取岩、土试样，同一地层中岩、土试样的数量不宜少于6组；进出口段钻孔，应分层采取岩、土试样。

(4)遇有地下水时，应进行水位观测和记录，量测初见水位和稳定水位，判明含水层位置、厚度和地下水的类型、流量等。

(5)在钻探过程中，遇到有害气体、放射性矿床时，应做好详细记录，探明其位置、厚度，采集试样进行测试分析。

(6)对岩性单一、露头清楚、地质构造简单的短隧道，可通过调绘查明隧址工程地质条件。

隧道初勘应提供下列资料：

(1)地质条件简单的短隧道可列表说明其工程地质条件,特长隧道、长隧道、中隧道和地质条件复杂的短隧道应按工点编制文字说明和图表资料。

(2)文字说明:应对隧道工程建设场地的水文地质及工程地质条件进行说明,分段评价隧道的围岩等级;分析隧道进出口地段边坡的稳定性及形成滑坡等地质灾害的可能性;分析高应力区岩石产生岩爆和软质岩产生围岩大变形的可能性;对傍山隧道产生偏压的可能性进行评估;分析隧道通过储水构造、断裂带、岩溶等不良地质地段时产生突水、突泥、塌方的可能性;隧道通过煤层、气田、含盐地层、膨胀性地层、有害矿体、富含放射性物质的地层时,分析有害气体(物质)对工程建设的影响;对隧道的地下水涌水量进行分析计算;评估隧道工程建设对当地环境可能造成的不良影响及隧道工程建设场地的适宜性。

(3)图表资料:1∶10 000 隧址区域水文地质平面图;1∶10 000 隧址区域工程地质平面图;1∶2 000 隧道工程地质平面图;1∶2 000 隧道工程地质纵断面图;1∶100～1∶2 000 隧道洞口工程地质平面图;1∶100～1∶200 隧道洞口工程地质断面图;1∶50～1∶200 钻孔柱状图;物探、测井资料;原位测试、地应力测量资料;水文地质测试资料;岩、土、水测试资料;有害气体、放射性矿体、地温测试资料;附图、附表和照片。

隧道工程详勘应根据现场地形地质条件和隧道类型、规模制订勘察方案,查明隧址的水文地质及工程地质条件,其内容应符合上述初勘中的相关内容。

隧道工程详勘应对初勘工程地质调绘资料进行核实。当隧道偏离初步设计位置或地质条件需进一步查明时,应进行补充工程地质调绘,补充工程地质调绘的比例尺为1∶2 000。

勘探测试点应在初步勘察的基础上,根据现场地形地质条件及水文地质、工程地质评价的要求进行加密。勘探、取样、测试应符合《公路工程地质勘察规范》(JTG C20－2011)中有关勘探取样的规定。

16.5.2 地下洞室

这里地下洞室适用于人工开挖的无压地下洞室。

地下工程进行岩土工程勘察的目的,是为了给建设方案的选择、地下洞室的设计、施工提供可靠的基础资料,因此整个勘探工作与设计工作是相适应地分阶段进行的,各个勘察阶段的要求为:

1. 可行性研究勘察阶段

可行性研究勘察应通过搜集区域地质资料,现场踏勘和调查,了解拟选方案的地形地貌、地层岩性、地质构造、工程地质、水文地质和环境条件,做出可行性评价,选择合适的洞址和洞口。

2. 初步勘察阶段

初步勘察应采用工程地质测绘、勘探和测试等方法,初步查明选定方案的地质条件和环境条件,初步确定岩体质量等级(围岩类别),对洞址和洞口的稳定性做出评价,为初步设计提供依据。

初步勘察时,工程地质测绘和调查应初步查明下列问题:地貌形态和成因类型;地层岩性、产状、厚度、风化程度;断裂和主要裂隙的性质、产状、充填、胶结、贯通及组合关系;不良地质作用的类型、规模和分布;地震地质背景;地应力的最大主应力作用方向;地下水类型、埋藏条件、补给、排泄和动态变化;地表水体的分布有其地下水的关系,淤积物的特征;测定穿越地面建筑物、地下构筑物、管道等既有工程时的相互影响。

初步勘察时，勘探与测试应符合下列要求：

(1)采用浅层地震剖面法或其他有效方法圈定隐伏断裂、构造破碎带，查明基岩埋深、划分风化带。

(2)勘探点宜沿洞室外侧交叉布置，勘探点间距宜为 100～200 m，采用试样和原位测试勘探孔不宜少于勘探孔总数的 2/3；控制性勘探孔深度，对岩体基本质量等级为Ⅰ级和Ⅱ级的岩体宜钻入洞底设计标高下 1～3 m；对Ⅲ级岩体宜钻入 3～5 m，对Ⅳ和Ⅴ级的岩体和土层，勘探孔深度应根据实际情况确定。

(3)每一主要岩层和土层应采取试样，当有地下水时应采用取水试样；当洞区存在有害气体或地温异常时，应进行有害气体成分、含量或地温测定；对高地应力地区，应进行地应力量测。

(4)必要时，可进行钻孔弹性波或声波测试，钻孔地震 CT 或钻孔电磁波 CT 测试。

(5)室内岩石试验和土工试验项目应按《岩土工程勘察规范》[GB 50021－2001(2009 年版)]中相关内容执行。

3. 详细勘察阶段

详细勘察应采用钻探、钻孔物探和测试为主的勘察方法，必要时可结合施工导洞布置洞探，详细查明洞址、洞口、洞室穿越线路的工程地质和水文地质条件，分段划分岩体质量等级(围岩类别)，评价洞体和围岩的稳定性，为设计支护结构和确定施工方案提供资料。

详细勘察应进行下列工作：

(1)查明地层岩性及其分布，划分岩组和风化程度，进行岩石物理力学性质试验；

(2)查明断裂构造和破碎带的位置、规模、产状和力学属性，划分岩体结构类型；

(3)查明不良地质作用的类型、性质、分布，并提出防治措施的建议；

(4)查明主要含水层的分布、厚度、埋深，地下水的类型、测测段高度之差、补给排泄条件，预测开挖期间出水状态、涌水量和水质的腐蚀性；

(5)城市地下洞室需降水施工时，应分段提出工程降水方案和有关参数；

(6)查明洞室所在位置及邻近地段的地面建筑和地下构筑物、管线状况，预测洞室开挖可能产生的影响，提出防护措施。

详细勘察可采用浅层地震勘探和孔间地震 CT 或孔间电磁波 CT 测试等方法，详细查明基岩埋深、岩石风化程度、隐伏体(如溶洞、破碎带等)的位置，在钻孔中进行弹性波速测试，为确定岩体质量等级(围岩类别)、评价岩体完整性、计算动力参数提供资料。

详细勘察时，勘探点宜在洞室中线外侧 6～8 m 交叉布置，山区地下洞室按地质构造布置，且勘探点间距不应大于 50 m；城市地下洞室的勘探点间距，岩土变化复杂的地块宜小于 25 m，中等复杂的宜为 25～40 m，简单的宜为 40～80 m；采集试样和原位测试勘探孔数量不应少于勘探孔总数的 1/2；第四系中的控制性勘探孔深度应根据工程地质、水文地质条件、洞室埋深、防护设计等需要确定；一般性勘探孔可钻至基底设计标高下 6～10 m。控制性勘探孔深度应符合初步勘察的规定。

详细勘察的室内试验和原位测试，除应满足初步勘察的要求外，对城市地下洞室尚应根据设计要求进行下列试验：①采用承压板边长为 30 cm 的载荷试验测求地基基床系数；②采用面热源法或热线比较法进行热物理指标试验，计算热物理参数：导温系数、导热系数和比热容；③当需提供动力参数时，可用压缩波波速 v_p 和剪切波波速 v_s 计算求得，必要时，可采用室内动力性质试验，提供动力参数。

施工勘察应配合导洞或毛洞开挖进行，当发现与勘察资料有较大出入时，应提出修改设计和施工方案的建议。

本章小结

针对岩土工程勘察的基本任务、内容和勘察等级和阶段划分进行详细论述，进而对建筑物、公路工程、桥梁工程和隧道等各类建筑工程勘察的内容、方法、手段、要求和评价进行了全面阐述。

思考题

1. 岩土工程勘察是如何分级的？分级时应考虑那些主要因素？

2. 论述岩土工程勘察阶段划分，并说明彼此间有何联系。

3. 各勘察阶段房屋建筑与构筑物的勘察主要开展哪些工作？有何要求？

4. 某六层住宅楼，长和宽分别为 60 m 和 13.6 m，场地平坦开阔，无不良地质现象，无地下水等，但场地基岩出露，为白垩纪强风化砂质泥岩，向下渐变为中风化，根据经验强风化砂质泥岩厚度约 1.0～1.5 m，地基承载力特征值 f_{ak}300～500 kPa，E_0 约 40 mPa 以上；其下为中风化砂质岩，地基承载力特征值 f_{ak} 约 600 kPa 以上。

问题：(1)确定地基等级；(2)应布勘探孔多少个？

参考文献

[1] 张忠学.工程地质与水文地质张忠学.北京:中国水利水电出版社,2020

[2] 张昭,慕焕东,邓亚虹.城市工程地质与水文地质.北京:科学出版社,2020

[3] 周斌,杨庆光,梁斌.工程地质学.北京:中国建材工业出版社,2019

[4] 施斌.工程地质学.北京:科学出版社,2020

[5] 左建,温庆博.工程地质及水文地质学.北京:中国水利水电出版社,2009

[6] 左建.地质地貌学.北京:中国水利水电出版社,2007

[7] 迈克尔·阿勒比.地球.北京:中国大百科全书出版社,2013

[8] 戚筱俊.工程地质及水文地质.北京:中国水利水电出版社,1997

[9] 邱光锡.地质学基础.上海:华东师范大学出版社,1991

[10] 宋春青,张维理,张振青.地质学基础.北京:高等教育出版社,1991

[11] 孔宪立,石振明.工程地质学.北京:中国建筑工业出版社,2011

[12] 胡厚田,白志勇.土木工程地质.北京:高等教育出版社,2009

[13] 陈洪江.土木工程地质.北京:中国建材工业出版社,2005

[14] 孔思丽.工程地质学.重庆:重庆大学出版社,2001

[15] 郭抗美,王健.土木工程地质.北京:机械工业出版社,2005

[16] 史如平.土木工程地质学.南昌:江西高校出版社,1994

[17] 何培玲,张婷.工程地质.北京:北京大学出版社,2006

[18] 孙家齐,陈新民.工程地质.4版.武汉:武汉理工大学出版社,2011

[19] 石振明,孔宪立.工程地质学.2版.北京:中国建筑工业出版社,2011

[20] 李斌.公路工程地质.2版.北京:人民交通出版社,1990

[21] 牛琪瑛.工程地质学.北京:中国科学技术出版社,2002

[22] 王立人,宋克强.崩塌的形成及危岩体的稳定分析.电网与清洁能源,1990

[23] 崔鹏.我国泥石流防治进展.中国水土保持科学,2009.7(5)

[24] 唐郊兴,杜榕桓,康志成,章书成.地理学报,1980,35(3)

[25] 胡厚田.工程地质学.北京:高等教育出版社,2005

[26] 王丽琴,赖天文,栾红.工程地质.北京:中国铁道出版社,2008

[27] 孔宪立.工程地质学.北京:中国建筑工业出版社,1997

[28] 李隽蓬.土木工程地质.成都:西南交通大学出版社,2001

[29] 崔冠英,朱济祥.水利工程地质.4版.北京:中国水利水电出版社,2008

[30] 金春山,康渔源.海港及离岸工程地质.大连工学院,1985
[31] 许兆义,王连俊,杨成永.工程地质基础.北京:中国铁道出版社,2003
[32] 李智毅.工程地质学基础.北京:中国地质大学出版社,1990
[33] 王奎华,陈新民.岩土工程勘察.北京:中国建筑工业出版社, 2009
[34] 姜宝良.岩土工程勘察.济南:黄河出版社,2011
[35] 王清.土体原位测试与工程勘察.北京:地质出版社,2006
[36] 工程地质手册编委会.工程地质手册.4版.北京:中国建筑工业出版社,2007
[37] 铁道部第一勘测设计院.铁路工程地质手册.北京:中国铁道出版社,2010
[38] 中华人民共和国建设部.岩土工程勘察规范(GB 50021-2001)(2009年版),2009
[39] 中华人民共和国交通运输部.公路工程地质勘察规范(JTG C20-2011),2011
[40] 中华人民共和国建设部.工程岩体分级标准(GB 50218-94),1994
[41] 中华人民共和国住房和城乡建设部.城市轨道交通岩土工程勘察规范(GB 50307-2012),2012
[42] 中华人民共和国住房和城乡建设部.建筑抗震设计规范(GB 50011-2010)(2016年版),2016